U0340414

电路分析与实践

主　编　陈吉芳

副主编　刘传林　高爱云　张远辉

参　编　陈荣勤　黄杰灵

主　审　王丽娟

中国水利水电出版社

www.waterpub.com.cn

内 容 提 要

本书是高职高专电类专业"教学做一体化"教学改革"十二五"规划试用教材。

本书设置四大学习情境、十一个工作项目和三十四个工作任务。本书的四大学习情境分别是直流稳态电路的分析与检测、交流稳态电路的分析与检测、动态电路的分析与测试和耦合线圈与磁路分析。其中学习情境一包括万用表的组装与使用、简单直流电路的分析与检测和复杂直流电路的分析与检测三个工作项目，学习情境二包括日光灯电路的安装与测量、谐振电路的分析及应用、三相电路的联接与测量和非正弦周期电流电路的分析与仿真四个工作项目，学习情境三包括 RC 电路的响应与测试、RL 电路的响应与测试两个工作项目，学习情境四包括耦合线圈的分析与测量、交流铁芯线圈的分析与测量两个工作项目。本书还设置了"万用表的组装与故障排除"和"电气照明电路的设计与安装"两个综合实训。

本书适合高职高专电类专业师生使用，也可供电类工程技术人员参考。

图书在版编目（C I P）数据

电路分析与实践 / 陈吉芳主编. -- 北京 ：中国水利水电出版社，2011.8
ISBN 978-7-5084-8832-5

Ⅰ．①电… Ⅱ．①陈… Ⅲ．①电路分析－高等职业教育－教材 Ⅳ．①TM133

中国版本图书馆CIP数据核字(2011)第167399号

书　　名	**电路分析与实践**	
作　　者	主　编　陈吉芳 副主编　刘传林　高爱云　张远辉 主　审　王丽娟	
出版发行	中国水利水电出版社 （北京市海淀区玉渊潭南路1号D座　100038） 网址：www. waterpub. com. cn E-mail：sales@waterpub. com. cn 电话：(010) 68367658（营销中心）	
经　　售	北京科水图书销售中心（零售） 电话：(010) 88383994、63202643 全国各地新华书店和相关出版物销售网点	
排　　版	中国水利水电出版社微机排版中心	
印　　刷	三河市鑫金马印装有限公司	
规　　格	184mm×260mm　16开本　19.5印张　462千字	
版　　次	2011年8月第1版　2011年8月第1次印刷	
印　　数	0001—3000册	
定　　价	**36.00元**	

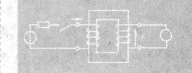

前言

　　本书是高职高专电类专业"教学做一体化"教学改革"十二五"规划试用教材。本书以情境、项目、任务为主线，以实际、实践、实用为原则，对传统教学内容进行了大胆取舍和补充。本书注重能力、知识和素质等综合能力的培养，体现高职高专教改特色。其主要特点是：

　　1. 体现"教学做一体化"等教学改革理念。本书打破传统电路理论体系，强调电路实践操作能力培养，以实用电路分析为基础，设置四大学习情境、十一个工作项目和三十四个工作任务。每一工作任务按"先做，后学，再练，拓展"的思路展开，体现"工学结合、学做练相结合及可持续发展"等高职高专职业教育理念。

　　2. 体现"理论与实践一体化"的高职高专教改特色。本书采用"任务驱动式"教材结构，每个工作任务为一个知识单元，按"工作任务、知识链接、拓展知识和优化训练"框架编写，主题鲜明，重点突出，具有良好的弹性和便于综合等特点，适应理论与实践一体化教学的需求。

　　3. 注重教学内容的整合和补充。本书一方面将电工仪表、电路理论与电工考证有机地统一起来，补充了电工考证仪表——万用表、钳形电流表、兆欧表和接地电阻测量仪等；另一方面以电工仪器仪表、常见实用电路为载体，从熟悉电工仪器仪表、熟悉实用电路入手，再引出相关电路理论知识，使学生在技能训练中加深了对理论知识的理解和应用，培养了学生的综合职业能力。

　　4. 对难于用硬件实验实施的内容，本书采用仿真实验引入工作任务。对"非正弦周期电流电路的分析"和"动态电路的分析"若要从做传统硬件实验引入，操作性和直观性都不够好，效果也欠理想。而采用仿真实验引入，操作性强，直观性好，更能获得理想效果，也免去了接线操作的麻烦和安全隐患。

　　5. 注重能力、知识和素质等综合能力的培养。本书设置了"万用表的组装与故障排除"和"电气照明电路的设计与安装"两个综合实训，对培养学生的职业能力和综合素养起了支撑作用。

本书由陈吉芳担任主编并统稿。副主编有刘传林、高爱云和张远辉。其中学习情境一的项目一至项目三由陈吉芳编写，学习情境二中的项目一和项目三由高爱云编写，学习情境二中的项目二和项目四及学习情境三由刘传林编写，学习情境四的项目一至项目二由张远辉编写。本书由广东水利电力职业技术学院副院长王丽娟担任主审。参加编写的还有杜邦中国集团有限公司防护科技部陈荣勤高级应用研究员和广东省粤电资产经营有限公司流溪河水电厂黄杰灵副总工程师。

在本书的编写过程中，参考借鉴了不少同行编写的优秀教材，并从中受到教益和启发，在此向各位编者表示衷心的感谢！由于编者水平有限，且时间仓促，书中难免有疏漏和不足之处，恳请读者批评指正。

作者

2011 年 6 月

目　　录

前言

学习情境一　直流稳态电路的分析与检测 ………………………………………… 1

项目一　万用表的组装与使用 ………………………………………………… 1
　　任务一　万用表及其使用 …………………………………………………… 1
　　任务二　电路常用元器件的识别、应用与检测 ………………………… 14
　　综合实训一　万用表的组装与故障排除 ……………………………… 24

项目二　简单直流电路的分析与检测 ……………………………………… 33
　　任务一　电流电压等物理量的测量与分析 …………………………… 33
　　任务二　探究电路欧姆定律 ……………………………………………… 46
　　任务三　探究基尔霍夫定律 ……………………………………………… 52
　　任务四　直流电桥的使用与分析 ……………………………………… 59
　　任务五　电源元件的识别与应用 ……………………………………… 76

项目三　复杂直流电路的分析与检测 ……………………………………… 89
　　任务一　用基尔霍夫定律分析求解电路 ……………………………… 89
　　任务二　用叠加定理分析求解电路 …………………………………… 96
　　任务三　用戴维宁定理分析求解电路 ……………………………… 100

学习情境二　交流稳态电路的分析与检测 ……………………………… 111

项目一　日光灯电路的安装与测量 ……………………………………… 111
　　任务一　用示波器观测正弦交流电 …………………………………… 112
　　任务二　日光灯电路的安装与电压、电流测量 …………………… 120
　　任务三　正弦交流电路中的 R、L、C 元件分析 …………………… 129
　　任务四　RLC 串联电路的测量与分析 ……………………………… 145
　　任务五　测量日光灯电路的有功功率及其交流参数 ……………… 154
　　任务六　提高日光灯电路的功率因数 ……………………………… 166
　　综合实训二　电气照明电路的设计与安装 ………………………… 169

项目二　谐振电路的分析及应用 ………………………………………… 172
　　任务一　RLC 串联谐振电路及其测量 ……………………………… 172
　　任务二　并联谐振电路及其测量 ……………………………………… 179

项目三　三相电路的联接与测量 ………………………………………… 184
　　任务一　三相对称交流电源的联接与测量 ………………………… 184
　　任务二　三相负载的星形联接与测量 ……………………………… 190

　　　任务三　三相负载的三角形联接与测量……………………………… 197
　　　任务四　三相交流电路功率的测量……………………………………… 202
　　项目四　非正弦周期电流电路的分析与仿真…………………………… 209
　　　任务一　非正弦周期信号的谐波分析与仿真………………………… 209
　　　任务二　非正弦周期量的有效值、平均值、有功功率及其测量………… 219

学习情境三　动态电路的时域分析与测试…………………………… 225

　　项目一　RC 电路的响应与测试………………………………………… 225
　　　任务一　电容器的放电过程仿真与分析……………………………… 225
　　　任务二　电容器的充电过程仿真与分析……………………………… 232
　　项目二　RL 电路的响应与测试………………………………………… 238
　　　任务一　发电机励磁绕组的灭磁过程分析…………………………… 238
　　　任务二　用"三要素法"分析求解一阶电路………………………… 246

学习情境四　耦合线圈与磁路分析…………………………………… 253

　　项目一　耦合线圈的分析与测量………………………………………… 253
　　　任务一　耦合线圈同名端的测定……………………………………… 253
　　　任务二　耦合线圈互感的测量………………………………………… 262
　　　任务三　用兆欧表测量电动机绕组对地的绝缘电阻………………… 268
　　项目二　交流铁芯线圈的分析与测量…………………………………… 272
　　　任务一　用磁路基本定律分析简单磁路……………………………… 273
　　　任务二　用示波器观测交流铁芯线圈的电压、电流波形…………… 283
　　　任务三　交流铁芯线圈等效参数的测定……………………………… 286

附录 ……………………………………………………………………… 293

　　附录一　常用电测量指示仪表的表面标记……………………………… 293
　　附录二　用计算器进行复数运算………………………………………… 295
　　附录三　常用电气照明图例符号………………………………………… 296
　　附录四　常用电气照明文字标注………………………………………… 297
　　附录五　部分习题参考答案……………………………………………… 298

参考文献 ………………………………………………………………… 304

学习情境一　直流稳态电路的分析与检测

项目一　万用表的组装与使用

项目教学目标

1. 职业技能目标

（1）会正确使用万用表测量电阻、直流电流、直流电压和交流电压等。

（2）会识别电阻器、电感器和电容器，能用万用表对电阻器、电感器和电容器进行简单检测。

2. 职业知识目标

（1）了解万用表的结构与工作原理，掌握万用表的使用方法。了解电工测量基础知识。

（2）了解电阻器、电感器和电容器的外观、分类、特性、应用、主要参数、识别方法和检测方法。

3. 素质目标

（1）具有认真仔细的学习态度、工作态度和严格的组织纪律。

（2）具有规范意识、安全生产意识和敬业爱岗精神。

（3）具有独立学习能力、拓展知识能力以及承受压力能力。

（4）具有良好沟通能力、良好团队合作能力和创新精神。

任务一　万用表及其使用

 工作任务

一、认识指针式万用表

在使用万用表前，先要做好以下4项准备工作。

（1）熟悉万用表的转换开关、旋钮、插孔等位置及其作用。

（2）了解刻度盘上各条刻度线所对应的被测电量。"mA"表示毫安，"A"表示安培，"Ω"表示欧姆，"C"表示电容，"L"表示电感，"dB"表示分贝。

（3）检查红色和黑色两根表笔所接的位置是否正确，红表笔插入"＋"插孔，黑表笔插入"－"插孔。如用交直流2500V测量端，注意应使用专测高压的表笔，在测量时将黑表笔插入"－"插孔，红表笔插入高压插孔。

（4）进行机械调零，旋动万用表面板上的机械调零螺钉，使指针对准刻度盘左端的

"0"位置。

二、指针式万用表的使用

1. 用万用表电阻档测量电阻

用万用表电阻档测量所给出的 5 个电阻，并将结果记录在表 1－1－1 中。

表 1－1－1　　　　　　　　　　用万用表电阻档测量电阻

R 标称值（Ω）	4.7	47	470	47k	4.7M
R 测量值（Ω）					

2. 用万用表直流电压档测量直流电压

（1）按图 1－1－1 接线，先把直流电压源输出电压调节为 5V，然后用万用表测量其大小，并将结果记录在表 1－1－2 中。

（2）分别把直流电压源输出电压调节为 10V、15V、20V、30V、50V、80V 和 100V，同样用万用表测量其输出电压大小，并将结果记录在表 1－1－2 中。

表 1－1－2　　　　　　　　　用万用表直流电压档测量直流电压

电压值（V）	5	10	15	20	30	50	80	100
测量值（V）								

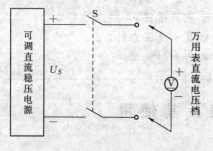
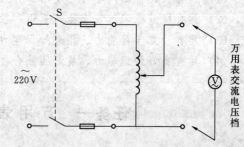

图 1－1－1　用万用表直流电压　　　　　　图 1－1－2　用万用表交流电压
档测量直流电压　　　　　　　　　　　档测量交流电压

3. 用万用表交流电压档测量交流电压

（1）按图 1－1－2 接线，先用单相调压器把交流输入电压从 220V 降低为 25V，然后用万用表测量其电压值，并将结果记录在表 1－1－3 中。

表 1－1－3　　　　　　　　　用万用表交流电压档测量交流电压

电压值（V）	25	50	70	100	150	180	200	220
测量值（V）								

（2）再用单相调压器把交流输入电压从25V逐渐上升为50V、70V、100V、150V、180V、200V和220V，同样用万用表测量其输出电压大小，并将结果记录在表1-1-3中。

4. 用万用表直流电流档测量直流电流

（1）按图1-1-3连接电路，电阻R取5kΩ。

（2）用万用表直流电流档测量直流电流，并将读数记录在表1-1-4中。

（3）计算电阻，并作伏安特性曲线。

图1-1-3　用万用表直流
电流档测量直流电流

表1-1-4　　　　　　　　　　　用万用表直流电流档测量直流电流

U（V）	5	10	15	20	25	30	35	40	45	50
I（mA）										
R（kΩ）										

 知识链接

一、万用表的结构和使用

万用表又称万能表，是一种多用途、多量限的仪表，可以测量直流电阻、直流电压、交流电压、直流电流和音频电平，有的万用表还可以测量交流电流、电容、电感以及晶体管参数等。实际工作中常运用万用表判断电源性质和极性、变压器及互感器的极性等（后面的学习情境中将会介绍）。万用表有指针式万用表和数字式万用表两种。图1-1-4所示为两种万用表的面板图。

(a)指针式　　　　　　　　　　(b)数字式

图1-1-4　万用表面板图

3

（一）指针式万用表的结构

指针式万用表主要由表头（测量机构）、测量线路和转换开关组成。

万用表的表头多数用高灵敏度的磁电系测量机构，表头的满刻度偏转电流一般为几微安到几十微安。满偏电流越小，灵敏度就越高，测量电压时的内阻就越大。一般万用表的直流电压档内阻可达 20～100kΩ/V，交流电压档内阻一般要低一些。

万用表一只表头能测量多种电量，并具有多种量限，关键是通过测量线路的变换，把被测量变换成磁电系表头所能测量的直流电流。可见，测量线路是万用表的中心环节。一只万用表，它的测量功能越多，范围越广，测量线路就越复杂。

转换开关是万用表选择不同测量种类和不同量限的切换元件。旋转量程档位转换开关，可选择不同的量程测量不同的电量如电阻（Ω）、直流电压（DCV）、交流电压（ACV）及直流电流（DCA）。

（二）指针式万用表的使用

在使用万用表前，先要做好准备工作后，再进行各电量的测量。

1. 测量电阻

（1）把转换开关调至电阻档（Ω），选择合适的倍率（如 R×1、R×10、R×100、R×1kΩ）。万用表欧姆档的刻度线是不均匀的，所以倍率的选择以使指针停留在刻度线较稀的部分为宜，一般情况下，应使指针指在刻度尺的 $\frac{1}{3}$～$\frac{2}{3}$ 之间。

（2）欧姆调零。测量电阻前，将两表笔短接，这时指针应指在"0Ω"上，否则应转动欧姆调零电位器进行校正。每换一档量程，都要重新调零。如果转动欧姆调零电位器不能使指针调到"0Ω"上，则说明表内的电池电能已用尽，需要更换电池。

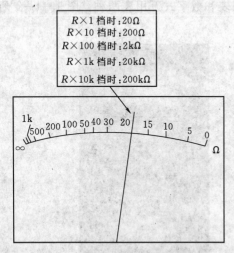

图 1-1-5 万用表欧姆档的读数方法

（3）将被测电阻同其他元器件或电源脱离，单手持表棒并跨接在电阻两端。

（4）读数时，用表头指针显示的读数乘所选量程的倍率即为所测电阻的阻值。图 1-1-5 示例中，当测量选择开关位于"R×1"时，指示值为 20Ω；当测量选择开关位于"R×10"时，指示值为 200Ω；当测量选择开关位于"R×1k"时，指示值为 20kΩ；依次类推。

用万用表测量电阻时的注意事项如下：

（1）不允许带电测量电阻，否则会烧坏万用表。

（2）万用表内干电池的正极与面板上"－"号插孔相连，干电池的负极与面板上的"＋"号插孔相连。在测量电解电容和晶体管等器件的电阻时要注意极性。

（3）每换一次倍率档，要重新进行欧姆调零。

（4）不允许用万用表电阻档直接测量高灵敏度表头内阻，以免烧坏表头。

（5）不准用两只手捏住表笔的金属部分测电阻，否则会将人体电阻并接入被测电阻而引起测量误差。

（6）测量完毕，将转换开关置于交流电压最高档或空档。

2. 测量直流电流

（1）把转换开关调至直流电流档（DCA），选择合适的量程。当被测量的范围不清楚时，应先选用最高量程档，再逐步选用合适档位。测量时，应使指针最好偏转在满刻度的$\frac{1}{3}\sim\frac{2}{3}$左右。

（2）将被测电路断开，万用表串接于被测电路中，红表笔接正（＋）极，黑表笔接负（－）极。

（3）根据指针稳定时的位置及所选量程正确读数。电流表指示的读数方法是：满度值（刻度线最右边）等于所选量程档位数，根据表针指示位置折算出测量结果。图1-1-6示例中，当测量选择开关位于"0.05 mA"档时，指示值为$35\mu A$；选择开关位于"5mA"档时，指示值为3.5 mA；选择开关位于"500mA"档时，指示值为350mA。

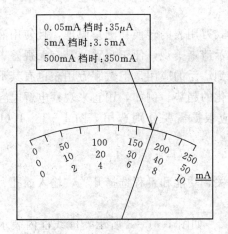

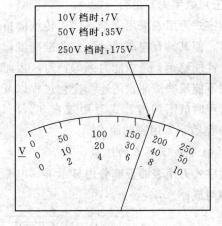

图1-1-6 万用表电流档的读数方法　　　　图1-1-7 万用表电压档的读数方法

3. 测量直流电压

（1）把转换开关调至直流电压档（DCV），选择合适的量程。当被测量的范围不清楚时，应先选用最高量程档，再逐步选用合适档位。测量时，应使指针最好偏转在满刻度的$\frac{1}{3}\sim\frac{2}{3}$左右。

（2）将万用表并接入被测电路中，红表笔接被测电压的正（＋）极，黑表笔接被测电压的负（－）极，不能接反。如预先不知正负极，应置于较高量程档，用表笔轻碰一下被测位置，根据指针的偏转方向确定正负极性。

（3）根据指针稳定时的位置及所选量程正确读数。电压表指示的读数方法是：满度值（刻度线最右边）等于所选量程档位数，根据表针指示位置折算出测量结果。图1-1-5示例中，当测量选择开关位于"10V"档时，指示值为7V；选择开关位于"50V"档时，指示值为35V；选择开关位于"250V"档时，指示值为175V。

4. 测量交流电压

（1）把转换开关调至交流电压档（ACV），选择合适的量程。当被测量的范围不清楚时，应先选用最高量程档，再逐步选用合适档位。测量时，应使指针最好偏转在满刻度的 $\frac{1}{3} \sim \frac{2}{3}$。

（2）将万用表两根表笔并接在被测电路的两端，无正负极之分。

（3）根据指针稳定时的位置及所选量程正确读数，读数方法与测量直流电压时相同，但需注意的是其读数为交流电压的有效值。

用万用表测量电压或电流时的注意事项如下：

（1）测量时，不能用手触摸表笔的金属部分，以保证人身安全和测量的准确性。

（2）测直流量时要注意被测量的极性，避免指针反打而损坏表头。

（3）测量较高电压或大电流时，不能带电转动转换开关，避免转换开关的触点产生电弧而被损坏。

（4）测量完毕后，将转换开关置于交流电压最高档或空档。

（三）数字式万用表

数字式万用表采用完全不同于传统的指针式万用表的转换和测量原理，且使用液晶数字显示，使其具有很高的灵敏度和准确度，显示清晰美观，便于观看，具有无视差、功能多样、性能稳定、过载能力强等特点，因而得到广泛的应用。但数字万用表也有其不足之处，它不能反映被测量的连续变化过程以及变化的趋势。例如，用它来观察电解电容的充放电过程时就不如指针式万用表直观，所以应根据需要分别选用。图 1-1-4（b）是 DT890 型数字万用表的面板图。

1. 数字式万用表的组成

数字式万用表面板部分由显示屏、电源开关、功能和量程选择开关、输入插孔、输出插孔等组成。

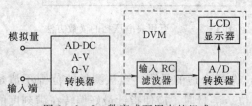

图 1-1-8　数字式万用表的组成

如图 1-1-8 所示，虚线框内表示直流数字式电压表（DVM），它由 RC 滤波器、A/D 转换器、LCD 液晶显示器组成。在数字式电压表的基础上再增加交流—直流（AD-DC）、电流—电压（A-V）、电阻—电压（Ω-V）转换器，就构成了数字式万用表。

数字式万用表是在数字电压表的基础上拓展而来的，因此，首先必须进行被测参数与直流电压之间的转换，由信号变换电路完成。由变换电路变换而来的直流电压经电压测量电路在微处理器（或逻辑控制电路）的控制下，将模拟电压量转换成数字量后，再经译码、驱动最后显示在液晶或数码管显示屏上。

2. 数字式万用表的使用方法

（1）使用前的准备工作。将黑表笔插入"COM"插孔内，红表笔插入相应被测量的插孔内，然后将转换开关旋至被测种类区间内并选择合适的量程，量程选择的原则和方法与指针式万用表相同，将电源开关调至"ON"的位置，接通表内工作电源。

（2）电阻的测量。将红表笔连线插入"V/Ω"插孔内，黑表笔连线插入"COM"插孔内，将量程开关旋至"Ω"区间并选择适当的量程，便可进行测量。要注意，数字式万用表红表笔的电位比黑表笔的电位高，即红表笔为"＋"极，黑表笔为"－"极，这一点与指针式万用表正好相反，测量时要注意显示值的单位与"Ω"区间内各量程上所标明的单位（Ω、kΩ、MΩ）相对应。

（3）直流电流、交流电流的测量。测量直流电流时，当被测电流小于200mA时，将红表笔插入"mA"插孔内，黑表笔置于"COM"插孔，将转换开关旋至"DCA"或"A－"区间内，并选择适当的量程（2mA、20mA、200mA），将万用表串入被测电路中，显示屏上即可显示出读数。测量结果单位是毫安。如果被测量的电流值大于200mA，则量程开关置于"10"档，同时要将红表笔插入"10A"插孔内，显示值以安培为单位。

测量交流电流时，将量程开关旋至"ACA"或"A～"区间的适当量程上，其余与测量直流电流相同。

（4）直流电压、交流电压的测量。测量直流电压时，将红表笔连线插入"V/Ω"插孔内，黑表笔连线置于"COM"插孔，将量程开关旋至"DCV"或"V－"区间内，并选择适当的量程，通过两表笔将仪表并联在被测电路两端，显示屏上便显示出被测数值。一般直流电压档有200mV、2V、20V、200V、1000V等几档，选择200mV档时，则显示的数值以mV为单位；置于其他4个直流电压档时，显示值均以V为单位。测量直流电压和电流时，不必像使用指针式万用表时考虑"＋"、"－"极性问题，当被测电流或电压的极性接反时，显示的数值前会出现"－"号。

测量交流电压时，将量程开关旋至"ACV"或"V～"区间的适当量程上，表笔所在插孔及具体测量方法与测量直流电压时相同。

二、电工测量知识介绍

（一）电测量指示仪表的分类和型号

1. 电测量指示仪表的分类

测量电量（如电流、电压、功率、相位、频率、电阻、电感及电容）的指示仪表，称为电测量指示仪表。电测量指示仪表的种类很多，分类方法也很多，但常见的分类方法有下面几种。

（1）根据仪表的工作原理可分为磁电系、电磁系、电动系、感应系、静电系、整流系和热电系等。

（2）根据被测量的特征可分为电流表、电压表、功率表、欧姆表、电能表、频率表、相位表、功率因数表、兆欧表、接地电阻测量仪和万用表等。

（3）根据被测量的性质可分为直流仪表、交流仪表及交直流两用仪表等。

（4）按仪表的使用方法可分为安装式仪表和便携式仪表。

（5）按仪表的准确度等级可分为0.1、0.2、0.5、1.0、1.5、2.0、5.0共七个等级。

（6）按仪表对外电磁场的防御能力可分为Ⅰ、Ⅱ、Ⅲ、Ⅳ四级。Ⅰ级电表的防御能力最强，在外界电磁场作用下所引起的附加误差最小。

（7）按仪表的使用条件可分为A、B、C三组。A组仪表的工作温度为0～＋40℃；B

组仪表的工作温度为－20～＋50℃；C组仪表的工作温度为－40～＋60℃。

2. 电测量指示仪表的型号

电测量指示仪表的产品型号是按规定的标准编写的，安装式和便携式指示仪表型号的编制规则不同。

安装式仪表符号的基本组成如图1－1－9所示。两位形状代号表示仪表的面板、外壳形状尺寸编制，系列代号表示仪表的工作原理系列，如磁电系用C、电磁系用T、电动系用D、感应系用G、整流系用L、静电系用Q表示等。

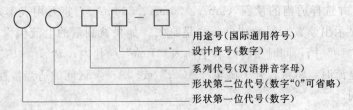

图1－1－9 安装式仪表符号的基本组成

例如44C2－A型直流电流表："44"代表形状代号，表示外形和尺寸；"C"表示磁电系仪表；"2"为设计序号；"A"表示测量电流量。对便携式仪表，则不用形状代号。第一位为组别号，即表示仪表的工作原理系列，其余部分的组成形式和安装式仪表相同。

除了指示类仪表外，其他各类仪表的型号还应在组别号前再加一个类别号，也用汉语拼音字母表示。如电能表用D、电桥用Q、数字电表用P等。

(二) 电测量指示仪表的组成及工作原理

1. 电测量指示仪表的组成

电测量指示仪表的种类很多，但它们的主要作用都是将被测电量变换成仪表可动部分的偏转角位移。电测量指示仪表由测量线路和测量机构组成。测量机构是仪表的核心，包括可动部分和固定部分，用来测量被测量数值的指示器安装在可动部分上。通常指示器可分为指针式和光标式两种。

2. 测量机构的主要作用

(1) 产生转动力矩。要使仪表的指示器转动，测量机构必须有转动力矩作用于可动部分。转动力矩一般由固定部分和可动部分之间通过电磁场相互作用产生。常用电测量指示仪表转动力矩的产生方式如表1－1－5所示。

表1－1－5　　　　　　　　**常用电测量指示仪表转动力矩的产生方式**

仪表类型	产 生 转 动 力 矩 方 式
磁电系	由固定的永久磁铁与通有直流电流的可动线圈相互作用产生
电磁系	由通有电流的固定线圈与可动铁片相互作用（或处在磁场中的两块铁片相互作用）产生
电动系	由通有电流的固定线圈与通有电流的可动线圈相互作用产生
感应系	由通有交流电流的固定线圈与在可动铝盘中所感应的电流相互作用产生

转动力矩 M 的大小通常是被测量 x 和可动部分的偏转角位移 α 的函数，即

$$M = F_1(x, \alpha)$$

（2）产生反作用力矩。作用于活动部分，用来平衡转动力矩 M。反作用力矩 M_a 的方向与转动力矩相反，大小是仪表活动部分偏转角位移 α 的函数，即 $M_a=F_2(\alpha)$。

当转动力矩和反作用力矩相互平衡的时候，活动部分就会停止在平衡位置上。

（3）产生阻尼力矩。阻尼力矩的作用是使仪表的活动部分更迅速地静止在平衡位置上，缩短摆动时间，阻尼力矩只在运动过程中产生，当活动部分静止时，便自动消失，因此它不影响测量结果。

（三）电测量指示仪表的表面标记

在每一个电测量指示仪表的表面上都绘有许多标记符号，它们表征了该仪表的主要技术特性。只有在识别了它们之后，才能正确地选择和使用仪表。常用的电测量指示仪表的部分表面标记符号见附录一，供使用时参考（详细内容可查阅国家标准 GB/T7676.1—1998 中的规定）。

（四）测量误差分析

测量的目的是获得被测量的真实值，然而由于受到测量工具的不准确、测量手段的不完善、周围环境的影响及测量工作中的疏忽或错误等，将使测量值与真值之间总是存在差异。这种差异就称为测量误差。被测量所具有的真实大小称为该被测量的真值。

1. 测量误差的分类

测量误差按其性质和特点，可分为系统误差、随机误差和粗大误差三类。

系统误差是指在一定的测量条件下，误差的绝对值和符号保持恒定，或按某种确定的规律变化的误差。系统误差包括仪表误差、方法误差、外界误差、操作误差和人员误差等。

随机误差亦称偶然误差。随机误差是指在测量过程中，误差的绝对值和符号均发生变化，其值时大时小，其符号时正时负，没有确定的变化规律，也就是不可以预料的误差。随机误差主要是由于外界因素的偶然变化引起的。

粗大误差又称疏失误差，简称粗差。粗大误差是指在一定条件下，测量值显著地偏离其真实值（或实际值）所对应的误差。粗大误差主要是由读数错误、记录错误、仪器故障、测量方法不合理、操作方法不正确、计算错误以及不能允许的干扰等原因造成的。

2. 测量误差的表示方法

测量误差通常可表示为三种基本情况：绝对误差、相对误差和引用误差。

绝对误差（ΔA）定义为测量值（A）与真值（A_0）之差，即

$$\Delta A=A-A_0 \tag{1-1-1}$$

由式（1-1-1）可知，因此测量中可引入修正值（C）的概念，用以补偿测量结果的误差。$C=-\Delta A$，即修正值与绝对误差绝对值相等，符号相反，引入修正值后，$A_0=A+C$。

绝对误差一般用于单次测量结果的误差计算及几个仪表测量同一量的误差比较。

相对误差（γ）定义为绝对误差（ΔA）与真值（A_0）之比，即

$$\gamma=\frac{\Delta A}{A_0}\times100\% \tag{1-1-2}$$

当测量值与真值较接近时相对误差也可表示为

$$\gamma=\frac{\Delta A}{A}\times100\%$$ (1-1-3)

在实际测量中都用相对误差来评价测量结果的准确度。

引用误差（γ_n）定义为绝对误差（ΔA）与仪表的测量上限 A_m（即仪表的满刻度值）之比，即

$$\gamma=\frac{\Delta A}{A_m}\times100\%$$ (1-1-4)

由于仪表的测量上限是产品的固定值，而仪表的绝对误差又大体保持不变，所以可用引用误差来表示仪表的准确度。

3. 仪表的准确度

指示仪表的准确度，是用仪表的最大引用误差来表示的。指示仪表在测量值不同时，其绝对误差多少有些变化，为了使引用误差能包括整个仪表基本误差，工程上规定以最大引用误差来表示仪表的准确度。准确度用百分数来表示，即

$$\pm K\%=\frac{\Delta A_m}{A_m}\times100\%=\gamma_{nm}$$ (1-1-5)

式中　K——仪表的准确度；

　　ΔA_m——仪表绝对误差的最大值；

　　A_m——仪表的测量上限；

　　γ_{nm}——引用误差的最大值。

准确度表明了仪表基本误差最大允许范围，国家标准中规定各个准确度等级的仪表，在规定的使用条件下测量时，其基本误差不应超过表 1-1-6 中的规定值。

表 1-1-6　　　　　　　　　　仪表的准确度等级及其基本误差

准确度等级	0.1	0.2	0.5	1.0	1.5	2.5	5.0
基本误差（%）	±0.1	±0.2	±0.5	±1.0	±1.5	±2.5	±5.0

我国生产的电工仪表的准确度等级根据国家标准的规定共分为七个等级。即：0.1，0.2，0.5，1.0，1.5，2.5，5.0。

（五）电测量指示仪表的正确使用

1. 合理选择仪表

（1）根据被测量的性质选择仪表的类型。根据被测量是直流电还是交流电选用直流仪表或交流仪表。

测量交流电时，应区分是正弦波还是非正弦波。如果是正弦交流电流（电压），只需测量出其有效值即可换算为其他值，采用任一种交流电流表（电压表）均可进行测量。如果是非正弦交流电流（电压），则应区别是测量有效值、平均值或最大值。其中有效值可用电磁系或电动系电流表（电压表）测量；平均值用整流系仪表测量；最大值可用峰值表测量等。

在测量交流电时，还应考虑被测量的频率。一般常用的交流仪表（如电磁系、电动系

和感应系）的应用频率范围较窄，因此当被测量的频率较高时，应选择频率范围与其相对应的仪表（如电子系仪表）。

（2）根据测量要求选择仪表的准确度等级。通常仪表的准确度越高，价格越贵，维修也越难。若其他条件配合不当，高准确度的仪表也未必得到高准确度的测量结果。因此，选择仪表的准确度时，应综合考虑各方面的因素。一般准确度 0.1～0.2 级的仪表用作标准表及精确测量；0.5～1.5 级的仪表常用于实验室一般测量；1.0～5.0 级的仪表常用于工业测量。

【例 1 - 1 - 1】 用两只电压表来测量实际值为 40V 的电压。一只准确度等级为 0.5、量限为 100V 的电压表；另一只准确度等级为 1.0、量限为 50V 的电压表。求两只电压表分别测量时可能产生的最大相对误差。

解： 用 0.5 级电压表测量时，可能产生的最大绝对误差为

$$\Delta x_{m1} = \gamma_{n1\max} A_{m1} = \pm 0.5\% \times 100 = \pm 0.5(\text{V})$$

故用此电压表测量 40V 电压时，可能产生的最大相对误差为

$$\gamma_{n1} = \frac{|\Delta x_{m1}|}{A_0} \times 100\% = \frac{|\pm 0.5|}{40} \times 100\% = 1.25\%$$

用 1.0 级电压表测量 40V 电压时，可能产生的最大相绝对误差为

$$\Delta x_{m2} = \gamma_{n2\max} A_{m2} = \pm 1.00\% \times 50 = \pm 0.5(\text{V})$$

故用此电压表测量 40V 电压时，可能产生的最大相对误差为

$$\gamma_{n2} = \frac{|\Delta x_{m2}|}{A_0} \times 100\% = \frac{|\pm 0.5|}{40} \times 100\% = 1.25\%$$

从例 1 - 1 - 1 计算结果可以看出，用 0.5 级量限为 100V 的电压表与用 1.0 级量限为 50V 的电压表同测 40V 的电压，所得的最大绝对误差和最大相对误差是相等的。因此，不能认为准确度等级高的仪表一定比准确度低的仪表测得更准确。这是因为仪表量限的选择对测量结果的准确度也有很大关系。从上述结果可看出，被测量的值 A_0 越接近仪表的量限时，相对误差就越小。所以，在选择测量仪表的量限时，应尽量使被测量的值（指针偏转）接近量限，越近量限越好。一般在选择仪表量限时，应使被测量的值 A_0 超过满量限（刻度）的 2/3 以上。

（3）根据被测量的大小选用适当量限的仪表。由前面分析可知，测量结果的准确度，不仅与仪表的准确度有关，而且与仪表的量限有关。因此，应根据被测量的大小来选择量限合适的仪表。一般在选量限时，应根据电源电压、被测量电路的连接方式及其参数变化等情况，先估计被测量的最大数值，然后量限选为该最大值的 1.2～1.5 倍。

2. 保证仪表有正常的工作条件

仪表的正常工作条件主要是指：仪表处于规定的工作位置；周围环境温度为额定值；电压、频率及 $\cos\varphi$ 为额定值；无外界电磁场的影响等。

因为每种仪表都是按一定的工作条件设计制造和校准的，只有按规定的工作条件使用，才能保证仪表有规定的准确度，即保证仪表的基本误差在规定的范围内，否则将会受

外界条件的影响而引起附加误差。

在确定指示仪表的基本误差时，所有影响仪表指示值的影响量（外界条件的变化）应符合一定的规定。

 拓展知识

一、安全用电常识

1. 触电现象

当人体触及带电体承受过高的电压而导致死亡或局部受伤的现象称为触电。触电依伤害程度不同可分为电击和电伤两种。

（1）电击。电击是指电流触及人体而使内部器官受到损害，它是最危险的触电事故。当电流通过人体时，轻者使人体肌肉痉挛，产生麻电感觉，重者会造成呼吸困难，心脏麻痹，甚至导致死亡。

电击多发生在对地电压为 220V 的低压线路或带电设备上，因为这些带电体是人们日常工作和生活中易接触到的。

（2）电伤。电伤是由于电流的热效应、化学效应、机械效应以及在电流的作用下使熔化或蒸发的金属微粒等侵入人体皮肤，使皮肤局部发红、起泡、烧焦或组织破坏，严重时也可危及生命。

电伤多发生在 1000V 及 1000V 以上的高压带电体上，它的危险虽不像电击那样严重，但也不容忽视。

2. 安全电流与安全电压

人体触电伤害程度主要取决于流过人体电流的大小和电击时间长短等因素，我们把人体触电后最大的摆脱电流，称为安全电流。我国规定安全电流为 30mA·s，即触电时间在 1s 内，通过人体的最大允许电流为 30mA。人体触电时，如果接触电压在 36V 以下，通过人体的电流就不致超过 30mA，故安全电压通常规定为 36V，但在潮湿地面和能导电的厂房，安全电压则规定为 24V 或 12V。

3. 触电防范

为了人身安全和电力系统工作的需要，要求电气设备采取接地措施。按接地目的的不同，主要可以分为工作接地、保护接地和保护接零三种。

（1）工作接地。电力系统由于运行和安全的需要，将中性点接地称为工作接地。工作接地可以降低触电电压，迅速切断故障设备，降低电气设备对地的绝缘水平。

（2）保护接地。保护接地就是将电气设备的金属外壳（正常情况下是不带电的）接地，宜用于中性点不接地的低压系统中。

（3）保护接零。保护接零就是将电气设备的金属外壳接到零线（或称中性线）上，宜用于中性点接地的低压系统中。

二、仪表的工作原理

1. 磁电系仪表的工作原理

磁电系测量机构是磁电系仪表的核心，它主要由固定的磁路系统和可动的线圈两部分组成，其结构如图 1-1-10 所示。

　　仪表的固定部分由永久磁铁 1、极掌 2 以及圆柱形铁芯 3 组成磁路系统，其作用是在极掌和铁芯之间的空气隙中产生较强的均匀辐射磁场。仪表的可动部分由绕在铝框架上的可动线圈 4、线圈两端装的转轴 7、与转轴相连的指针 6、平衡锤 8 以及游丝 5 组成。整个可动部分支撑在轴承上，线圈位于环形的气隙中。

　　磁电系测量机构中游丝的作用有两个：一是用来产生反作用力矩；二是把被测电流导入和导出可动线圈。

　　磁电系测量机构的阻尼力矩由可动线圈的铝框架产生。当铝框在磁场中运动时，闭合的铝框切割磁力线产生感生电流，而感生电流在磁场中受到磁场力的作用，从而产生与铝框运动方向相反的电磁阻尼力矩，因此，能使线圈尽快停留在平衡位置上。

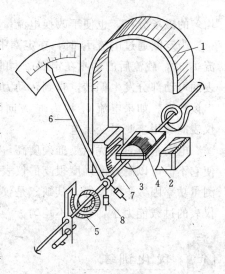

图 1-1-10　磁电系测量机构
结构示意图

1—永久磁铁；2—极掌；3—圆柱形
铁芯；4—可动线圈；5—游丝；
6—指针；7—转轴；8—平衡锤

　　磁电系测量机构是根据通电线圈在磁场中受到电磁力矩而发生偏转的原理制成的。当可动线圈中通入电流时，载流线圈在永久磁铁的磁场中将受到电磁力矩的作用而偏转。通过线圈的电流越大，线圈受到的转矩越大，仪表指针偏转的角度也越大；同时，游丝扭得越紧，反作用力矩也越大。当线圈受到的转动力矩与反作用力矩大小相等时，线圈就停留在某一平衡位置，此时，指针就指示出被测量的大小。

　　磁电系电流表的优点是灵敏度高，可以测出很弱的电流；缺点是绕制线圈的导线很细，允许通过的电流很弱（几十微安到几毫安）。

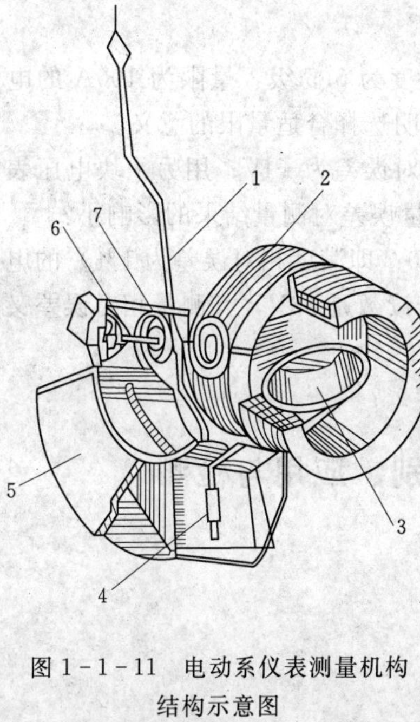

　　2. 电动系仪表的工作原理

　　电动系仪表的结构有其独特的特点。与磁电系仪表相比，它们的共同之处在于都设有活动线圈，而最大不同点是电动系仪表的磁场是由通有电流的固定线圈建立的，而磁电系仪表的磁场则由永久磁铁产生。

　　电动系仪表的测量机构如图 1-1-11 所示。它的固定部分是两个平行排列的固定线圈 2（简称定圈），可动部分由转轴 6、固定在转轴上的可动线圈 3（简称动圈）、指针 1、阻尼翼片 4 及游丝 7 组成。定圈分为两部分，彼此平等排列，目的是为了获得

图 1-1-11　电动系仪表测量机构
结构示意图

1—指针；2—固定线圈；3—可动
线圈；4—阻尼翼片；5—空气
阻尼盒；6—转轴；7—游丝

均匀的磁场分布，也便于改换电流量程。

当定圈通过电流 I_1 时，在定圈中就建立了磁场（磁感应强度为 B）。在动圈中通入电流 I_2 时，载流后的动圈在定圈产生的磁场中受到电磁力 F 的作用而产生转动力矩，使仪表的可动部分发生偏转，直到转动力矩与弹簧所产生的反抗力矩相平衡时才停止，并指示出读数来。如果电流 I_1 和 I_2 的方向同时改变，则电磁力 F 的方向不会改变，因此电动系仪表能够用来测量交流电。

电动系仪表的优点是准确度高，可以交直流两用。由于电动系仪表的这种结构特点，使它不但可以制成准确度很高的仪表，以用来准确地测量电流、电压和功率，而且还可以测量功率因数、频率等。其缺点是仪表读数易受外磁场影响，仪表本身消耗的功率较大，仪表的过载能力小，刻度不均匀。

 优化训练

1.1.1.1　指针式万用表可以测量哪些参数？

1.1.1.2　指针式万用表的组成有哪些？

1.1.1.3　使用指针式万用表欧姆档测量电阻时应注意什么？

1.1.1.4　使用指针式万用表测量电压或电流时应注意什么？

1.1.1.5　测量完毕，应将指针式万用表转换开关置于什么位置？

1.1.1.6　如何使用数字式万用表测量电压、电流与电阻？

1.1.1.7　电测量仪表测量机构的主要作用有哪些？

1.1.1.8　测量误差产生的主要原因有哪些？

1.1.1.9　用准确度为 1.0 级、量限为 10A 和准确度为 0.5 级，量限为 100A 的电流表分别测量 8A 电流，最大相对误差分别为多少？并说明选择合适量限的意义。

1.1.1.10　用一块电压表测量 200V 电压时，其绝对误差为 +1V；用另一块电压表测量 20V 电压时，绝对误差为 +0.5V。问哪一块表的测量误差对测量结果的影响小？

1.1.1.11　用一个量限为 150V、准确度等级为 1.0（即满度相对误差为 1%）的电压表测量电压，读数是 93V，试计算其测量相对误差；若读数是 33V，其测量相对误差又是多少？比较这两个测量误差，会得出什么结论？

1.1.1.12　磁电系仪表和电动系仪表的优缺点是什么？

任务二　电路常用元器件的识别、应用与检测

 工作任务

一、电阻器的识别、应用与检测

1. 电阻器的识别与应用

识别所给的 8 个电阻器，对照各电阻器编号，将有关资料填入表 1-1-7 中。

表 1-1-7 电阻器的识别与检测

编 号	种 类	应 用	标 称 阻 值	允 许 偏 差	万用表检测情况

2. 电阻器的检测

用万用表的欧姆档对各电阻器进行检测，将测量情况填入表 1-1-7 中。对不同种类的电阻器使用的检测方法不同。

二、电感器的识别、应用与检测

1. 电感器的识别与应用

识别所给的 8 个电感器，对照各电感器编号，将有关资料填入表 1-1-8 中。

表 1-1-8 电感器的识别与检测

编号	种类	应用	标称电感量	允许误差	额定工作电流	线圈直流电阻	电感表测量的电感值

2. 电感器的检测

用万用表的欧姆档检测电感器的直流电阻，用电感表测量每只电感器的电感值，将测量结果填入表 1-1-8 中。

三、电容器的识别、应用与检测

1. 电容器的识别与应用

识别所给的 8 个电容器，对照各电容器编号，将有关资料填入表 1-1-9 中。

表 1 - 1 - 9　　　　　　　　　　电容器的识别与检测

编号	种类	应用	标称容量	允许误差	额定工作电压	万用表检测情况	电容表测量的电容值

2. 电容器的检测

用万用表检测电容器的质量，用电容表测量每只电容器的电容量，将测量值填入表
1 - 1 - 9 中。

 知识链接

一、电阻器的应用、主要参数与检测

1. 电阻器的种类及应用

在电子设备及电力设备中，电阻器是应用最广泛的一种元件。

电阻器按电阻值是否可调，分为固定电阻器与可调电阻器两大类。

固定电阻器按电阻体材料及用途又分成若干种：按电阻体材料来分，电阻器分为线绕型和非线绕型两大类，非线绕型的电阻器又分为薄膜型（如金属膜、碳膜等）和合成型两类；按用途来分，电阻器有通用电阻器（又称普通电阻器）、精密电阻器、高阻电阻器、功率电阻器、高压电阻器、高频电阻器、压敏电阻器、热敏电阻器、光敏电阻器等；按安装方式分，电阻器分为插件电阻器和贴片电阻器等。

图 1 - 1 - 12 是电子设备几种常用的电阻器。其中图 1 - 1 - 12（a）和（b）所示的实际电阻器经常应用在电视机、收音机等电子产品中。图 1 - 1 - 12（c）所示的贴片电阻器则更多的应用在手机、数码摄像机等数字化电子产品中。图 1 - 1 - 12（d）所示的热敏电阻器用于有特殊要求的，如消磁电路、充电器、电子体温计等电子产品中。图 1 - 1 - 12（e）所示的压敏电阻器应用于稳压、过压保护、高频电路、防雷、灭弧、消噪、补偿、消磁、高能或高可靠等方面。图 1 - 1 - 12（f）所示光敏电阻器用于光控电路中，如路灯、楼道声控电灯等。图 1 - 1 - 12（g）所示精密合金绕线电阻器主要应用于具有可靠性要求的电器线路中，阻值范围广，良好的频率特性及抗脉冲电流性能。图 1 - 1 - 12（h）所示的可调电阻器一般也称为电位器，用于电阻阻值需要调节的场合，例如电视机、收音机的音量调节电路等。

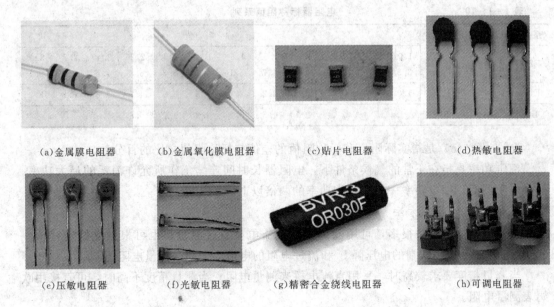

(a)金属膜电阻器　　(b)金属氧化膜电阻器　　(c)贴片电阻器　　(d)热敏电阻器

(e)压敏电阻器　　(f)光敏电阻器　　(g)精密合金绕线电阻器　　(h)可调电阻器

图 1-1-12　电子设备几种常用的电阻器

以上是应用在电子设备的电阻器，应用在电力设备中的电阻器有中性点接地电阻器和高能氧化锌压敏电阻器等，如图 1-1-13 所示。高能氧化锌压敏电阻器应用在发电机励磁绕组的灭磁和过电压保护等。

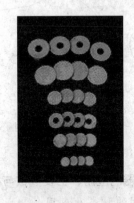

(a)中性点接地电阻器　　　　　(b)高能氧化锌压敏电阻器

图 1-1-13　电力设备常用的电阻器

2. 电阻器的主要参数

电阻器的主要参数有标称阻值、允许误差和额定功率等。

电阻器标称阻值有 E6、E12 和 E24 三大系列（见表 1-1-10）。电阻器的标称阻值应为表 1-1-10 中所列数值的 10^n 倍，其中 n 为整数。以 E6 系列中的 3.3 为例，电阻器的标称阻值可以是 0.33Ω、3.3Ω、33Ω、330Ω、3.3kΩ、33kΩ、330kΩ、3.3MΩ 等。

表 1 - 1 - 10　　　　　　　　　　　电阻器标称阻值系列

系列	精度等级	允许误差	标　称　阻　值											
E24	I	±5%	1.0	1.1	1.2	1.3	1.5	1.6	1.8	2.0	2.2	2.4	2.7	3.0
			3.3	3.6	3.9	4.3	4.7	5.1	5.6	6.2	6.8	7.5	8.2	9.1
E12	II	±10%	1.0	1.2	1.5	1.8	2.2	2.7	3.3	3.9	4.7	5.6	6.8	8.2
E6	III	±20%			1.0	1.5	2.2	3.3	4.7	6.8				

允许误差（δ）是指实际阻值和标称阻值的差值与标称阻值之比的百分数。

额定功率是指在正常的气候条件下，电阻器长时间连续工作所允许消耗的最大功率。选择电阻器时，额定功率一般在工作功率的两倍以上。

3. 电阻器的检测方法

测量电阻器的方法很多，可用欧姆表、直流电桥直接测量；也可根据欧姆定律 $R = U/I$，通过测量电阻两端的电压降 U 和流过电阻的电流 I 来间接测量电阻值。

当测量精度要求较高时，采用直流电桥来测量电阻。当测量精度不高时，可直接用欧姆表测量电阻。

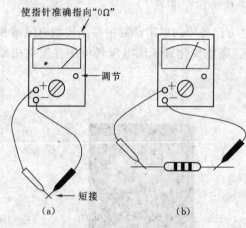

图 1 - 1 - 14　电阻器的检测

用万用表的欧姆档可对电阻器进行粗略的检测。首先将万用表的量程档位转换开关置于 Ω 档适当量程。将两只表笔短接，表头指针应在刻度线 0 点，如图 1 - 1 - 14 （a）所示；若不为 0 点，则要进行欧姆档调零。然后可把被测电阻接于黑、红表笔之间，如图 1 - 1 - 14 （b）所示，从刻度线上直接读出所示数值，再乘以所选量程的中心倍率，即可得到被测电阻的阻值。欧姆档的量程应视电阻器阻值的大小而定，一般情况下应使指针指向刻度盘的中间段，以提高测量准确度。更换倍率档后，首先要进行欧姆档调零，然后才能进行检测。

二、电感器的应用、主要参数与检测

1. 电感器的种类及应用

电感器（简称电感）的两个基本组成部分是：骨架和绕组。有些应用场合下，还有磁芯（又称铁芯）、磁屏罩等。电感器的种类很多，通常根据元件的结构来分类：按有无磁芯分，分为空芯电感和磁芯电感两类；按绕组的绕制方式分，分为单层线圈、多层线圈以及蜂房式线圈三类；按电感量是否可调，分为固定电感与可调电感两类。

图 1 - 1 - 15 是几种常用的电感器。图 1 - 1 - 15 （a）所示的色环电感器应用于计算机、电子产品、电动玩具等产品中。图 1 - 1 - 15 （b）所示的贴片电感器，由于体积小常用在一些像数码相机、计算机、MP3 等数码产品中。图 1 - 1 - 15 （c）所示的磁棒电感器，一般用于电源调整器、电源振幅放大器、打字机和整流器等大电流产品中。图 1 - 1 -

15（d）所示的空心线圈，多用于高频电路中。图 1-1-15（e）的磁芯电感器广泛应用于电视机、摄像机、录像机、通信设备、办公自动化设备等电子电路中。晶体管收音机中波天线线圈属于单层线圈。图 1-1-15（g）所示的多层线圈广泛应用于电源、通信、汽车、计算机、航天、广播及国防应用等众多领域。半导体收音机的振荡线圈、电视机用的行振荡线圈、音响用频率补偿线圈等属于可调电感器。

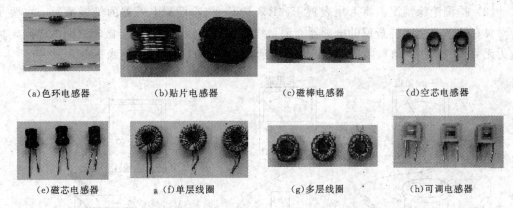

(a)色环电感器　　(b)贴片电感器　　(c)磁棒电感器　　(d)空芯电感器

(e)磁芯电感器　　(f)单层线圈　　(g)多层线圈　　(h)可调电感器

图 1-1-15　电子设备几种常用的电感器

以上是应用在电子设备的电感器。应用在电力设备中的电感器又叫电抗器，图 1-1-16 是电力设备常用的电抗器。电机启动自耦变压器应用在电动机启动中，降低电动机的启动电流；滤波电抗器应用在变流器的直流侧，将叠加在直流电流上的交流分量限定在某一规定值。

(a)电机启动自耦变压器　　　　　　　　　　(b)滤波电抗器

图 1-1-16　电力设备常用的电抗器

2. 电感器的主要参数

电感器的主要参数有标称电感量、允许误差和最大直流工作电流等。

3. 电感器的检测方法

检查电感好坏方法：用电感测量仪测量其电感量；用万用表测量其通断，理想的电感电阻很小，近乎为零。

要测量电感器的电感量等参数，可以使用电感表、交流电桥、Q 表。

电感器的好坏可以用万用表进行初步检测，即检测电感器是否有断路、短路、绝缘不良等情况。

（1）检测电感线圈通断情况。检测时，首先将万用表置于"R×1"档，两表笔不分正、负与电感器的两引脚相接，表针指示应有一定的阻值，如图1-1-17（a）所示。若线圈匝数少，则直流电阻小，表针偏转角大，示数接近"0Ω"，但仍有一定的阻值，如图1-1-17（b）所示。如果表针不动，说明该电感器内部断路；如果表针指示不稳定，说明该电感器内部接触不良；如果表针指示为"0Ω"，则说明该电感器内部短路。

（2）检测绝缘情况。将万用表置于"R×10k"档，检测电感器的绝缘情况，主要是针对具有铁芯或金属屏蔽罩的电感器。测量线圈引线与铁芯或金属屏蔽罩之间的电阻，均应为无穷大（表针不动），如图1-1-18所示。否则说明该电感器绝缘不良。

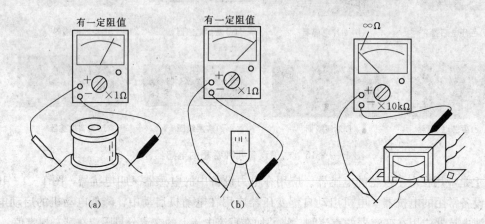

图1-1-17　线圈通断情况的检测　　　　图1-1-18　电感器绝缘情况的检测

三、电容器的应用、主要参数与检测

1. 电容器的种类及应用

电容器按原理分类，有无极性可变电容器、无极性固定电容器、有极性电容器等；从电介质上可分为CBB（聚丙烯）电容器、涤纶电容器、瓷片电容器、独石电容器、云母电容器、玻璃釉电容器和电解电容器等。图1-1-19所示，是几种常见的电容器。

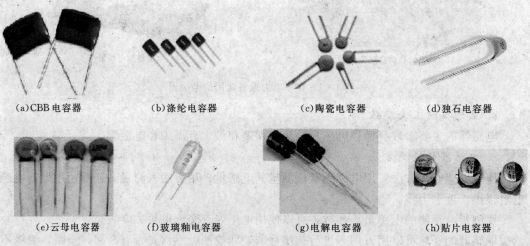

（a）CBB电容器　　　（b）涤纶电容器　　　（c）陶瓷电容器　　　（d）独石电容器

（e）云母电容器　　　（f）玻璃釉电容器　　　（g）电解电容器　　　（h）贴片电容器

图1-1-19　电子设备几种常见的电容器

CBB 电容器广泛应用于显示设备、音响设备、视听设备、通信器材、数据传输处理等各种电子电器设备中。涤纶电容器应用在对稳定性和损耗要求不高的低频电路。陶瓷电容器应用在谐振电路中。独石电容广泛应用于电子精密仪器，各种小型电子设备作谐振、耦合、滤波、旁路。云母电容器应用在高频振荡、脉冲等要求较高的电路。玻璃釉电容器应用在脉冲、耦合、旁路等电路。电解电容器应用在电源滤波、低频耦合、去耦、旁路等电容。贴片电容器广泛应用在电源、电脑、通信网络、数码、仪器、车载、板卡等各种先进产品中。

以上是应用在电子设备的电容器，应用在电力设备中的常用电容器如图 1－1－20 所示。耦合电容器主要用于高压电力线路的高频通信，测量、控制、保护以及在抽取电能的装置中作部件用；自愈式低电压并联电容器主要用于提高工频电力系统的功率因数。

(a) 耦合电容器　　　　　　　　　　　　　(b) 自愈式低电压并联电容器

图 1－1－20　电力设备常用的电容器

2. 电容器的主要参数

电容器的主要参数有标称容量、允许误差和最大直流工作电压等。在选取电容器时，为避免击穿电容器，应使电容器的最大直流工作电压高于电路中所能出现的最大电压并要留出一定的裕量。

3. 电容器的检测方法

(1) 用数字万用表的电容档或电容表可测量电容器的电容量。

(2) 用指针式万用表的欧姆档可粗略检测大电容的质量。

利用万用表表针摆动情况检测电容器的好坏，如图 1－1－21 所示。

具体方法是：根据电容的容量来选择欧姆档中心倍率值的大小，一般选用 R×1k 或 R×100 档。将黑表笔接电容器正极，红表笔接电容器负极，若表针摆动大，且返回慢，返回位置接近∞，说明该电容器正常，且电容量大；若表针摆动大，但返回时，表针显示的欧姆值较小，说明该电容漏电流较大；若表针摆动大，接近于 0Ω，且不返回，说明该电容器击穿；若表针不摆动，则说明该电容器开路，电容器失效。

电解电容器具有极性，所以在电路使用中，正负极不能接错。若接反，电解作用会反向进行，氧化膜很快变薄，漏电流急剧增加；如果所加直流电压过大，则电容器很快发

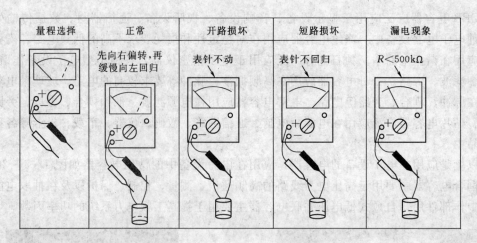

图 1-1-21　大容量电容器的检测

热，甚至引起爆炸。故可利用电容器正向连接时漏电电阻大，反向连接时漏电电阻小的特点来进行极性的判别。

 拓展知识

一、电阻器的标识方法

电阻器标称值的标识方法有直标法、色标法以及数码法。

1. 直标法

将标称阻值和允许误差直接标注于电阻器外表面上的方法称为直标法。如"50kΩⅡ"表示标称阻值为 50kΩ，精度等级为Ⅱ级（即允许误差为±10％）。有时用字母及数字的有规律组合表示标称阻值和允许误差。此时的允许误差大小用英文字母来表示：±5％表示为 J，±10％表示为 K，±20％表示为 M。例如："3M3J"表示标称阻值为 3.3MΩ，允许误差为±5％；"33RM"（R 的位置表示小数点所处位置）表示标称阻值为 33Ω，允许误差为±20％。

2. 色标法

色标法就是在电阻器表面印有不同颜色的环、带或点来表示该电阻的标称值和允许误差。色标法各种颜色的含义见表 1-1-11。

表 1-1-11　　　　　　　　色标法各种颜色的含义

颜色	黑	棕	红	橙	黄	绿	蓝	紫	灰	白	金	银	无色
有效数字	0	1	2	3	4	5	6	7	8	9			
倍乘	10^0	10^1	10^2	10^3	10^4	10^5	10^6	10^7	10^8	10^9	10^{-1}	10^{-2}	
允许误差（％）		F±1	G±2			D±0.5	C±0.25	B±0.1			J±5	K±10	M±20

通常普通电阻器用 4 条色环来表示其标称阻值和允许误差值，其中前两条分别表示该

电阻器标称阻值的第一位和第二位有效数字，第三条色环表示电阻器标称值有效数字后面"0"的个数，而第四条色环（离第三条色环距离较远的那条）则表示允许误差值，其示例如图 1-1-22 所示。

精密电阻器用 5 条色环来表示其标称阻值和允许误差值，其中前三条分别表示该电阻器标称阻值的第一位、第二位和第三位有效数字，第四条色环表示电阻器标称值有效数字后面"0"的个数，而第五条色环（离第四条色环距离较远的那条）则表示允许误差值，其示例如图 1-1-23 所示。

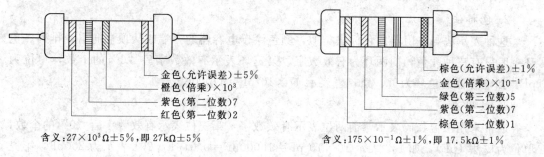

图 1-1-22　四色环电阻标注方法及含义　　　　图 1-1-23　五色环电阻标注方法及含义

3. 数码法

在电阻体上用三位数字来表示电阻器标称阻值、用英文字母表示允许误差的方法称为数码法。该方法常用于贴片电阻。

在三位数字中，从左至右的第一、二位为标称阻值的有效数字，第三位数字表示有效数字进行十倍乘的次数（单位为 Ω）。表示允许误差的英文字母，其含义与文字符号法相同。例如：标识为 "472J" 的电阻器，标称阻值为 $47 \times 10^2 \Omega$，即为 4.7kΩ；该电阻器的允许误差为 ±5%。

二、电感器的标识方法

电感器的标识方法与电阻器一样，有直标法、色标法和数码法三种。

1. 直标法

直标法是将电感器的标称电感量和允许误差用数字和文字符号按一定规律的组合标在电感体上。采用这种标识方法的通常是一些小功率电感器，其单位通常为 nH 或 μH，分别用 N 或 R 代表小数点。例如：4N7 表示电感量为 4.7nH，4R7 则代表电感量为 4.7μH；47N 表示电感量为 47nH。采用这种标示法的电感器通常后缀用一个英文字母表示允许误差。

2. 色标法

色标法是指在电感器表面涂上不同颜色的环来代表标称电感量和允许误差。通常采用四色环表示，识读方法与电阻器一样，只是单位为 μH。

3. 数码法

数码法是用三位数字来表示电感量的标称值，该方法常见于贴片电感器上。识读方法与电阻器数码法相同，单位为 μH。

三、电容器的标识方法

电容器的标识方法主要有直标法、色标法和数码法。

1. 直标法

将标称容量、额定电压和允许误差等直接标在电容体上的方法叫直标法。电容量的单位是法拉，简称法（F），比法拉小的有皮法（pF）、纳法（nF）、微法（μF）、毫法（mF）。如 1p5、3n9 分别表示 1.5pF、3.9nF。

其中，$1F=10^3\,mF=10^6\,\mu F=10^9\,nF=10^{12}\,pF$

2. 色标法

这种表示法与电阻器的色标法类似，颜色涂于电容器的一端或从顶端向引线排列。色环一般只有三种颜色，前两环为有效数字，第三环表示有效数字后"0"的个数，单位为pF。如电容器的色环为黄、紫、橙表示 $47\times10^3\,pF=47000pF$。

3. 数码法

通常采用三位数码表示，前两位表示有效数字，第三位表示有效数字后"0"的个数，单位为皮法（pF），如 103 表示 $10\times10^3\,pF=10000pF=0.01\mu F$，201 表示为 200pF，第三位若是 9，则电容量是前两位有效数字乘以 10^{-1}，如 229 表示 $22\times10^{-1}\,pF=2.2pF$。

优化训练

1.1.2.1　简述电阻器的种类和应用。

1.1.2.2　简述电感器的种类和应用。

1.1.2.3　简述用指针式万用表检测电感器质量的方法。

1.1.2.4　简述电容器的种类和应用。

1.1.2.5　常用万用表的"R×1000"档来检查电容量较大的电容器质量。如果检查时发现下列现象，试说明电容器的好坏。

（1）指针不动；（2）指针很快偏转后又返回原刻度（∞）处；

（3）指针偏转后不能返回原刻度处；（4）指针偏转后返回速度很慢。

1.1.2.6　如何判断电解电容器的极性？

1.1.2.7　四色环电阻，若色环依次为绿、棕、红、金，则该电阻的阻值为多少？

1.1.2.8　五色环电阻，若色环依次为蓝、橙、灰、黄、银，则该电阻的阻值为多少？

1.1.2.9　识别下列元器件的标称值：

（1）"105"瓷片电容器；（2）"棕黑橙"色码电感器。

1.1.2.10　电力设备常用的电阻器、电抗器和电容器有哪些？

综合实训一　万用表的组装与故障排除

一、实训目标

（1）了解万用表的组成结构，理解万用表的工作原理。

（2）熟悉万用表装配工艺，完成万用表整体装配。

（3）学会万用表的故障分析与排除。

（4）会正确使用万用表测量电阻、直流电流、直流电压、交流电压、三极管、二极管、电容和电感等。

（5）培养严谨、细致和一丝不苟的工作作风。

（6）培养团队协作能力和创新精神。

二、实训器材

（1）电烙铁、烙铁架、镊子、钢丝钳、尖嘴钳、螺丝刀、焊锡等。

（2）万用表成套散件。

（3）电池两节（与万用表配套）。

（4）万用表（MF-47）或数字万用表一块。

三、实训内容

MF-47型万用表的组装与故障排除。

（一）实训准备

1. MF-47型万用表的工作原理图

MF-47型万用表的工作原理图，如图1-1-24所示。

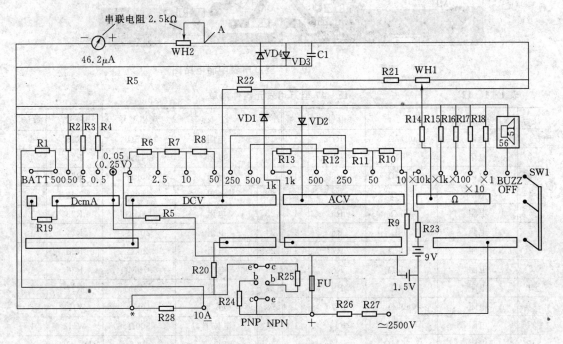

图1-1-24　MF-47型万用表工作原理图

2. MF-47型万用表的印制电路图

MF-47型万用表的印制电路图，如图1-1-25所示。

3. MF-47型万用表元器件清单

MF-47型万用表元器件清单，如表1-1-12所示。

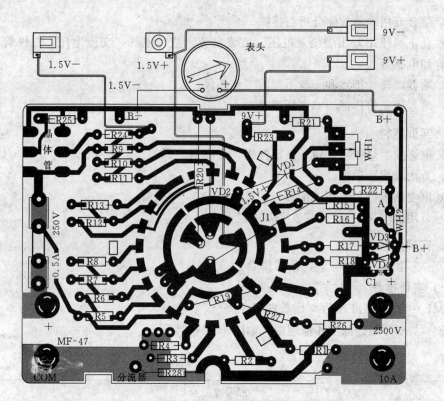

图 1-1-25　MF-47 型万用表印制电路图

表 1-1-12　　　　　　　　　　　MF-47 型万用表元器件清单

序号	名　称	规格型号	位号	数量	序号	名　称	规格型号	位号	数量
1	电阻	0.47Ω	R1	1	19	电阻	6.5Ω	R19	1
2	电阻	5Ω	R2	1	20	电阻	4.15kΩ	R20	1
3	电阻	50.5Ω	R3	1	21	电阻	20kΩ	R21	1
4	电阻	555Ω	R4	1	22	电阻	2.69kΩ	R22	1
5	电阻	15kΩ	R5	1	23	电阻	141kΩ	R23	1
6	电阻	30kΩ	R6	1	24	电阻	20kΩ	R24	1
7	电阻	150kΩ	R7	1	25	电阻	20kΩ	R25	1
8	电阻	800kΩ	R8	1	26	电阻	6.75MΩ	R26	1
9	电阻	84kΩ	R9	1	27	电阻	6.75M	R27	1
10	电阻	360kΩ	R10	1	28	电位器	10kΩ	WH1	1
11	电阻	1.8MΩ	R11	1	29	电位器	500Ω	WH2	1
12	电阻	2.25MΩ	R12	1	30	二极管	4007	VD1~VD4	4
13	电阻	4.5MΩ	R13	1	31	保险丝夹			2
14	电阻	17.3kΩ	R14	1	32	保险丝管	0.5A	FU	1
15	电阻	55.4kΩ	R15	1	33	电解电容	10μF/16V	C	1
16	电阻	1.78kΩ	R16	1	34	连接色线			4
17	电阻	165Ω	R17	1	35	短接线	线路板 J1 短接		1
18	电阻	15.3Ω	R18	1	36	MF-47 电路板			1

续表

序号	名 称	规格型号	位号	数量	序号	名 称	规格型号	位号	数量
37	面板表头一体化	46.2μA		1	43	螺钉	M3×12		2
38	后盖			1	44	电池夹	小夹为1.5V+		4
39	提把			1	45	V形电刷			1
40	电位器旋钮			1	46	输入插管	φ4		4
41	晶体管插座			1	47	使用说明书			1
42	晶体管插片			6	48	表棒（黑、红）			1

（二）实训步骤

1. 检测元件和配件

（1）根据清单清点所有元器件和材料，并检查外观是否完好。

（2）检查表头内阻和灵敏度是否符合要求；检查表头是否有机械方面的故障，轻轻晃动表头，看表针能否自由摆动；用一字形螺钉旋具调节表头的机械调零螺钉，看表针能否在零位附近跟随转动。

（3）检查电路板，看是否有断裂、少线和短路等问题存在。

（4）测试电阻、电解电容器、二极管等电气元件，并核对电阻阻值，认清电解电容器和二极管的正负极等。

2. 焊接印制电路板上的元件和配件

焊接顺序是先焊接紧贴在电路板上的元件，再焊接高出电路板的元件，其顺序如下：

（1）焊接 J₁ 连接线。

（2）焊接二极管。焊接时注意二极管的极性。

（3）焊接电阻。焊接时注意电阻的阻值必须无误。最后焊接 R28 电阻。

（4）焊接电位器。焊接时注意保证焊接温度，速度要快，不要将电位器3个铆合点上的蜡熔化。

（5）焊接电解电容器。焊接电解电容器时极性必须安装正确。

（6）焊接4个表笔输入插管。注意保证插管与面板的垂直。

（7）安装和焊接熔断器夹。

（8）安装和焊接晶体管插座。先将6只晶体管插脚插入插座，上部不得超过塑料块平面，并将下部伸出部分折弯，将折弯部分紧贴在线路板左上角相应位置并焊牢。

（9）焊接电路板连接线。把电池与电路板的连接线焊好，1.5V 正极用黑线，1.5V 负极用蓝线，9V 正极用红长线。

3. 整机装配

（1）安装电路板，将电路板卡在面板里。

（2）安装电池夹。1.5V 正极用小夹片，1.5V 负极及9V 正、负极都用大夹片。

（3）焊接电池夹连接线。黑线另一端焊到 1.5V 负极电池夹，蓝线另一端焊到 1.5V 正极电池夹，红长线另一端焊到 9V 正极电池夹，1.5V 正极与 9V 负极之间用红短线焊牢。

（4）焊接表头线，焊接时注意表头的正负极。

（5）安装电刷。将 V 形电刷片放入电刷旋钮的方框内，方位是正对档位开关旋钮的白色指示箭头，注意电刷的开口在下方，四周要卡入凹槽内，用手轻轻按压，看能否活动并自动复位。

（6）安装调零电位器旋钮。

（7）安装万用表提把。

（8）安装后盖，用两只螺钉将后盖固定好。

4. 调试万用表

在没有专用设备的情况下，可用普通的数字万用表校准，方法为：将装配完成的万用表仔细检查一遍，确保无错装的情况之下，将数字万用表调至 20kΩ，红标棒接 A 点，黑标棒接表头负端，调节电位器 WH2，使显示值为 2.5kΩ（温度为 20℃）。

5. 万用表故障分析与排除

（1）表针没任何反应的原因有：①表头、表棒损坏；②接线错误；③保险丝没装或损坏；④电池板接错；⑤电刷接错。

（2）电压指针反偏。这种情况一般是表头引线极性接反。若 DCA、DCV 正常，而 ACV 指针反偏，则为二极管 VD 接反。

（3）测电压指示值不准。这种情况一般是焊接问题，应对被怀疑的焊点重新处理。

刚刚组装好的万用表可能出现的故障是多方面的。直流电流、直流电压、交流电压和电阻档都可能出现故障。因此组装好后，要先仔细检查线路安装是否正确，焊点是否牢固，有无漏焊、错焊、搭锡等情况，这样可降低故障率，然后再进行调试和检修。

 拓展知识

■ MF-47 型指针式万用表工作原理 ■

1. 直流电流档的工作原理

以 MF-47 型万用表为例，其直流电流档的电路原理图如图 1-1-26 所示。电路中的保险丝 FU 对万用表起过载保护作用。

（1）0.05mA 档：正接线柱→FU→WH2→表头→公共接线柱（负接线柱）

（2）0.5mA 档：正接线柱 → FU

→ { WH2→表头→公共接线柱 / 转换开关→R4→公共接线柱 }

（3）5mA 档：正接线柱 → FU

→ { WH2→表头→公共接线柱 / 转换开关→R3→公共接线柱 }

（4）50mA 档：正接线柱 → FU

→ { WH2→表头→公共接线柱 / 转换开关→R2→公共接线柱 }

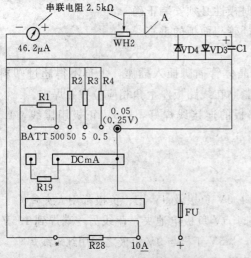

图 1-1-26 MF-47 型万用表直流电流档电路原理图

（5）500mA 档：正接线柱→FU$\begin{cases}\text{WH2→表头→公共接线柱} \\ \text{转换开关→R1→公共接线柱}\end{cases}$

（6）10 A档：10 A专用接线柱→$\begin{cases}\text{R1→R19→WH2→表头→公共接线柱} \\ \text{R28→公共接线柱}\end{cases}$

2. 直流电压档的工作原理

MF-47 型万用表其直流电压档电路原理图如图 1-1-27 所示。

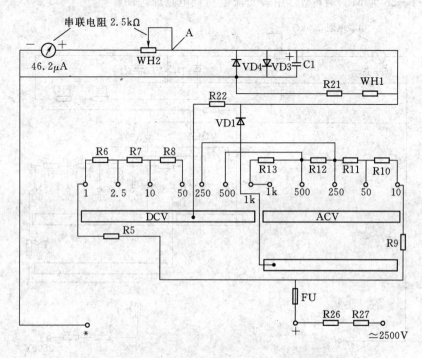

图 1-1-27　MF-47 型万用表直流电压档电路原理图

公共通道：R22→分流→$\begin{cases}\text{WH2→表头→公共接线柱} \\ \text{WH1→R21→公共接线柱}\end{cases}$

（1）1V 档：正接线柱→FU→R5→转换开关→公共通道

（2）2.5V 档：正接线柱→FU→R5→R6→转换开关→公共通道

（3）10V 档：正接线柱→FU→R5→R6→R7→转换开关→公共通道

（4）50V 档：正接线柱→FU→R5→R6→R7→R8→转换开关→公共通道

（5）250V 档：正接线柱 → FU → R9 → R10 → R11 → 转换开关 → VD1
→$\begin{cases}\text{WH2→表头→公共接线柱} \\ \text{WH1→R21→公共接线柱}\end{cases}$

（6）500V 档：正接线柱 → FU → R9 → R10 → R11 → R12 → 转换开关 → VD1
→$\begin{cases}\text{WH2→表头→公共接线柱} \\ \text{WH1→R21→公共接线柱}\end{cases}$

（7）1000V 档：正接线柱→FU→R9→R10→R11→R12→R13→转换开关→VD1

⎰WH2→表头→公共接线柱
⎱WH1→R21→公共接线柱

（8）2500V 档：2500V 专用接线柱→R27→R26→FU→R5→R6→R7→R8→转换开关→公共通道

3. 交流电压档的工作原理

图 1-1-28 为 MF-47 型万用表交流电压档电路原理图。

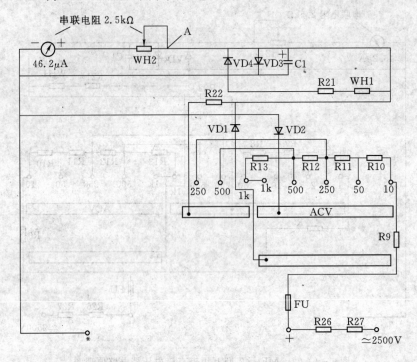

图 1-1-28　MF-47 型万用表交流电压档电路原理图

公共通道：分流
⎰WH2→表头→公共接线柱
⎱WH1→R21→公共接线柱

（1）10V 档：

正半周：正接线柱→FU→R9→转换开关→VD1→公共通道

负半周：负接线柱→VD2→转换开关→R9→FU→正接线柱

（2）50V 档：

正半周：正接线柱→FU→R9→R10→转换开关→VD1→公共通道

负半周：负接线柱→VD2→转换开关→R10→R9→FU→正接线柱

（3）50V 档：

正半周：正接线柱→FU→R9→R10→R11→转换开关→VD1→公共通道

负半周：负接线柱→VD2→转换开关→R11→R10→R9→FU→正接线柱

（4）500V 档：

正半周：正接线柱→FU→R9→R10→R11→R12→转换开关→VD1→公共通道

负半周：负接线柱→VD2→转换开关→R12→R11→R10→R9→FU→正接线柱

（5）1000V 档：

正半周：正接线柱→FU→R9→R10→R11→R12→R13→转换开关→VD1→公共通道

负半周：负接线柱→VD2→转换开关→R13→R12→R11→R10→R9→FU→正接线柱

（6）2500V 档：

正半周：2500V 专用接线柱→R27→R26→FU→R9→R10→R11→R12→转换开关→VD1→公共通道

负半周：负接线柱→VD2→转换开关→R12→R11→R10→R9→FU→R26→R27→2500V 专用接线柱

4. 电阻档的工作原理

图 1-1-29 (a) 是万用表测量电阻的简单原理图。选择串联电阻 R 的大小使在 $R_x = 0$ 时，表头指针有满刻度偏转。即

$$I_c = \frac{E}{R_c + R}$$

在接入 R_x 后，电路的电流为

$$I = \frac{E}{R_c + R + R_x}$$

由上式可见，当干电池电压保持不变时，接入的电阻 R_x 不同，相应的电流 I 也不同。

当外电路短路，即 $R_x = 0$ 时，$I = I_c$，指针应指在满偏位置。

当外电路开路，即 $R_x = \infty$ 时，$I = 0$，指针应停在机械零点位置。

当 $R_x = R_c + R = R_c'$ 时，$I = \frac{1}{2}I_c$，指针恰好位于满偏电流一半的位置。

由式可见，当电源电动势一定时，对应某一数值的被测电阻 R_x，就有一个确定的电流流过表头，指针就对应一个相应的偏转角。R_x 愈大，通过表头的电流愈小，所以 R_x 的刻度与电流刻度方向相反，并且是不均匀的刻度。

当被测电阻与表头的等效内阻相等时，通过表头的电流正好等于满偏电流的一半。这时表头指针正好位于表盘刻度尺的中心，这个中心位置所指的电阻 R_c' 称为欧姆中心值。实际上，干电池的电压随使用时间的增长而逐渐降低，这会使通过表头的电流减少，造成测量结果偏大。在实际的测量电阻电路中，采用如图 1-1-29 (b) 所示的分压式调零电路，图中固定电阻 R_0 和电位器 R_w 串联后与表头电阻 R_c 并联。调节电位器时，与表头并联、串联的电阻都发生变化，以保证流过表头的电流经常达满偏值。

MF-47 型万用表其电阻档的电路原理图如图 1-1-30 所示。电池 E1 为 2 号电池，电动势为 1.5V；电池 E2 为叠层电池，电动势为 9V。欧姆档是以标准档 R×1 为基础，按 10 的倍数来扩大量限，如 R×1、R×10、R×100、R×1k 等。在测量电阻时，应选欧姆中心值与被测电阻相接近的档位进行测量。

公共通道：R14→WH1→分流 $\begin{cases} \text{WH2→表头→公共接线柱} \\ \text{R21→公共接线柱} \end{cases}$

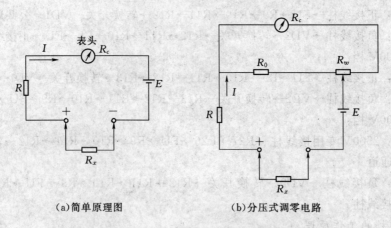

(a)简单原理图   (b)分压式调零电路

图 1-1-29 万用表测量电阻的原理图

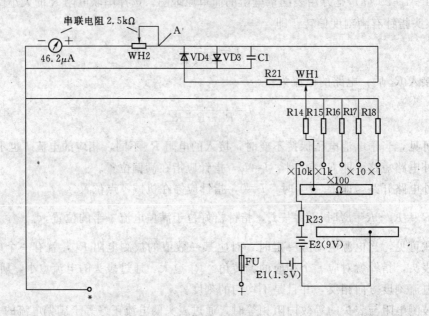

图 1-1-30 MF-47 型万用表电阻档电路原理图

(1) R×1 档：正接线柱→FU→E1→转换开关→分流→$\begin{cases} R18→公共接线柱 \\ R14→公共通道 \end{cases}$

(2) R×10 档：正接线柱→FU→E1→转换开关→分流→$\begin{cases} R17→公共接线柱 \\ R14→公共通道 \end{cases}$

(3) R×100 档：正接线柱→FU→E1→转换开关→分流→$\begin{cases} R16→公共接线柱 \\ R14→公共通道 \end{cases}$

(4) R×1k 档：正接线柱→FU→E1→转换开关→分流→$\begin{cases} R15→公共接线柱 \\ R14→公共通道 \end{cases}$

(5) R×10k 档：正接线柱→FU→E1→E2→R23→转换开关→R14→公共通道

项目二　简单直流电路的分析与检测

项目教学目标

1. 职业技能目标

(1) 会建立实际电路的电路模型。

(2) 会识别各种直流电源，会利用等效变换法简化电路。

(3) 会正确使用直流电流表、直流电压表、直流单臂电桥、直流双臂电桥等仪表，能用直流单臂电桥测量小值电阻。

2. 职业知识目标

(1) 熟练掌握电路模型、电路元件的概念。

(2) 熟练掌握电流、电压及其参考方向；掌握电位、电动势、电功率和电能等概念。掌握直流电流表、直流电压表的使用方法。

(3) 熟练掌握欧姆定律和基尔霍夫定律。熟练掌握电路元件（包括电阻元件、电感元件、电容元件、电压源、电流源与受控源）的 VCR。熟练掌握两种电源模型的等效变换。理解电源支路的串并联简化。

(4) 理解直流单臂电桥的原理及使用方法。掌握电阻串联电路的特点及计算；掌握电阻并联电路的特点及计算。了解直流电流表和直流电压表扩大量程的方法。了解直流双臂电桥的原理及使用方法。了解电阻网络的 Y—△等效变换的条件及应用。

3. 素质目标

(1) 具有认真仔细的学习态度、工作态度和严格的组织纪律。

(2) 具有规范意识、安全生产意识和敬业爱岗精神。

(3) 具有独立学习能力、拓展知识能力以及承受压力能力。

(4) 具有良好沟通能力、良好团队合作能力和创新精神。

任务一　电流电压等物理量的测量与分析

 工作任务

图 1-2-1 是简单直流电路，分别利用直流电流表、直流电压表分别测量电路图 1-2-1 (a) 与图 1-2-1 (b) 的电流 I、电压 U，特别注意电流、电压的正负，理解电流、电压参考方向及实际方向的含义及其判别方法。

一、电流的测量

测量方法如下：

(1) 按图 1-2-1 (a) 接好电路。先调节直流稳压电源旋钮至最小位置，然后打开电

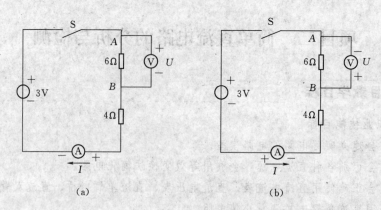

图 1-2-1　简单直流电路

源开关，调节电压使直流稳压电源输出为 3V。

（2）测量时将直流电流表负接线柱与直流稳压电源的负极一端相接，正接线柱接至 4Ω 电阻一端，若指针正偏，电流 I 为正值；若指针反偏，将两表笔互换，电流 I 取负值。将测量结果记录于表 1-2-1 中。

（3）按图 1-2-1（b）接好电路。按同样方法测量电流 I，并将测量结果记录于表 1-2-1 中。

表 1-2-1　　　　　　　　　　简单直流电路电流电压的测量

测量内容 项目	电流 I（A）		电　压　U（V）	
	图 1-2-1（a）	图 1-2-1（b）	图 1-2-1（a）	图 1-2-1（b）
测量值				
正负				
含义				
结论				

二、电压的测量

先按图 1-2-1（a）接线，将直流电压表的正接线柱接 A 点，负接线柱接 B 点，若指针正偏，电压为正值；若指针反偏，将两表笔互换，电压取负值。将测量结果记录于表 1-2-1 中。

再按图 1-2-1（b）接好电路。按同样方法测量电压 U，并将测量结果记录于表 1-2-1 中。

 知识链接

- -

一、直流电流表与直流电压表

电流表可分为直流电流表和交流电流表，分别用于测量电路中的直流电流和交流电流。

电压表可分为直流电压表和交流电压表，分别用于测量电路中的直流电压和交流电压。

从外形上来看，直流电流表和直流电压表大致相同，都包含一个指示盘和两个接线柱（一正一负），如图1-2-2所示。

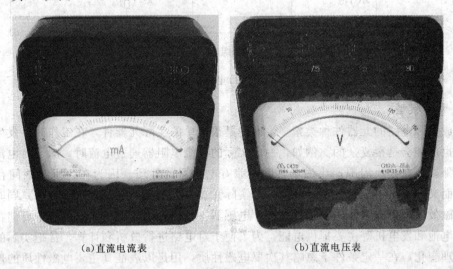

(a)直流电流表   (b)直流电压表

图1-2-2 直流电流表和直流电压表外型图

用直流电流表测量支路电流时，必须将电路先断开，让电流表串入该支路中才能通电测量，接线时还需考虑接线柱的正负，电流从正接线柱入，负接线柱出。

用直流电压表测量电路某两端电压时，只需将正接线柱接至电路正极，负接线柱接至电路负极便可。

二、电路和电路模型

1. 电路

在电气化、信息化的社会里，人们广泛地应用各种电子产品和设备，接触到各种各样的电路。例如，传输、分配电能的电力电路；转换、传递信息的通信电路；控制各种家用电器和生产设备的控制电路；采光用的照明电路等。这些电路都是由各种电器元件按一定方式连接而成，它可提供电流流通的路径。

电路按其基本功能分为两类：一类是实现能量的转换和传输，如发电机电路、输变电电路以及动力、照明电路等；另一类是实现信号的传递和处理，如通信电路、收音机电路等。

电路一般就是由电源、负载及中间环节组成。手电筒实际电路如图1-2-3（a）所示，它由干电池、小灯泡、导线及开关组成，图1-2-3（b）是它的原理图。干电池作为电源持续向外电路提供电能；灯泡将电源提供的电能转化为光能（将电能转化为其他形式能源的用电设备称为负载）；导线及开关起着连接与控制作用（称为电路的中间环节）。

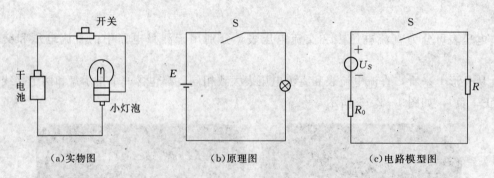

（a）实物图　　　　　　　　　（b）原理图　　　　　　　　（c）电路模型图

图 1-2-3　实际电路与电路模型

2. 电路模型

组成实际电路的元器件种类繁多，即使是很简单的实际元器件，在工作时所发生的物理现象也可能会是很复杂的。例如，一个实际的线绕电阻器通过电流时，除了对电流呈现阻碍之外，还在导线周围产生磁场，因而兼有电感器的性质，因为在各匝线圈间存在电场，因而又兼有电容器的性质。任何一个实际元器件在电压、电流作用下，总是同时发生多种电磁效应，但电阻器主要消耗电能，电感器主要储存磁场能量，电容器主要储存电场能量，电池和发电机等主要提供电能。为了便于对电路进行分析和计算，常把实际的元器件加以理想化，在一定条件下忽略其次要电磁性质，用足以表征其主要电磁性质的理想化的电路元件来表示。例如，用电阻元件来反映电路或器件消耗电能的电磁性质；用电感元件来反映电路或器件储存磁场能量的电磁性质；用电容元件来反映电路或器件储存电场能量的电磁性质；用电源元件（理想电压源和理想电流源）来反映电能量（电功率）发生器的电磁性质，这样就有了五个理想电路元件，如图 1-2-4 所示。

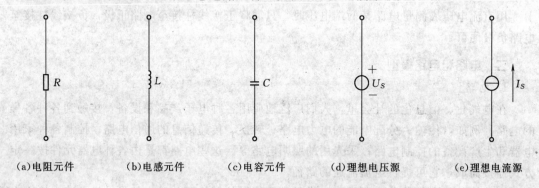

（a）电阻元件　　　　（b）电感元件　　　　（c）电容元件　　　　（d）理想电压源　　　　（e）理想电流源

图 1-2-4　五个理想电路元件的电路模型

用理想电路元件及其组合来模拟实际电路，从而构成了与实际电路相对应的电路模型。理想电路元件的图形符号是有国家标准的，根据国家标准绘制的电路模型图称为电路图，如图 1-2-3（c）所示，它是对手电筒实际电路进行抽象后的电路模型图，图中 U_S 是电压源，R_0 是干电池的内阻，S 表示开关，R 是电阻元件，表示小灯泡。各个理想元件之间的导线连接用连线来表示。

电路图中常用的部分图形符号如表 1-2-2 所示。

表 1 - 2 - 2　　　　　　　　　　　部 分 电 工 图 形 符 号

图形符号	名称	图形符号	名称	图形符号	名称
	直流电		交流电		交直流两用
	原电池或蓄电池	Ⓖ	发电机		半导体二极管
	开关	○	端子		导线的交叉连接和不连接
	电阻器		滑动触点电位器		电容器
	电感器		带铁芯的电感器		有两个抽头的电感器
	熔断器		接地		接机壳或接底板
Ⓐ	电流表	Ⓥ	电压表	⊗	照明灯

三、电路的基本物理量

1. 电流

(1) 电流强度。电荷的有规则运动形成电流，电流的大小由电流强度来反映，把单位时间内通过导体横截面的电荷量定义为电流强度，简称为电流，用 i 表示，即

$$i = \frac{\mathrm{d}q}{\mathrm{d}t} \tag{1-2-1}$$

在直流电路中，单位时间通过导体横截面的电荷是恒定不变的，有

$$I = \frac{Q}{t} \tag{1-2-2}$$

国际单位制（SI）中，电荷单位为库 [仑]（C），时间单位为秒（s），电流单位是安 [培]（A）。电流常用单位还有千安（kA）、毫安（mA）、微安（μA）等。将电流的 SI 单位冠以 SI 词头（见表 1 - 2 - 3），即可得到电流的十进倍数单位和分数单位。

表 1 - 2 - 3　　　　　　　　　　　常 用 SI 词 头

因数	10^9	10^6	10^3	10^2	10^1	10^{-1}	10^{-2}	10^{-3}	10^{-6}	10^{-9}	10^{-12}
名称	吉	兆	千	百	十	分	厘	毫	微	纳	皮
符号	G	M	k	h	da	d	c	m	μ	n	p

如果电流的大小和方向不随时间变化，则这种电流称为恒定电流，简称为直流，用英文字母 DC（direct current）表示，其电流符号用 I 表示；如果电流的大小和方向随时间呈周期性变化，则称为交变电流，简称为交流，用英文字母 AC（alternate current）表示，其电流符号用 i 表示。

(2) 电流的参考方向。习惯上将正电荷运动的方向规定为电流的实际方向。但在电路分析时，确定复杂电路中某一段电路电流的实际方向往往有一定的难度，为此引入参考方向（reference direction）这个概念。

所谓参考方向就是任意选定的一个方向。当选定的电流参考方向与实际方向一致时，电流为正值（$I > 0$）；当选定的电流参考方向与实际方向不一致时，电流为负值（$I < 0$）。可见，在选定参考方向后，电流有正负之分，如图 1 - 2 - 5 所示。

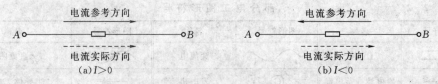

图 1-2-5　电流参考方向与实际方向关系

图 1-2-6　电流参考方向的表示

在电路图中，元件的参考方向可用箭头表示，如图 1-2-6 所示，在文字叙述时也可用电流符号加双下标表示，如 I_{AB}，它表示电流由 A 流向 B。并有 $I_{AB}=-I_{BA}$。

2. 电压

电路中 A、B 两点间电压 u_{AB} 是指电场力将单位正电荷 $\mathrm{d}q$ 由 A 点移到 B 点所做的功 $\mathrm{d}w$，即

$$u_{AB}=\frac{\mathrm{d}w}{\mathrm{d}q} \tag{1-2-3}$$

在均匀电场中，电场力将正电荷 Q 由 A 点移到 B 点所做的功为 W，则

$$U_{AB}=\frac{W}{Q} \tag{1-2-4}$$

习惯规定：若正电荷从 A 点移到 B 点，其电动势能减少，电场力做正功，电压实际方向从 A 到 B。

国际单位制（SI）中，电荷的单位是库［仑］(C)，功的单位是焦［耳］(J)，电压的单位为伏［特］(V)。电压常用单位还有千伏 (kV)、毫伏 (mV)、微伏 (μV)。

按电压随时间的变化情况，电压也分恒定电压和交变电压。若大小及极性随时间呈周期性变化，则称为交变电压，用小写字母 u 表示；大小、方向均不随时间变化的电压称为恒定电压或直流电压，用大写字母 U 表示。

电压参考方向和电流参考方向一样，也是任意选定。在分析电路时，先选定某一电压参考方向，当选定的电压参考方向与实际方向一致时，则电压为正值（$U>0$）；当选定的电压参考方向与实际方向不一致时，则电压为负值（$U<0$），如图 1-2-7 所示。

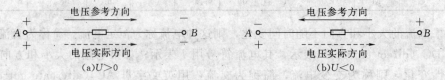

图 1-2-7　电压参考方向与实际方向关系

电压的参考方向可以用"＋"、"－"极性表示，还可以用双下标表示，如图 1-2-8 所示，并有 $U_{AB}=-U_{BA}$。

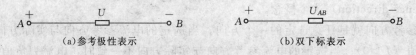

图 1-2-8　电压参考方向的表示

【例 1 - 2 - 1】 如图 1 - 2 - 9 所示，电路中电流或电压参考方向已选定。已知：$I_1 = 5A$，$I_2 = -5A$，$U_1 = 10V$，$U_2 = -10V$，试指出电流或电压的实际方向。

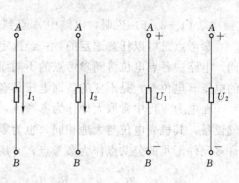

图 1 - 2 - 9 例 1 - 2 - 1 图

解： $I_1 > 0$，I_1 的实际方向与参考方向相同，电流 I_1 由 A 流向 B，大小为 5A。

$I_2 < 0$，I_2 的实际方向与参考方向相反，电流 I_2 由 B 流向 A，大小为 5A。

$U_1 > 0$，U_1 的实际方向与参考方向相同，电压 U_1 由 A 指向 B，大小为 10V。

$U_2 < 0$，U_2 的实际方向与参考方向相反，电压 U_2 由 B 指向 A，大小为 10V。

参考方向是电路计算中的一个基本概念，使用时需要注意以下几点：

（1）电流、电压的实际方向是客观存在的，而参考方向是人为选定的，但参考方向选定后在电路的分析和计算过程中则不能改变。

（2）当电流、电压的参考方向与实际方向一致时，电流、电压值取正号，反之取负号。

（3）分析计算每一电流、电压时，都要先选定其各自参考方向，否则计算得出的电流、电压正负值是没有意义的。

（4）电路中某一支路或某一元件上的电压与电流参考方向的选定，可以选择一致的参考方向，称关联参考方向，如图 1 - 2 - 10（a）所示。也可选择不一致的参考方向，称非关联参考方向，如图 1 - 2 - 10（b）所示。为保持电路分析所用公式的一致性，通常选择电压和电流的参考方向为关联参考方向。

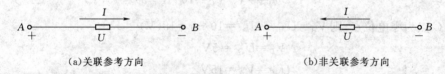

(a)关联参考方向   (b)非关联参考方向

图 1 - 2 - 10 关联参考方向与非关联参考方向

3. 电位

在电路中任选一点 O 为参考点，则某一点 A 到参考点的电压就叫做 A 点的电位（potential），用 V_A 表示。

根据定义，有

$$V_A = U_{AO} \tag{1 - 2 - 5}$$

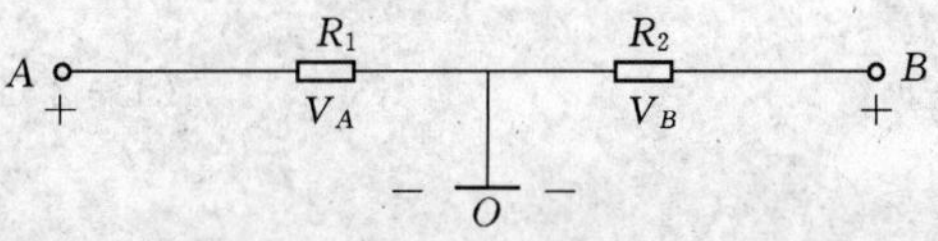

电位实质上就是电压，其单位也是伏〔特〕（V）。

图 1 - 2 - 11 电位表示图

如图 1 - 2 - 11 所示，以电路中的 O 点为参考点，则有 $V_A = U_{AO}$，$V_B = U_{BO}$。

$$U_{AB} = U_{AO} + U_{OB} = U_{AO} - U_{BO} = V_A - V_B \tag{1 - 2 - 6}$$

式（1-2-6）说明，电路中 A 点到 B 点的电压等于 A 点电位与 B 点电位之差。

参考点是可以任意选定的，一经选定，电路中的各点电位也就确定了。参考点选择不同，电路中各点电位将随参考点的不同而变化，即电位具有多值性；但电路中任意两点间的电压（电位差）是不变的，即电压具有单一性。

在电力工程中常取大地作为参考点，并设其电位为零。因此，凡是外壳良好接地的电气设备，其机壳电位与大地相同，也为零电位。对于不接地的设备，在分析问题时，常选许多元件汇集的公共点作为参考点，并用符号"⊥"标记，如图 1-2-12 中的 D 点。

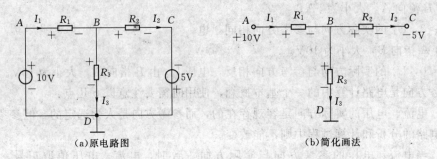

(a)原电路图 (b)简化画法

图 1-2-12 电路中参考电位点的选择

【例 1-2-2】 图 1-2-12（a）所示电路，以 D 点做零电位点，若 $V_B=3V$，试求 V_A、V_C 及 U_{BD}、U_{AC}；若选 C 点为零电位点，则 V_A、V_C 及 U_{AC} 又分别为何值？

解： 以 D 点为零电位点，$V_A=U_{AD}=10$（V）

$$V_C=U_{CD}=-5V$$
$$U_{BD}=V_B-V_D=3V$$
$$U_{AC}=V_A-V_C=10-(-5)=15(V)$$

选 C 点为零电位点，则 $V_A=U_{AD}+U_{DC}=10+5=15(V)$

$$V_D=U_{DC}=5V$$
$$U_{AC}=V_A=15V$$

另外引入零电位点，还可以简化电路的画法。特别是电子电路中有一种习惯画法：电源不再用电池符号表示，而仅需标出电源极性及电压的数值。图 1-2-12（b）为图 1-2-12（a）电路的简化画法。

4. 电动势

单位正电荷 dq 在电源力作用下从电源负极经电源内部移送到电源正极所做的功 dw_s，称为电动势 e，即

$$e=\frac{dw_s}{dq} \qquad (1-2-7)$$

在直流电路中，有

$$E=\frac{dW_s}{dq}$$

电动势的 SI 制单位是伏［特］（V）。式（1-2-7）中的 dw_s 是指电源力所做的功，在发电机中，当导体在磁场中运动时，导体内便出现了这种电源力；在电池中，电源力存

在于正负极之间。

电动势的实际方向，是指在电源力作用下正电荷的运动方向，也就是由电源的负极指向正极。

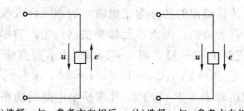

(a)选择 u 与 e 参考方向相反　(b)选择 u 与 e 参考方向相同

图 1-2-13　电压和电动势的参考方向

对于一个开路状态的电源设备，它的电压与电动势实际方向相反而量值相等。当用箭头表示参考方向时，若选择电压与电动势的箭头方向相反，如图 1-2-13 （a）所示，则有 $u=e$；若选择电压与电动势的箭头方向相同，如图 1-2-13 （b）所示，则有 $u=-e$。

5. 功率

单位时间 dt 内电场力所做的功 dw 称为电功率 p，简称功率，即

$$p=\frac{dw}{dt} \tag{1-2-8}$$

国际单位制（SI）中，功率的单位是瓦［特］（W）。功率常用的单位还有千瓦（kW）、毫瓦（mW）等。

功率的大小，实质上体现了电路中的能量转换速度。关联参考方向下，$p>0$ 时，将电能转化为其他形式的能，常称元件吸收功率或消耗功率；$p<0$ 时，将其他形式的能转换为电能，常称元件发出功率或产生功率。

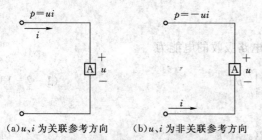

(a) u、i 为关联参考方向　(b) u、i 为非关联参考方向

图 1-2-14　不同参考方向时的功率公式

关联参考方向下的电路二端元件 A，如图 1-2-14 （a）所示，当正电荷在电场力作用下，从元件 A 的电压"＋"端，经元件移到电压"－"端，这时电场力对正电荷做了功，该元件吸收了电能；相反，非关联参考方向下的电路二端元件 A，如图 1-2-14 （b）所示，在电场力作用下，正电荷从元件 A 的电压"－"端经元件移到电压"＋"端，是外力克服电场力做了功，该元件发出了电能。

关联参考方向下的功率计算式推导如下

$$p=\frac{dw}{dt}=\frac{dw}{dq}\times\frac{dq}{dt}=ui \tag{1-2-9}$$

在直流电路中，功率

$$P=UI \tag{1-2-10}$$

若采用非关联参考方向，有

$$p=-ui \tag{1-2-11}$$

在直流电路中，功率

$$P=-UI \tag{1-2-12}$$

不管参考方向是否关联，由式（1-2-9）～（1-2-12）计算得出的功率为正值时，表示元件吸收（消耗）功率；若为负值，则表示元件提供（产生）功率。

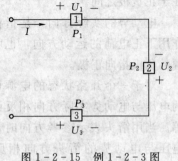

图 1-2-15　例 1-2-3 图

【例 1-2-3】　图 1-2-15 所示为直流电路，$U_1=$ 4V，$U_2=-8$V，$U_3=10$V，$I=2$A，求各元件吸收或提供的功率 P_1、P_2 和 P_3，并求整个电路的功率 P。

解：元件 1 的电压参考方向与电流参考方向相关联，故由式（1-2-10），得

$$P_1=U_1I=4\times2=8(\text{W})$$

计算所得功率为正值，故元件 1 吸收功率 8W。

元件 2 和元件 3 的电压参考方向与电流参考方向非关联，故

$$P_2=-U_2I=-(-8)\times2=16(\text{W})$$

计算所得功率为正值，故元件 2 吸收功率 16W。

$$P_3=-U_3I=-10\times2=-20(\text{W})$$

计算所得功率为负值，故元件 3 提供功率 20W。

整个电路的功率为

$$P=8+16-20=4(\text{W})（\text{吸收 4W}）$$

整个电路吸收功率 4W。

6. 电能

根据式（1-2-8），从 t_0 到 t 时间内，电路吸收的电能为

$$W=\int_{t_0}^{t}p\,\mathrm{d}t \tag{1-2-13}$$

在直流电路中

$$W=P(t-t_0) \tag{1-2-14}$$

电能的 SI 单位是焦［耳］，符号为 J，它等于功率 1W 的用电设备在 1s 内消耗的电能。在实用上还采用 kW·h 作为电能的单位，它等于功率 1kW 的用电设备在 1h（3600s）内消耗的电能。

$$1\text{kW}\cdot\text{h}=10^3\text{W}\times3600\text{s}=3.6\times10^6\text{J}=3.6\text{MJ}$$

 拓展知识

一、电力系统的基本知识

大多数的电能是由发电厂生产的。发电厂和电能用户的距离一般很远。为了降低输电线路的电能损耗和提高传输效率，由发电厂发出的电能，要经过升压变压器升压后，再经输电线路传输，这就是所谓的高压输电。电能经高压输电线路送到距用户较近的降压变电所，经降压后分配给用户应用。这样，就完成一个发电、变电输电、配电和用电的全过

程。我们把连接发电厂和用户之间的环节称为电力网。把发电厂、电力网和用户组成的统一整体称为电力系统，如图 1-2-16 所示。

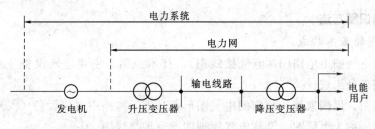

图 1-2-16 电力系统示意图

1. 发电厂

发电厂是生产电能的工厂，它把非电形式的能量转换成电能，它是电力系统的核心。根据所利用能源的不同，发电厂分为水力发电厂、火力发电厂、核能发电厂、风力发电厂、地热发电厂、太阳能发电厂等类型。

2. 电力网

电力网是连接发电厂和电能用户的中间环节，由变电所和各种不同电压等级的电力线路组成。它的任务是将发电厂生产的电能输送、变换和分配到电能用户。其中，电力线路是输送电能的通道，是电力系统中实施电能远距离传输的环节，是将发电厂、变电所和电力用户联系起来的纽带；变电所是接受电能、变换电压和分配电能的场所，一般可分为升压变电所和降压变电所两大类。升压变电所是将低电压变换为高电压，一般建在发电厂；降压变电所是将高电压变换为一个合理、规范的低电压，一般建在靠近负荷中心的地点。

在我国，电力网按电压高低和供电范围大小分为区域电网和地方电网。区域电网的范围大，电压一般在 220kV 以上。地方电网的范围小，最高电压不超过 110kV。

3. 电力用户

电力用户是指电力系统中的用电负荷，电能的生产和传输最终是为了供用户使用。不同的用户，对供电可靠性的要求不一样。根据用户对供电可靠性的要求及中断供电造成的危害或影响的程度，把用电负荷分为三级：

（1）一级负荷。中断供电将造成人身伤亡或在政治、经济上造成重大损失和导致大范围社会恐慌和混乱的用电负荷。如重大产品报废、使用重要原料生产的产品大量报废、重点企业的连续生产过程被打乱需要长时间才能恢复等。

对一级负荷应保证连续供电，应采用两个独立电源供电，其中，一个系统为备用电源。对特别重要的一级负荷，除采用两个独立电源外，还应增设应急电源。

（2）二级负荷。中断供电将造成主要设备损坏，大量产品报废，连续生产过程被打乱，需较长时间才能恢复从而在政治、经济上造成较大损失和导致一定范围内社会恐慌和混乱的负荷。

对于二级负荷，一般由两个回路供电，两个回路的电源线应尽量引自不同的变压器或两段母线。

（3）三级负荷。不属于一级和二级负荷的一般负荷，即为三级负荷。

对于三级负荷无特殊要求，采用单电源供电即可。

二、电路识图方法

1. 电气图的基本构成

工程上的电气图由电路图（电气接线图）、技术说明、主要电气设备（或元件）明细表和标题栏四部分组成。

（1）电路图。用国家统一规定的电气图形符号表示电路中电气设备（或元件）相互连接情况的图形，称为电路图，又称电气原理图或原理接线图。

电路通常分为两类：主电路（一次电路）和副电路（二次电路）。主电路是电源向负载输送电能的电路，即发、输、变、配、用电能的电路；副电路是保证主电路安全、正常、合理运行的电路，一般是指控制、保护、测量、监视电路。所以，电路图也分为主电路图和副电路图。

（2）技术说明。技术说明又称技术要求，用以说明电路图中有关要点、安装要求及其他注意事项等。一般书写在图面的右下方（主电路图）和右上方（副电路图）。

（3）主要电气设备（或元件）明细表。主要电气设备（或元件）明细表用来注明电气接线图中主要电气设备（或元件）的代号、名称、型号、数量和说明等。书写时，在主电路图中书写在图面的右上方，由上而下逐项列出；在副电路图中书写在图面的右下方，自下而上逐项列出。

（4）标题栏。标题栏位于图面的右下角，标注电气工程名称、设计类别、设计单位、图名、图号、比例、尺寸单位及设计人、制图人、审核人、批准人和日期等。识图时首先要看标题栏。

2. 电气图的分类

用来表示某项电气工程或某一电气装置、设备、元器件的功能、用途、工作原理、安装和使用方法的电气图很多，按表示对象分为电力系统（发输变配电）用图、工矿企业生产用图、船用图、邮电通信用图、广播电视用图、建筑电气用图等；按表示相数分为单线图、三线图；按表示方式分为系统框图、电路图和连接图；按电路性质分为主电路图和副电路图；按负载性质分为动力用电图和照明用电图等。

3. 电气图的识读知识

要看懂电气图，除了要知道电气图的基本构成、分类、特点、电气制图的规则，熟悉电气图中常用的图形与文字符号外，还要具备相应的专业知识，即要有一定的电工基础知识，要了解电器元件的结构与工作原理，要了解常见、常用的典型电路或基本电路。具备这些专业知识，对看懂电气图是十分重要的。

电气图种类甚多，各类图在识读时，其内容与步骤有所差别，这里只能介绍一些共同的识图步骤，而各种类型电气图的识读，要待学习有关专业知识后，才能进一步了解。

（1）看标题栏。通过标题栏，能了解电气项目、名称图名，对该图的类型、作用、表达内容有一个初步认识。

（2）看技术说明或技术要求。了解该图设计要点、安装要求及图中未表达而需要说明的事项。

（3）看电气图形。这是识图的最主要内容，包括看懂该图的组成，各组成部分的功能、元件、工作原理、能量流或信息流的方向及各元件的连接关系等。根据不同情况，对电路图可采用不同方法拆开来读。

1）有源电路识图方法。所谓有源电路就是需要直流电压才能工作的电路，例如放大器电路。对有源电路的识图首先分析直流电压供给电路，此时将电路图中的所有电容器看成开路（因为电容器具有隔直特性），将所有电感器看成短路（电感器具有通直的特性）。直流电路的识图方向一般是先从右向左，再从上向下。

2）信号传输过程分析。信号传输过程分析就是信号在该单元电路中如何从输入端传输到输出端，信号在这一传输过程中受到了怎样的处理（如放大、衰减、控制等）。信号传输的识图方向一般是从左向右进行。

3）元器件作用分析。元器件作用分析就是电路中各元器件起什么作用，主要从直流和交流两个角度去分析。

4）电路故障分析。电路故障分析就是当电路中元器件出现开路、短路、性能变劣后，对整个电路工作会造成什么样的不良影响，使输出信号出现什么故障现象（如没有输出信号、输出信号小、信号失真、出现噪声等）。在搞懂电路工作原理之后，元器件的故障分析才会变得比较简单。

（4）看安装接线图。安装接线图是由原理图绘制而来的，因此，看图时要与原理图对照识读。看安装接线图时，一般先看主电路，后看副电路。看主电路时，从电源引入端开始，经开关、设备、线路到负载（所用电路设备）；看副电路时，从电源一端到另一端，按元件连接顺序依次对回路进行分析。

有些类型的电气图还有展开接线图（即将电路分开来绘制），平面、剖面布置图（如建筑电气图）等，识读这些图时，除了要具备本专业基础知识外，还需具备相关专业知识。

优化训练

1.2.1.1　电路的组成和作用是什么？

1.2.1.2　如何将实际电路化为电路模型？电路元件主要有哪些？

1.2.1.3　图 1-2-17 所示电路，指出电流、电压的实际方向。

1.2.1.4　图 1-2-18 所示电路中，已知 $V_A = 6V$，$V_C = -2V$，求 U_{AB}、U_{BC}、U_{CA}。若改 C 点为参考点，求 V_A、V_B、U_{AB}、U_{BC}、U_{CA}。由计算结果可以说明什么道理。

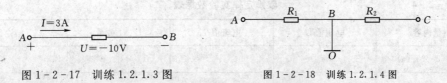

图 1-2-17　训练 1.2.1.3 图　　　　图 1-2-18　训练 1.2.1.4 图

1.2.1.5　图 1-2-19 所示电路，试求各元件发出或吸收的功率。

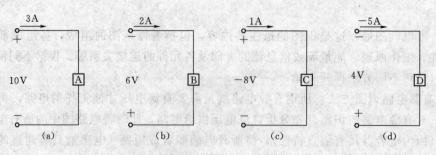

图 1-2-19 训练 1.2.1.5 图

任务二 探究电路欧姆定律

 工作任务

图 1-2-20 是简单直流电路，探究部分电路欧姆定律。实验步骤如下：

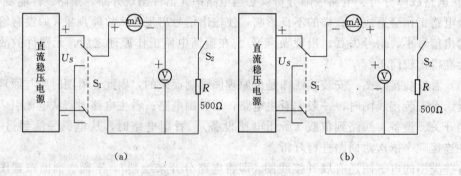

图 1-2-20 欧姆定律实验图

（1）在接入电源 U_S 之前，应将直流稳压电源的输出调节旋钮调至最小位置。然后合上电源开关 S_1，调节电压使 $U_S=8V$。

（2）按图 1-2-20（a）连接电路，分别用指针式万用表 10V 直流档和数字式万用表 20mA 直流电流档进行测量。合上负载开关 S_2，将测量结果记录于表 1-2-4 中。

（3）按图 1-2-20（b）连接电路，同样用指针式万用表 10V 直流档和数字式万用表 20mA 直流电流档进行测量，注意电流表的正负极接线与图 1-2-20（a）不同。合上负载开关 S_2，将测量结果记录于表 1-2-4 中。

表 1-2-4　　　　　　　　　　欧姆定律实验数据表

测量内容	电压值 U	电流值 I	U、I 关系	结论
图 1-2-20（a）				
图 1-2-20（b）				

观察实验数据，总结欧姆定律的表示方式。

知识链接

一、电阻元件

电路是由电路元件组成的，电路元件包括电阻元件、电感元件和电容元件。表示电路元件电压电流关系（voltage－current relationship）的式子称为元件约束（英文写为VCR），也称为伏安特性。

实际应用中会大量用到电阻器或者像白炽灯、电炉、电烙铁等电阻性器件。电路分析中的电阻元件（resistor）是对上述实际电阻器或电阻性器件抽象的理想化模型。电阻元件的物理性质就是对电流的阻碍作用，这种阻碍作用称电阻。习惯上常把电阻元件称做电阻，其伏安特性曲线是通过坐标原点的直线，这种电阻元件就称为线性电阻元件，其电路符号如图1－2－21（a）所示、伏安特性曲线如图1－2－21（b）所示。若无特别说明，以后都是指线性电阻。

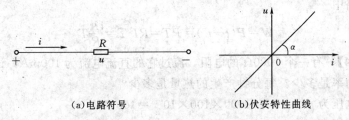

(a)电路符号　　　　　　　　　　(b)伏安特性曲线

图1－2－21　线性电阻元件

二、欧姆定律

欧姆定律是德国物理学家乔治·欧姆在1826年发现的。欧姆定律的内容是电阻元件两端的电压与流经电阻元件的电流成正比。在电路分析中，欧姆定律有如下的表现形式。

若电阻元件的电流与电压采用关联参考方向，如图1－2－22（a），则欧姆定律表示为

$$u=Ri \quad 或 \quad i=Gu \tag{1-2-15}$$

A ○—→ i —[R]—○ —　　　　　　　A ○— —[R]— ←— i —○ B
　＋　　　　u　　　　　　　　　　＋　　　u　　　　　　　　　－

(a)电流与电压为关联参考方向　　　　　　(b)电流与电压为非关联参考方向

图1－2－22　电阻元件电压电流关系

若电阻元件的电流与电压采用非关联参考方向，如图1－2－22（b），则欧姆定律表示为

$$u=-Ri \quad 或 \quad i=-Gu \tag{1-2-16}$$

国际单位制（SI）中，电阻 R 的单位是欧［姆］（Ω），电导 G 的单位是西［门子］（S）。有关系式

$$G=\frac{1}{R} \tag{1-2-17}$$

电阻 R 的大小，体现了元件对电流阻碍作用的强弱；电导 G 的大小则体现了元件传导电流能力的强弱。显然，电阻与电导具有完全相反的物理意义。

电阻是一种耗能元件，它在电路中消耗的功率 p 的计算式为

$$p = ui = \frac{u^2}{R} = i^2 R \tag{1-2-18}$$

$$p = Gu^2 = \frac{i^2}{G} \tag{1-2-19}$$

直流电路中，电阻消耗功率计算式为 $P = UI = \frac{U^2}{R} = I^2 R = GU^2 = \frac{I^2}{G}$。

如果电阻元件把吸收的电能转换成热能，根据式（1-2-13），从 t_0 到 t 时间内，电阻元件在这段时间内吸收（消耗）的电能 W 为

$$W = \int_{t_0}^{t} p \mathrm{d}t = \int_{t_0}^{t} R i^2 \mathrm{d}t = \int_{t_0}^{t} \frac{u^2}{R} \mathrm{d}t \tag{1-2-20}$$

在直流电路中

$$W = P(t - t_0) = PT = RI^2 T = \frac{U^2}{R} T \tag{1-2-21}$$

【例 1-2-4】 有一个 1000Ω 的电阻，流过它的直流电流为 $100\mathrm{mA}$，试求电阻电压是多少？消耗的功率是多少？每分钟产生的热量是多少？

解： 电阻电压为 $\quad U = RI = 1000 \times 100 \times 10^{-3} = 100$ （V）

消耗的功率为 $\quad P = UI = 100 \times 100 \times 10^{-3} = 10$ （W）

每分钟产生的热量为 $\quad W = PT = 10 \times 60 = 600$ （J）

三、短路和开路

电阻元件的电阻值 R 可以从零到无限大，它有两种极限情况值得注意。一种情况是，它的电阻值为零，即电导为无限大（$R = 0$，$G = \infty$），则当电流为有限值时，其电压总是零（$u = Ri = 0$），这时称电阻元件的两个端钮为短路（short circuit）。$R = 0$ 的电路称为短路。一根导电性能良好的导线短接在电路的两端，即为短路。

类似地，若电阻元件的电阻值为无限大，即电导为零（$R = \infty$，$G = 0$），则当电压为有限值时，其电流总是零（$i = Gu = 0$），这时称电阻元件的两个端钮为开路（open circuit）。$R = \infty$ 的电路称为开路。

拓展知识

一、电感元件

1. 电感与自感现象

在电路中经常用到漆包线绕在绝缘骨架或铁芯上而成的线圈器件，称为电感线圈，也叫电感器，如图 1-2-23 所示，它具有滤波、阻交流通直流等作用。电感线圈是一种储存磁场能量的器件，在项目一任务二中已经讨论过电感器的应用、主要参数与检测等。电感元件（inductor）是实际电感线圈的理想化模型，它在电路中的图形符号及其电流、电动势及电压的参考方向如图 1-2-24 所示。

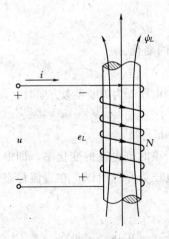

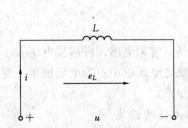

图 1-2-23 电感线圈   图 1-2-24 电感元件的电流、电动势、
电压及其参考方向

(1) 电感线圈的电感。当一个匝数为 N 的线圈通过电流 i 时，在线圈中建立磁场形成自感磁通 Φ，自感磁通与线圈各线匝相交链形成自感磁链 ψ_L，即

$$\psi_L = N\Phi \qquad (1-2-22)$$

当线圈电流 i 增大时，自感磁链 ψ_L 在增加；当线圈电流 i 减小时，自感磁链 ψ_L 在减小。将自感磁链与电流的比值称为电感线圈的自感系数或电感量，简称电感，用符号 L 表示，即

$$L = \frac{\psi_L}{i} \qquad (1-2-23)$$

磁链和磁通的 SI 单位是韦〔伯〕(Wb)。电感量的 SI 单位是亨〔利〕(H)，常用的单位还有毫亨 (mH)、微亨 (μH) 等。

若电感线圈电感量 L 的大小为定值，与电流无关，则将这种电感线圈称为线性电感元件。反之称为非线性电感元件。

习惯上，常把电感元件简称电感，且若无特别说明，都是指线性电感。

(2) 自感现象。当电感线圈中的电流发生变化时，线圈的磁通也随之变化，变化的磁通将使线圈中产生感应电动势。这种由线圈自身的电流变化引起的电磁感应现象就称为自感现象，所产生的感应电动势叫做自感电动势。

自感电动势的大小由法拉第电磁感应定律决定，它等于磁链的变化率，即

$$|e_L| = \left| \frac{\mathrm{d}\psi_L}{\mathrm{d}t} \right| \qquad (1-2-24)$$

i 与 ψ_L 规定为关联参考方向，对线性电感来说，将式 (1-2-23) 代入，得

$$|e_L| = \left| L \frac{\mathrm{d}i}{\mathrm{d}t} \right| \qquad (1-2-25)$$

自感电动势的方向由楞次定律判定，其方向总是试图产生感应电流和磁通来阻碍原来磁链的变化。取自感电动势 e_L 的参考方向与自感磁链 ψ_L 的参考方向符合右手螺旋定则，即 e_L 与 ψ_L 的参考方向相关联，根据楞次定律得

$$e_L = -\frac{\mathrm{d}\psi_L}{\mathrm{d}t} = -L\frac{\mathrm{d}i}{\mathrm{d}t} \qquad\qquad (1-2-26)$$

"－"号说明自感电动势总是阻碍线圈中电流的变化。

2. 电感元件的伏安特性

如图 1-2-24 所示，当选取电感元件的电流 i 与电压 u 为关联参考方向时，其伏安特性为

$$u = -e_L = L\frac{\mathrm{d}i}{\mathrm{d}t} \qquad\qquad (1-2-27)$$

可见，某一时刻电感元件两端电压大小取决于该时刻电流的变化率。即电流变化越快电压越大，反之电压越小；若电流恒定不变，则电压为零。所以，在直流稳态电路中电感元件相当于短路。

3. 电感元件的储能

取电感元件电压和电流的参考方向相关联时，其吸收的功率为

$$p = ui = Li\frac{\mathrm{d}i}{\mathrm{d}t}$$

电感元件在 $(0, t)$ 内所吸收能量为 [设 $i(0)=0$]

$$W_L = \int_0^t p\,\mathrm{d}t = \int_0^i Li\,\mathrm{d}i = \frac{1}{2}Li^2 \qquad\qquad (1-2-28)$$

可以看出，电感元件的磁场能量只与最终的电流值有关，而与电流建立的过程无关。

当电流的绝对值增加时，电感元件吸收能量并全部转换成磁场能量；当电流的绝对值减小时，电感元件释放磁场能量。可见，电感元件并不把吸收的能量消耗掉，而是以磁场能的形式储存在磁场中。所以，电感元件是一种储能元件。同时，电感元件也不会释放出多于吸收或储存的能量，因此它又是一种无源元件。

二、电容元件

1. 电容元件的电容量

如图 1-2-25 所示，用两块中间以电介质隔开的平行放置的金属板即可构成一个简

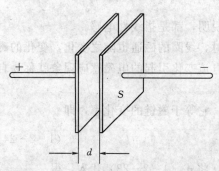

图 1-2-25　简易平行板电容器

单的电容器。由于电介质的绝缘性，在外部电源作用下，接电源正、负极的两对应极板上分别聚集着等量的异种电荷，两极板间便形成了电场，这个过程叫电容器的充电过程。当断开电源时，由于极板间电场的作用，两极板间异种电荷互相吸引。同时，由于电介质的绝缘作用，这种吸引无法使电荷得到中和，极板上的电荷也就能够长时间的储存下去。所以说，电容器是一种能储存电荷的器件。在带电极板间的电场本身具有能量，故电容器也可以说是一种储存电场能量的器件，在项目一任务二中已经讨论过电容器的应用、主要参数与检测等。

若忽略漏电现象，把电介质视作理想材料，那么电容器只具有储存电荷建立电场的作用，则称为电容元件（capacitance），即电容元件是电容器的理想化模型。电容元件在电

路中的图形符号及其电压、电流参考方向如图 1-2-26 所示。

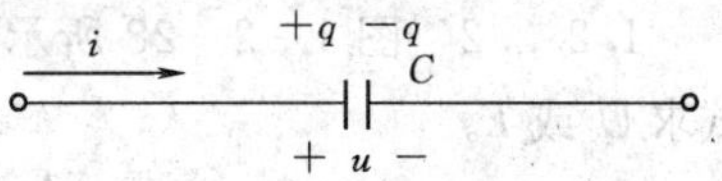

图 1-2-26 电容元件的电压、电流及其参考方向

将电容元件上电荷量与电压的比值称为电容器的电容量，简称电容，用符号 C 表示。即

$$C=\frac{q}{u} \qquad\qquad (1-2-29)$$

电容量的 SI 单位是法〔拉〕（F），1F＝1C/V。常用的单位还有毫法（mF）、微法（μF）、纳法（nF）、皮法（pF）等。

若电容器的电容量 C 的大小为定值，则将这种电容器称为线性电容元件；反之称为非线性电容元件。电容元件简称电容，且无特别说明时，都是指线性电容。

2. 电容元件的伏安特性

如图 1-2-26 所示，当选取电容元件的电流与电压为关联参考方向时，将 $q=C \cdot u$ 代入电流的定义式，得

$$i=\frac{dq}{dt}=\frac{d(Cu)}{dt}=C\frac{du}{dt} \qquad\qquad (1-2-30)$$

这就是关联参考方向下，电容元件的伏安特性表达式。

可见，在某一时刻流经电容元件的电流取决于该时刻电压的变化率。即电压变化越快电流越大；反之电流越小；若电压恒定不变，则电流为零。所以，在直流稳态电路中电容元件相当于开路。

3. 电容元件的储能

取电容元件电压和电流的参考方向相关联时，其吸收的功率为

$$p=ui=uC\frac{du}{dt}$$

电容元件在（0，t）内所吸收能量为〔设 $u(0)=0$〕

$$W_C=\int_0^u Cu\,du=\frac{1}{2}Cu^2 \qquad\qquad (1-2-31)$$

可以看出，电容元件的电场能量只与最终的电压值有关，而与电压建立的过程无关。

当电压的绝对值增加时，电容元件吸收能量并全部转换成电场能量；当电压的绝对值减小时，电容元件释放电场能量。可见，电容元件并不把吸收的能量消耗掉，而是以电场能的形式储存在电场中。所以，电容元件是一种储能元件。同时，电容元件也不会释放出多于吸收或储存的能量，因此它也是一种无源元件。

 优化训练

1.2.2.1 求图 1-2-27 所示电路中的电压 U_{AB}。

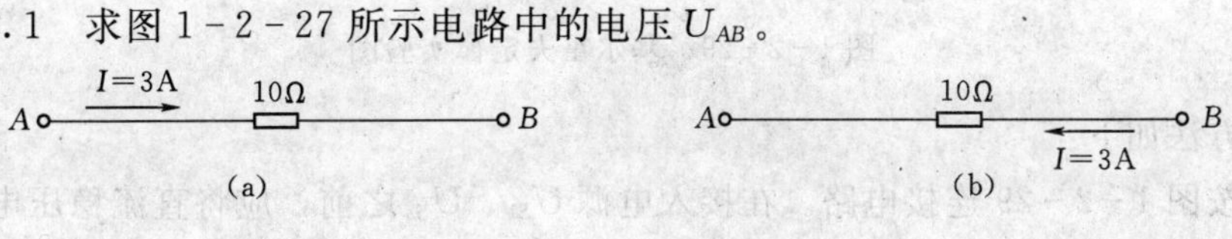

A ——— $I=3A$ ——— 10Ω ——— B   A ——— 10Ω ——— $I=3A$ ——— B

(a)   (b)

图 1-2-27 训练 1.2.2.1 图

1.2.2.2　图 1-2-28 所示电路，电阻元件上电压、电流参考方向已给定，$R=10\Omega$，试求 U 或 I。

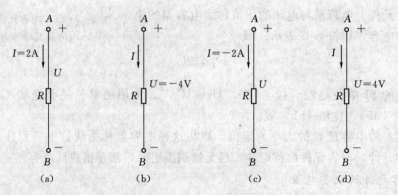

图 1-2-28　训练 1.2.2.2 图

1.2.2.3　有一个 $20k\Omega$、$10W$ 的电阻，使用时电流、电压不得超过多少？

1.2.2.4　电感 $L=0.5H$ 的线圈在 $20ms$ 内电流由 $40A$ 减小到 $20A$，试求：(1) 线圈中自感电动势的大小和方向；(2) 线圈储存的磁场能量的变化量。

1.2.2.5　说明电容的定义。(1) 某电容元件的电压 $u=4V$，电荷 $q=2\mu C$，求其电容为多少？(2) 若该电容元件的 $u=12V$，求其电荷为多少？

1.2.2.6　求电容量为 $4\mu F$，电压为 $100V$ 的电容的储能。

任务三　探究基尔霍夫定律

 工作任务

一、探究基尔霍夫电流定律

图 1-2-29 是双电源直流电路，利用直流电流表测量电路中的电流 I_1、I_2、I_3，探究基尔霍夫电流定律 $-I_1-I_2+I_3=0$。

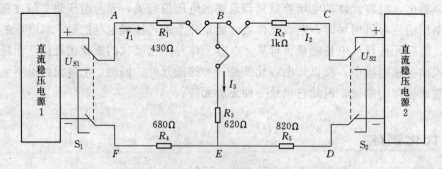

图 1-2-29　基尔霍夫定律实验图

测量方法如下：

(1) 按图 1-2-29 连接电路。在接入电源 U_{S1}、U_{S2} 之前，应将直流稳压电源的输出调节旋钮调至最小位置。然后打开电源开关，调节电压使 $U_{S1}=10V$，$U_{S2}=14V$。

（2）将开关 S_1、S_2 合向电源一侧。

（3）将直流电流表串入 I_1 接口，将 I_2、I_3 接口短接。测量时将负极表笔接在靠近接点 B 的接口一端，若指针正偏，电流为正值；若指针反偏，将两表笔互换，电流取负值。测量 I_2、I_3 的方法相同，将测量结果记录于表 1-2-5 中。

表 1-2-5　　　　　　　　　　基尔霍夫电流定律实验数据表

项目	I_1（mA）	I_2（mA）	I_3（mA）	$\sum I$（mA）
计算值				
测量值				
误差				

观察实验数据，是否符合 $\sum I = 0$？

二、探究基尔霍夫电压定律

图 1-2-29 是双电源直流电路，利用直流电压表测量回路 1 $ABEFA$ 的电压 U_{AB}、U_{BE}、U_{EF}、U_{FA} 和回路 2 $BCDEB$ 的电压 U_{BC}、U_{CD}、U_{DE}、U_{EB}，探究基尔霍夫电压定律 $U_{AB}+U_{BE}+U_{EF}+U_{FA}=0$ 及 $U_{BC}+U_{CD}+U_{DE}+U_{EB}=0$。

测量方法如下：用导线将三个电流接口短接，用直流电压表分别测出回路 1 $ABEFA$ 的电压 U_{AB}、U_{BE}、U_{EF}、U_{FA}，回路 2 $BCDEB$ 的电压 U_{BC}、U_{CD}、U_{DE}、U_{EB}。测量时将正极表笔接 A 端、负极表笔接 B 端，若指针正偏，电压 U_{AB} 为正值；若指针反偏，将两表笔互换，电压 U_{AB} 取负值。测量 U_{BE}、U_{EF}、U_{FA} 的方法相同，将测量结果记录于表 1-2-6 中。

表 1-2-6　　　　　　　　　　基尔霍夫电压定律实验数据表

项目	U_{AB}	U_{BE}	U_{EF}	U_{FA}	回路 1 $\sum U$	U_{BC}	U_{CD}	U_{DE}	U_{EB}	回路 2 $\sum U$
计算值（V）										
测量值（V）										
误差（V）										

观察实验数据，是否符合 $\sum U = 0$？

 知识链接

一、相关的电路名词

基尔霍夫定律包括基尔霍夫电流定律和基尔霍夫电压定律。它反映了电路中所有支路电流和支路电压所遵循的基本规律，是分析复杂电路的根本依据。基尔霍夫定律与元件特性构成了电路分析的基础。

（1）支路（branch）：电路中具有两个端钮且流过同一电流的每个分支，该分支上至少有一个元件，这个分支称为支路。图 1-2-30 中 $BAFE$、BE、$BCDE$ 均为支路，图

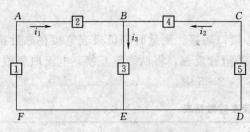

图 1-2-30　电路名词定义用图

1-2-30 中方框符号表示没有说明具体性质的二端元件。

（2）结点（node）：三条或三条以上支路的联接点称为结点。图 1-2-30 中，B 点和 E 点都是结点，A、C、D、F 不是结点。

（3）回路（loop）：由支路构成的闭合路径称为回路。图 1-2-30 中，$ABEFA$、$BCDEB$、$ABCDEFA$ 都是回路。

（4）网孔（mesh）：内部不含支路的回路称为网孔。图 1-2-30 中，$ABEFA$、$BCDEB$ 都是网孔，$ABCDEFA$ 不是网孔。

二、基尔霍夫电流定律

基尔霍夫定律是德国科学家基尔霍夫在 1845 年论证的，它由电流定律和电压定律组成。

基尔霍夫电流定律（Kirchhoff's Current Law）简称 KCL，叙述如下：在任一时刻，任意结点的所有支路电流的代数和恒等于零。

KCL 数学表达式是

$$\sum i = 0 \qquad (1-2-32)$$

在式（1-2-32）中，按电流的参考方向列写方程，一般规定流出结点的电流取"＋"号，流入结点的电流取"－"号。直流电路中，KCL 数学表达式是 $\sum I = 0$。

如图 1-2-31 所示，对结点 B，有

$$-i_1 - i_2 - i_3 + i_4 + i_5 = 0$$

上式可写成

$$i_1 + i_2 + i_3 = i_4 + i_5 \qquad (1-2-33)$$

式（1-2-33）表明：在任一时刻，流入任一结点的电流之和等于流出该结点的电流之和。

KCL 是电流连续性原理在电路结点上的体现，也是电荷守恒定律在电路中的体现。

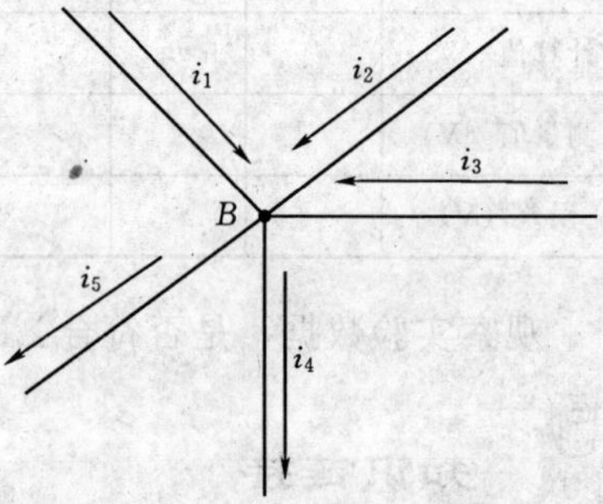

【例 1-2-5】 在图 1-2-31 所示电路中，已知 $i_1 = 2A$，$i_2 = 1A$，$i_3 = -3A$，$i_4 = 1A$，试求 i_5。

解： 根据 KCL，有

$$-i_1 - i_2 - i_3 + i_4 + i_5 = 0$$

代入已知数据，得 $-2-1-(-3)+1+i_5 = 0$

$$i_5 = -1A$$

图 1-2-31　KCL 的说明

i_5 为负值，说明 i_5 的实际方向与参考方向相反，是流入 B 结点。

KCL 通常用于结点，但对于包围几个结点的闭合面也是适用的，如图 1-2-32 所示，闭合面 S 包围了 A、B、C 三个结点，对这三个结点分别应用 KCL，有

$$-i_A+i_{AB}-i_{CA}=0$$
$$-i_B-i_{AB}+i_{BC}=0$$
$$-i_C-i_{BC}+i_{CA}=0$$

以上三式相加，得到：

$$-i_A-i_B-i_C=0$$

可见对于闭合面 S 而言，电流的代数和也是零，KCL 同样成立。

三、基尔霍夫电压定律

基尔霍夫电压定律（Kirchhoff's Voltage Law）简称 KVL，叙述如下：在任一时刻，任一回路所有电压的代数和恒等于零。

KVL 数学表达式是

$$\sum u=0 \qquad\qquad (1-2-34)$$

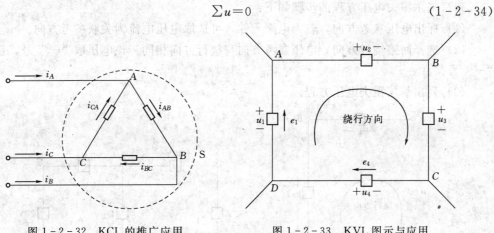

图 1-2-32　KCL 的推广应用　　　　图 1-2-33　KVL 图示与应用

根据式（1-2-34）列方程，首先需要选定回路的绕行方向。凡元件或支路的电压参考方向与绕行方向一致时，该电压取"＋"号，反之取"－"号。直流电路中，KVL 数学表达式是 $\sum U=0$。

如图 1-2-33 所示，对回路 $ABCDA$，有 $-u_1+u_2+u_3-u_4=0$
即

$$u_2+u_3=u_1+u_4 \qquad\qquad (1-2-35)$$

式（1-2-35）表明，KVL 的另一种表述是：在任一时刻任一回路中，电压降低的和等于电压升高的和。

由于对图 1-2-33 中，有 $\qquad e_1=u_1，e_4=u_4$
所以，有 $\qquad\qquad u_2+u_3=e_1+e_4$

式（1-2-35）变为

$$\sum u=\sum e \qquad\qquad (1-2-36)$$

基尔霍夫电压定律还有一种形式是：在任一时刻，在任一回路中，所有电压的代数和等于该回路中所有电动势的代数和。

根据式（1-2-36）列方程，也需要先选定回路的绕行方向。当电压的参考方向与绕行方向相同时，该电压取"＋"号，反之取"－"号；当电动势的参考方向与绕行方向相同时，该电动势取"＋"号，反之取"－"号。

KVL 是电压与路径无关这一性质在电路中的体现，也是能量守恒定律在电路中的体现。

KVL 也可推广到广义回路，如图 1-2-34 所示电路，如果将开路电压 u_{AD} 添上，就形成一个回路。

沿 $ABCDA$ 绕行一周，列出 KVL 方程为

$$u_1 + u_2 - u_3 - u_{AD} = 0$$

整理得

$$u_{AD} = u_1 + u_2 - u_3$$

有了 KVL 这个推论就可以很方便地求电路中任意两点间电压。

列写基尔霍夫电压方程的步骤如下：

（1）标出电压参考方向，若为电阻元件，可选取电压电流为关联参考方向。

（2）选择回路绕行方向，电压参考方向与绕行方向相同，该电压取"＋"号，反之取"－"号。

（3）列出基尔霍夫电压方程。

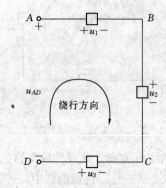

图 1-2-34　KVL 的推广应用

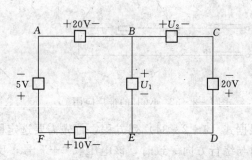

图 1-2-35　例 1-2-8 图

【例 1-2-6】　求图 1-2-35 中的 U_1 和 U_2。

解： 对 $ABEFA$ 回路列写 KVL 方程，取顺时针绕行方向，从 A 点出发可得

$$20 + U_1 - 10 + 5 = 0$$

解得

$$U_1 = -15(\text{V})$$

对 $BCDEB$ 回路列写 KVL 方程，取顺时针绕行方向，从 B 点出发可得

$$U_2 - 20 - U_1 = 0$$

解得

$$U_2 = 20 + U_1 = 20 + (-15) = 5(\text{V})$$

【例 1-2-7】　图 1-2-36 为变压器空载运行原理图。变压器的原绕组（匝数为 N_1）接上交流电压 u_1，副绕组（匝数为 N_2）开路，这时 $i_2 = 0$，原绕组有电流 i_0，磁动势

$i_0 N_1$ 在铁芯中产生主磁通 Φ，Φ 穿过原绕组和副绕组在铁芯闭合，分别在原绕组和副绕组中感应出电动势 e_1、e_2，副绕组开路电压为 u_{20}，各物理量参考方向如图 $1-2-36$ 所示。试分别列出原绕组和副绕组电压平衡方程式（设原、副绕组电阻分别为 R_1、R_2）。

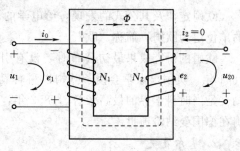

图 $1-2-36$　例 $1-2-9$ 图

解：原绕组电阻压降为 $R_1 i_0$，参考方向与 i_0 相关联，选择顺时针为绕行方向，根据 $\sum u = \sum e$，得原绕组电压平衡方程式为：$R_1 i_0 - u_1 = e_1$，即

$$u_1 = -e_1 + R_1 i_0$$

同样选择顺时针为绕行方向，由于变压器空载运行时副绕组电流 $i_2 = 0$，根据 $\sum u = \sum e$，得副绕组电压平衡方程式为：$u_{20} = e_2$。

拓展知识

■ 电学名人介绍 ■

1. 欧姆

欧姆，Georg Simon Ohm（1787—1854），生于巴伐利亚（今德国南部）。欧姆的父亲是一个技术熟练的锁匠，对哲学和数学都十分爱好。欧姆从小就在父亲的教育下学习数学并受到有关机械技能的训练，这对他后来进行研究工作特别是自制仪器有很大的帮助。

1805 年，欧姆进入爱尔兰大学学习，后来由于家庭经济困难，于 1806 年被迫退学，在一所中学教书。通过自学，他于 1811 年又重新回到爱尔兰大学，于 1813 年获得哲学博士学位。1817 年，他的《几何学教科书》一书出版。同年应聘在科隆大学预科教授物理学和数学。在该校设备良好的实验室里，欧姆进行了大量实验研究，完成了一系列重要发明。从 1820 年起，他开始研究电磁学。

欧姆的研究工作是在十分困难的条件下进行的。他不仅要忙于教学工作，而且图书资料和仪器都很缺乏，他只能利用业余时间，自己动手设计和制造仪器来进行有关的实验。1826 年，欧姆发现了电学上的一个重要定律——欧姆定律，这是他最大的贡献。这个定律在我们今天看来很简单，然而它的发现过程却并非如一般人想象的那么简单。欧姆为此付出了十分艰巨的劳动。在那个年代，人们对电流强度、电压、电阻等概念都还不大清楚，特别是电阻的概念还没有，当然也就根本谈不上对它们进行精确测量了；况且欧姆本人在他的研究过程中，也几乎没有机会跟他那个时代的物理学家进行接触，他的这一发现是独立进行的。

欧姆最初进行的试验主要是研究各种不同金属丝导电性的强弱，用各种不同的导体来观察磁针的偏转角度。后来在试验改变电路上的电动势中，他发现了电动势与电阻之间的依存关系，这就是欧姆定律。这一定律可以表示为两种形式：一是部分电路的欧姆定律，通过部分电路的电流，等于该部分电路两端的电压，除以该部分电路的电阻；二是全电路的欧姆定律，即通过闭合电路的电流，等于电路中电源的电动势，除以电路中的总电阻。

欧姆定律及其公式的发现，给电学的计算带来了很大的方便。人们为纪念他，将电阻的单位定为欧姆，简称"欧"。

欧姆的研究成果最初公布时，没有引起科学界的重视，并受到一些人的攻击，直到1841年，英国皇家学会授予欧姆以科普勒奖章，欧姆的工作才得到了普遍的承认。科普勒奖是当时科学界的最高荣誉。1852年，他被任命为慕尼黑大学教授。1854年7月，欧姆在德国曼纳希逝世。

2. 基尔霍夫

基尔霍夫，Kirchhoff, Gustav Robert（1824～1887），德国物理学家。1824年3月12日生于普鲁士的柯尼斯堡（今为俄罗斯加里宁格勒），1887年10月17日卒于柏林。基尔霍夫在柯尼斯堡大学读物理，1847年毕业后去柏林大学任教，3年后去布雷斯劳作临时教授。1854年由R.W.E.本生推荐任海德堡大学教授。1875年因健康不佳不能做实验，到柏林大学作理论物理教授，直到逝世。

1845年，21岁时他发表了第一篇论文，提出了稳恒电路网络中电流、电压、电阻关系的两条电路定律，即著名的基尔霍夫第一电路定律和基尔霍夫第二电路定律，解决了电器设计中电路方面的难题。后来又研究了电路中电的流动和分布，从而阐明了电路中两点间的电势差和静电学的电动势这两个物理量在量纲和单位上的一致。使基尔霍夫电路定律具有更广泛的意义。直到现在，基尔霍夫电路定律仍旧是解决复杂电路问题的重要工具。基尔霍夫被称为"电路求解大师"。

在海德堡大学期间，他与本生合作创立了光谱分析方法。把各种元素放在本生灯上烧灼，发出波长一定的一些明线光谱，由此可以极灵敏地判断这种元素的存在。利用这一新方法，他发现了元素铯和铷。

1859年，基尔霍夫做了用灯焰烧灼食盐的实验。在对这一实验现象的研究过程中，得出了关于热辐射的定律，后被称为基尔霍夫定律：任何物体的发射本领和吸收本领的比值与物体特性无关，是波长和温度的普适函数。并由此判断：太阳光谱的暗线是太阳大气中元素吸收的结果。这给太阳和恒星成分分析提供了一种重要的方法，天体物理由于应用光谱分析方法而进入了新阶段。1862年他又进一步得出绝对黑体的概念。他的热辐射定律和绝对黑体概念是开辟20世纪物理学新纪元的关键之一。

基尔霍夫在光学理论方面的贡献是给出了惠更斯—菲涅耳原理的更严格的数学形式，对德国的理论物理学的发展有重大影响，著有《数学物理学讲义》4卷。

 优化训练

1.2.3.1　图1-2-37所示电路，有5条支路与结点A相连，已知结点A的KCL方程为

$$i_1 - i_2 + i_3 - i_4 + i_5 = 0$$

（1）试标出i_2、i_3、i_4、i_5的参考方向。

（2）在上述参考方向下，若$i_1 = -2A$，$i_2 = 3A$，$i_3 = 4A$，$i_4 = 1A$，求i_5。

1.2.3.2　图1-2-38所示电路中，已知KVL方程为

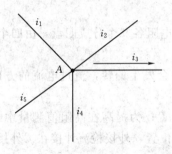

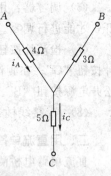

图 1-2-37　训练 1.2.3.1 图　　　　图 1-2-38　训练 1.2.3.2 图

$$u_1 - u_2 + u_3 - u_4 = 0$$
$$u_5 - u_6 - u_1 = 0$$

（1）试标出 u_2、u_3、u_4、u_5、u_6 的参考方向。

（2）在所标参考极性下，若 $u_1 = 2V$，$u_2 = -3V$，$u_3 = 6V$，$u_5 = 5V$，求 u_4、u_6。

（3）沿 $ABEFA$ 顺时针绕行方向，电位总降低量和电位总升高量各为多少？

1.2.3.3　图 1-2-39 所示电路中，已知 $i_A = -0.5A$，$i_C = 1A$，试求 u_{AB}、u_{BC}、u_{CA}。

图 1-2-39　训练
1.2.3.3 图

任务四　直流电桥的使用与分析

 工作任务

一、认识直流单臂电桥

直流单臂电桥的外形图如图 1-2-40（a）所示、面板图如图 1-2-40（b）所示。

（a）

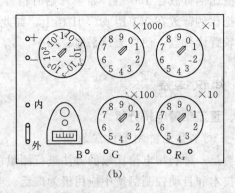
（b）

图 1-2-40　直流单臂电桥外形图和面板图

直流单臂电桥外壳上的部件：

（1）"＋"、"－"外接电源接线柱：连接片断开表示外接电源，连接片短接表示内接电源。电桥的内附电源是由三节 1.5V 干电池组成。

（2）比例臂旋钮：比例臂固定的比例 R_2/R_3 分为 10^{-3}、10^{-2}、10^{-1}、1、10、10^2

和 10^3。

（3）比较臂旋钮：计 1Ω、10Ω、100Ω 和 1000Ω 电阻各 9 个分成四盘，由四个旋钮来选定。

（4）检流计指针：当有电流流过检流计时，指针会发生偏转，流过电流的方向不同，指针偏转的方向也不同。

（5）检流计连接片：连接片通常放在"外接"位置；为提高在高阻值测量中的精度，需外接高灵敏度检流计时，应将连接片放在"内接"位置，外接检流计接在"外接"两端钮上。

（6）调零器：用以测量前的指针调零工作。必须先将"外接"两端钮上检流计锁扣打开，才能进行调零。

（7）检流计按钮"G"和电源按钮"B"：测量时先按下电源按钮"B"，然后轻按检流计按钮"G"；在测量具有电感的元件（如线圈）完毕时，需先松开检流计按钮"G"，后松开电源按钮"B"。

（8）R_x 接线柱：用以接被测电阻。

二、用直流单臂电桥测量电阻

直流单臂电桥测量电阻的过程如下：

（1）将被测电阻接入"R_x"接线柱两端。估计被测电阻值，选择比例臂的适当数值。检查无误后，先按下电源按钮"B"，再按下检流计按钮"G"，（按钮"B""G"旋转 $90°$ 可锁住），调节比较臂的四只旋钮，使检流计指针指"零"。此时电桥平衡，被测电阻值等于比例臂读数乘比较臂读数（欧姆）。

（2）如无法估计被测电阻值，一般将比例臂放在 1 档，比较臂放在 1000 欧上，按下"B"按钮，然后轻按"G"按钮后即松开，如检流计指针晃向"＋"的一边，说明被测电阻大于 1000 欧，可把比例臂放在 10 档，再次接下"B"、"G"按钮，如果指针仍在"＋"边，可把比例臂放在 100 档。如果开始时指针晃向"－"边，则说明被测电阻小于 1000 欧，可把比例臂放在 0.1 档或 0.01 档上。如此，可得 R_x 的大约数值然后选定倍率，调节四个比较臂读数盘，使检流计平衡。

 知识链接

一、直流单臂电桥分析

1. 直流单臂电桥测量电阻原理

电桥是一种利用电位比较的方法进行测量的仪器，因为具有很高的灵敏度和准确性，在电测技术和自动控制测量中应用极为广泛。电桥可分为直流电桥与交流电桥。直流电桥又分直流单臂电桥和直流双臂电桥。直流单臂电桥适用于测量 $10\sim1\times10^6\,\Omega$ 的中阻值电阻。直流双臂电桥适用于测量 $1\times10^{-5}\sim10\,\Omega$ 的低阻值电阻。

直流单臂电桥也称惠斯登电桥，它是最常用的直流电桥。其测量电阻的电路原理如图 1-2-41 所示。

图 1-2-41 中包含有四个电阻，R_x 为待测电阻，是测量的对象；R_2、R_3 均为已知

电阻；R_4 为已知的标准电阻，且具有较大的调
节范围。开关 S_1 闭合后，电流从电源的正极出
发，在 A 点分流为两个部分，由左向右，分别经
过 B 点和 C 点，在 D 点重新汇合，回到电源负
极。整个电路的关键部分在于在 B 点和 C 点之
间架了一个"桥"，检流计 G 用来指示"桥"上
有没有电流。根据检流计指针的偏转情况，相应
地调节电阻 R_4 的值，直到检流计指针指零，
"桥"上的电流等于零，整个电路达到了一个特

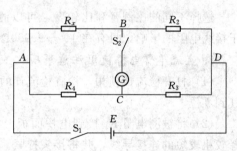

图 1-2-41　直流单臂电桥原理图

殊的状态，称为电桥的平衡状态。电桥平衡时，B 点和 C 点电位相等，因而 $U_{AB} = U_{AC}$。而

$$U_{AB} = R_x \frac{E}{R_x + R_2}$$

$$U_{AC} = R_4 \frac{E}{R_4 + R_3}$$

所以有

$$R_x \frac{E}{R_x + R_2} = R_4 \frac{E}{R_4 + R_3}$$

简化上式，可以得到一个简明而重要的关系式

$$R_x = \frac{R_2}{R_3} R_4 = C R_4 \qquad\qquad (1-2-37)$$

在电桥中常把 R_2 和 R_3 的比值 R_2/R_3 配成固定的比例称为比例臂；R_4 是用来调节电
桥以达到平衡状态的，称为比较臂；R_x 是待测电阻，称为测量臂。这样，整个电桥就是
由四个桥臂和一个"桥"共同构成的。由以上讨论可以知道，单臂电桥是否处于平衡状
态，取决于四个桥臂电阻的值，与电源电压没有关系，这说明电桥线路对电源稳定性的要
求可以降低。

2. 直流单臂电桥实例分析

图 1-2-42 是 QJ23 型直流单臂电桥原理图。其中 R_2、R_3、R_4 为标准电阻元件，R_2、
R_3 为比例臂，R_4 为比较臂，R_x 是待测电阻，

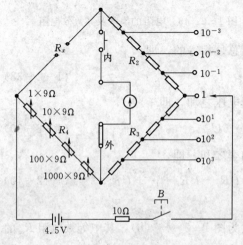

图 1-2-42　QJ23 型直流单臂电桥

称为测量臂。当电桥平衡时同样有：$R_x = \frac{R_2}{R_3} R_4$。

图 1-2-42 中的比例臂 R_2/R_3 由 8 个电阻
组成，共有 7 个档位，分别为 10^{-3}、10^{-2}、
10^{-1}、1、10、10^2 和 10^3 七种比率值。通过调
节读数盘可将比率值置于任意一个档位。

比较臂由 4 组电阻箱组成，第 1 级为 9 个
1Ω 电阻，第 2、3、4 级分别为 9 个 10Ω、9 个
100Ω、9 个 1000Ω 的电阻。当全部电阻串联时
总电阻值为 9999Ω，可以通过调节读数盘改变串
联阻值。

选择不同的比例臂和比较臂，可以测量从 $1\times10^{-3}\sim9999\times10^{3}\ \Omega$ 的电阻。实际上由于接线电阻的影响，只有在 $10^{2}\sim99990\ \Omega$ 的基本量程内，其误差才不超过 $\pm0.2\%$。

3. 直流单臂电桥使用注意事项

（1）打开检流计锁扣，检查检流计的指针是否在零位，如不在零位，应加以调节，使其到零位。

（2）将被测电阻 R_x 接到电桥面板上标有 R_x 的两接线柱上。接入被测电阻时，应选择较粗较短的连接导线，并将接头拧紧。接头接触不良时，将使电桥的平衡不稳定，甚至可能损坏检流计，所以要特别注意。

（3）估计被测电阻的大小，选择合适的比例臂。比例臂的选择，应使比较臂的四个档都能用上，以便使电桥易于调到平衡，并可保证测量的有效数字。例如：R_x 为几个欧姆时，应选比率为 0.001。

（4）测量时，先按下电源按钮并锁住；再按一下检流计按钮，看指针的转向，若指针向"＋"的一边偏转，则加大比较臂电阻，反之减少电阻。如此反复调节，直至指针指零为止。停止测量时，先断开检流计，后断开电源。特别是在测量具有电感的元件（如线圈）一定要遵守上述操作顺序，否则将有很大的自感电动势作用于检流计，造成检流计损坏。

（5）读出比较臂读数并计算 R_x，即

$$R_x=比例臂读数\times比较臂读数$$

（6）电桥使用完毕后，应立即将检流计的锁扣锁上，以免在搬运过程中将悬丝震坏。

二、电阻的串联、并联和混联

1. 电阻串联电路

在电路中，若干个电阻依次连接、中间没有分支的连接方式，叫做电阻的串联，如图 1-2-43（a）所示。

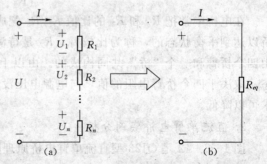

图 1-2-43 电阻的串联及其等效电阻

（1）电阻串联电路的特点。

1）在电阻的串联电路中，流过各电阻的电流总是相等的，即

$$I=I_1=I_2=\cdots=I_n \tag{1-2-38}$$

2）电阻串联电路两端的总电压等于各电阻端电压之和，即

$$U=U_1+U_2+\cdots+U_n \tag{1-2-39}$$

3）电源供给的功率等于各个电阻上消耗的功率之和，即

$$P=UI=U_1I+U_2I+\cdots+U_nI=I^2R_1+I^2R_2+\cdots+I^2R_n \tag{1-2-40}$$

（2）电阻串联电路的等效电阻。

图 1-2-43（a）所示的电阻串联电路可等效为图 1-2-43（b），其中等效电阻 R_{eq} 的计算式如下

$$R_{eq} = R_1 + R_2 + \cdots + R_n = \sum_{i=1}^{n} R_i \qquad (1-2-41)$$

（3）电阻串联电路的分压公式。

图 1-2-43（a）所示的电阻串联电路中，各电阻分配的电压与它们的阻值成正比。以第 j 个电阻为例，其分压公式如下

$$U_j = R_j I = \frac{R_j}{R_{eq}} U \qquad (1-2-42)$$

式（1-2-42）说明，在串联电路中，当外加电压一定时，各电阻端电压的大小与它的电阻值成正比，式（1-2-42）称为电压分配公式，简称分压公式。在应用分压公式时，应注意到各电压的参考方向。

电阻串联的应用很多。例如，为了扩大电压表的量程，就需要与电压表表头串联电阻；当负载的额定电压低于电源电压时，可以通过串联一个电阻来分压；为了调节电路中的电流，通常可在电路中串联一个变阻器。

2. 电阻并联电路

在电路中，将若干个电阻进行并排连接，这样的连接方式叫做电阻的并联，如图 1-2-44（a）所示。

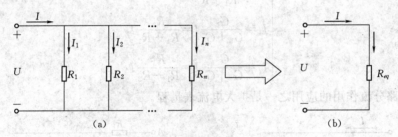

图 1-2-44 电阻的并联及其等效电阻

（1）电阻并联电路的特点。

1）在电阻的并联电路中，各电阻的端电压总是相等的，即

$$U = U_1 = U_2 = \cdots = U_n \qquad (1-2-43)$$

2）电阻并联电路的总电流等于各电阻上的电流之和，即

$$I = I_1 + I_2 + \cdots + I_n \qquad (1-2-44)$$

3）电源供给的功率等于各个电阻上消耗的功率之和，即

$$P = UI = UI_1 + UI_2 + \cdots + UI_n = \frac{U^2}{R_1} + \frac{U^2}{R_2} + \cdots + \frac{U^2}{R_n} \qquad (1-2-45)$$

（2）电阻并联电路的等效电阻。图 1-2-44（a）所示的电阻并联电路，可等效为图 1-2-44（b）。其中等效电阻 R_{eq} 的计算式推导如下

$$I = I_1 + I_2 + \cdots + I_n = \frac{U}{R_1} + \frac{U}{R_2} + \cdots + \frac{U}{R_n}$$

$$= U\left(\frac{1}{R_1} + \frac{1}{R_2} + \cdots + \frac{1}{R_n}\right) = \frac{U}{R_{eq}}$$

式中
$$\frac{1}{R_{eq}} = \frac{1}{R_1} + \frac{1}{R_2} + \cdots + \frac{1}{R_n} = \sum_{i=1}^{n} \frac{1}{R_i}$$

可见，电阻并联电路的等效电阻小于任何一个分电阻。

n 个电阻并联时的等效电阻，通常表示为：$R_{eq} = R_1 /\!/ R_2 /\!/ \cdots /\!/ R_n$。

若以电导表示，并令

$$G_1 = \frac{1}{R_1}, \quad G_2 = \frac{1}{R_2}, \quad \cdots, \quad G_n = \frac{1}{R_n}$$

则有
$$G_{eq} = G_1 + G_2 + \cdots + G_n = \sum_{i=1}^{n} G_i \qquad (1-2-46)$$

式（1-2-46）表明，n 个电导并联时，其等效电导等于各电导之和。

（3）电阻并联电路的分流公式。图 1-2-44 所示的电阻并联电路中，各电阻分配的电流与它们的阻值成反比。以第 j 个电阻为例，其分流公式如下

$$I_j = G_j U = \frac{G_j}{G_{eq}} I \qquad (1-2-47)$$

并联电路具有分流作用，如图 1-2-45 所示，可得

$$\begin{cases} R_{eq} = \dfrac{R_1 R_2}{R_1 + R_2} \\ I_1 = \dfrac{G_1}{G_1 + G_2} I = \dfrac{R_2}{R_1 + R_2} I \\ I_2 = \dfrac{G_2}{G_1 + G_2} I = \dfrac{R_1}{R_1 + R_2} I \end{cases} \qquad (1-2-48)$$

并联电路分流作用的应用之一是扩大电流表量程。

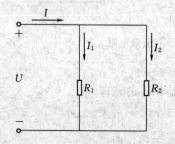

图 1-2-45　并联电路的分流作用

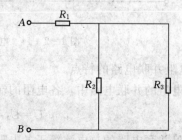

图 1-2-46　电阻混联电路

3. 电阻混联电路

电阻电路中既含有并联电阻，又含有串联电阻的电路称为电阻混联电路。这一类电路可以用串、并联公式化简，图 1-2-46 所示就是一个电阻混联电路。

经过化简，可得其等效电阻为

$$R_{AB} = R_1 + \frac{R_2 R_3}{R_2 + R_3}$$

在计算串联、并联及混联电路的等效电阻时，关键在于判别各电阻的串、并联关系，可从下面 4 方面判别：

（1）看电路的结构特点。若两电阻是首尾相联就是串联，是首首尾尾相联就是并联。

（2）看电压电流关系。若流经两电阻的电流是同一个电流，那就是串联；若两电阻上承受的是同一个电压，那就是并联。

（3）对电路作变形等效。如左边的支路可以扭到右边，上面的支路可以翻到下面，弯曲的支路可以拉直等；对电路中的短路线可以任意压缩与伸长；对多点接地可以用短路线相连。

（4）找出等电位点。对于具有对称特点的电路，若能判断某两点是等电位点，则根据电路等效的概念，一是可以用短接线把等电位点连起来；二是把连接等电位点的支路断开（因支路中无电流），从而得到电阻的串并联关系。

【例 1-2-8】 图 1-2-47（a）所示电路，计算 A、B 两端的等效电阻 R_{AB}。

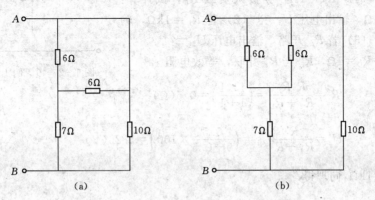

图 1-2-47 例 1-2-10 图

解： 在图 1-2-47（a）中，可化简为如图 1-2-47（b）所示电路。在该电路中，6Ω 与 6Ω 并联，然后与 7Ω 并联，最后与 10Ω 并联，故等效电阻为

$$R_{AB} = \frac{(3+7) \times 10}{(3+7)+10} = 5(\Omega)$$

【例 1-2-9】 图 1-2-48（a）所示为一桥形电路，若已知 $I_5 = 0\text{A}$，$R_1 = 1\Omega$，$R_2 = 2\Omega$，$R_3 = 2\Omega$，$R_4 = 4\Omega$，$R_5 = 5\Omega$。求 AB 两端的等效电阻 R_{AB}。

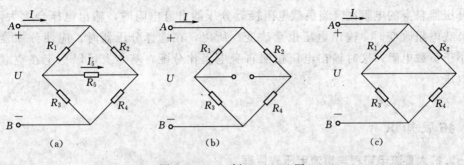

图 1-2-48 例 1-2-11 图

解： 由已知条件 $I_5 = 0\text{A}$，所以 R_5 支路可看作开路，则原电路可等效为图 1-2-48（b），由图中可得

$$R_{AB}=\frac{(R_1+R_3)(R_2+R_4)}{R_1+R_2+R_3+R_4}=\frac{(1+2)(2+4)}{1+2+2+4}=2(\Omega)$$

或者，因为 $I_5=0A$，所以电阻 R_5 两端电压也为零，说明 R_5 的两端是等电位点，可将 R_5 看作短路，原电路也可等效为图 1-2-48 (c)，由图中可得

$$R_{AB}=\frac{R_1R_2}{R_1+R_2}+\frac{R_3R_4}{R_3+R_4}=\left(\frac{1\times2}{1+2}+\frac{2\times4}{2+4}\right)=2(\Omega)$$

显然，以上两种计算方法得到的结果是相同的。

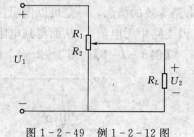

图 1-2-49　例 1-2-12 图

【例 1-2-10】　图 1-2-49 所示电路，输入电压 U_1 $=100V$，$R_1=9\Omega$，$R_2=1\Omega$，今接入负载 R_L，试计算：(1) 若 $R_L=1\Omega$，输出电压 $U_2=?$ (2) 若 $R_L=1k\Omega$，输出电压 $U_2=?$ (3) 若 R_L 开路，输出电压 $U_2=?$

解：(1) $R_L=1\Omega$，R_L 与 R_2 并联，等效电阻

$$R'=\frac{R_2R_L}{R_2+R_L}=\left(\frac{1\times1}{1+1}\right)=0.5(\Omega)$$

$$U_2=\frac{R'}{R_1+R'}U_1=\left(\frac{0.5}{9+0.5}\times100\right)=5.26(V)$$

(2) $R_L=1k\Omega$，同理得

$$R''=\frac{R_2R_L}{R_2+R_L}=\left(\frac{1\times1000}{1+1000}\right)=0.999(\Omega)$$

$$U_2=\frac{R''}{R_1+R''}U_1=\left(\frac{0.999}{9+0.999}\times100\right)=9.99(V)$$

(3) R_L 开路，可得

$$U_2=\frac{R_2}{R_1+R_2}U_1=\left(\frac{1}{9+1}\times100\right)=10(V)$$

由此可见，仅当负载电阻 R_L 远大于分压器自身电阻时，分压器实际电压分配才接近于分压器自身的电阻比。当负载电阻接近分压器自身电阻时，输出电压会大大下降，而且负载电阻改变时，输出电压也会改变。所以，在选择分压器时，应使分压器电阻远远小于负载电阻，这时输出电压按照自身电阻比分配，基本上可以稳定在空载时的输出电压。

 拓展知识

一、扩大直流电流表与直流电压表量程

1. 磁电系电流表

磁电系测量机构的指针偏转角 α 与流过动圈的电流 I 成正比，所以它本身就是一个电流表，如图 1-2-50 所示。

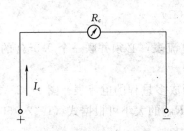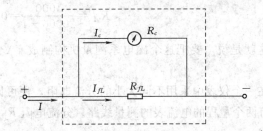

图 1-2-50　磁电系电流表原理图　　　图 1-2-51　并联分流电阻扩大电流表量程

设 I_c 是磁电系测量机构的满刻度偏转电流，R_c 是测量机构的内阻，它包括线圈和游丝的电阻。在磁电系测量机构中，由于动圈和游丝本身允许通过的电流很小，所以这种电流表只能测量几十毫安的小电流，如果要测量大电流，就必须扩大量程。

磁电系电流表是采用分流的方法来扩大量程的。方法就是在测量机构上并联一个分流电阻 R_{fL}，如图 1-2-51 所示。有了分流电阻，通过磁电系测量机构的电流 I_c 是被测量电流 I 的一部分，由图 1-2-51 可知

$$R_c I_c = R_{fL}(I - I_c)$$

故
$$I_c = \frac{R_{fL}}{R_{fL} + R_c} I \qquad (1-2-49)$$

由式（1-2-49）可以看出，由于 R_{fL} 和 R_c 为常数，所以 I_c 和 I 成正比，根据这一正比关系对电流表刻度尺划定刻度，就可以直接读出被测电流的大小。用 n 表示量程扩大倍数，则

$$n = \frac{I}{I_c}$$

代入式（1-2-49）可得

$$\frac{R_{fL}}{R_{fL} + R_c} = \frac{1}{n}$$

故
$$R_{fL} = \frac{R_c}{n-1} \qquad (1-2-50)$$

这就是说，将磁电系测量机构的量程扩大为 n 倍时，电流表的分流电阻应为磁电系测量机构内阻的（$n-1$）分之一。

【例 1-2-11】　已知一磁电系测量机构，其满刻度偏转电流 $I_c = 50 \mu A$，表头内阻 $R_c = 1000\Omega$，要把它制成量程为 1A 的电流表，求所需并联的分流电阻。

解： 先确定扩大量程的倍数

因为
$$1A = 1 \times 10^6 \mu A$$

则
$$n = \frac{1 \times 10^6}{50} = 20000$$

将 n 值代入式（1-2-50）得分流电阻值

所以
$$R_{fL} = \frac{1000}{20000-1} = 0.05(\Omega)$$

这就是说，要把这个磁电系测量机构制成 1A 的电流表，必须并联一个 0.05Ω 的分流电阻。

在一个仪表中采用不同大小的分流电阻，便可以制成多量程的电流表。图 1-2-52 就是具有两个量程的电流表的测量线路。分流电阻 R_{fL1}、R_{fL2} 的大小可根据式（1-2-50）计算确定。

2. 磁电系电压表

磁电系测量机构也可以用来测量电压，方法是将测量机构并联在电路被测电压的两端点之间，图 1-2-53 是测量 A、B 两点间电压的接线图。

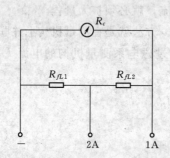

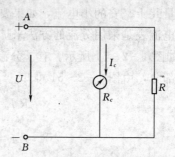

图 1-2-52　两个量程的电流表的测量线路　　图 1-2-53　磁电系电压表原理图

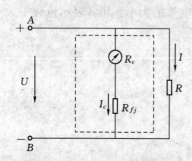

图 1-2-54　串联分压电阻
扩大电压表量程

由图 1-2-53，得
$$U = R_c I_c$$

由于磁电系测量机构仅能通过极微小的电流，所以它只能直接测量很低的电压，不能满足实际的需要。为了能测量较高的电压，又不使测量机构承受超过容许的电流值，可以在测量机构上串联一个附加电阻 R_{fj}，如图 1-2-54 虚线框所示。这时通过测量机构的电流 I_c 相应为
$$I_c = \frac{U}{R_{fj}+R_c}$$

只要附加电阻 R_{fj} 恒定不变，I_c 和被测两点间的电压 U 成正比，偏转角 α 仍然能反映 A、B 两点间的电压大小。

下面来讨论将磁电系测量机构的电压量程扩大 m 倍时，需要串联的附加电阻的大小。

由
$$(R_{fj}+R_c)I_c = U = mR_c I_c$$
得
$$R_{fj} = (m-1)R_c \qquad\qquad (1-2-51)$$

这就是说，将磁电系测量机构的电压量程扩大 m 倍时，需要串联的附加电阻应为磁电系测量机构内阻 R_c 的（$m-1$）倍。

【例 1-2-12】已知一个满刻度偏转电流 $I_c = 50\mu A$，表头内阻 $R_c = 1000\Omega$ 的磁电系

测量机构，要制成 30V 量程的电压表，求所需串联的附加电阻。

解：先确定扩大量程的倍数 m

因测量机构满刻度偏转时，两端的电压为

$$U = R_c I_c = 1000 \times 50 \times 10^{-6} = 0.05 \text{(V)}$$

则扩大倍数为

$$m = 30/0.05 = 600$$

故

$$R_{fj} = (m-1)R_c = (600-1) \times 1000 = 599000 \text{(}\Omega\text{)}$$

这就是说，要使这个测量机构能测量 30V 的
电压，必须串联一个 599000Ω 的附加电阻。

电压表也可以制成多量程的，只要按照式
(1-2-51)的要求串联几个不同的附加电阻即可。
其内部接线如图 1-2-55 所示。

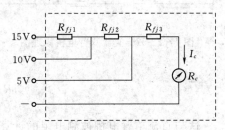

图 1-2-55　多量程电压表测量线路

用电压表测量电压时，电压表内阻愈大，对
被测电路影响愈小。电压表各量程的内阻与相应
电压量程的比值为一常数，这常数一般在电压表
的铭牌上标明，它的单位为"Ω/V"。它是电压表的一个重要参数。

二、直流双臂电桥的分析与使用

1. 双臂电桥测低电阻原理

直流双臂电桥又称凯尔文电桥，与单臂电桥相比，其特点在于它能消除用单臂电桥测
量时无法消除的由接触电阻和接线电阻造成的测量误差，因此双臂电桥测量准确度高，是
测量小电阻的常用仪器。

双臂电桥的接线原理是在单臂电桥的基础上作了改进，将其中的低电阻桥臂改为四端
接法，并增接一对高电阻，如图 1-2-56（a）所示。改用四端接法后的等效电路图如图
1-2-56（b）所示。r_1、r_4 串联在电源回路中，其影响可忽略；r_2、r_3 接高电阻，其影响
也可忽略，这样就构成了双臂电桥。

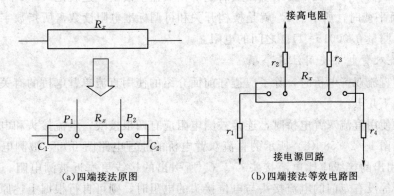

(a)四端接法原图　　　　　(b)四端接法等效电路图

图 1-2-56　四端接法电路图

实际的直流双臂电桥原理电路图如图 1-2-57 所示，其中 R_n 为标准电阻，作为电桥
的比较臂，R_x 为被测电阻，标准电阻和被测电阻各有一对电流接头（C_{n1}、C_{n2} 和 C_{x1}、

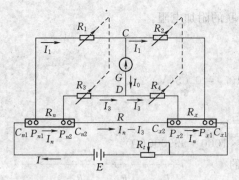

图1-2-57 直流双臂电桥原理图

C_{x2}）和电压接头（P_{n1}、P_{n2}和P_{x1}、P_{x2}）。接线时一定要使电位的引出线之间只包含被测电阻R_x，否则就达不到排除和减少接触电阻和接线电阻对测量结果的影响的目的，因此一般电流接头要接在电位接头的外侧。电阻R_n和R_x用一根粗导线R连接起来，并和电源组成一闭合电路。在它们的"电位接头"上，则分别与桥臂电阻R_1、R_2、R_3、R_4相连接，桥臂电阻R_1、R_2、R_3、R_4的电阻值应不低于10Ω。

当电桥达到平衡时，被测电阻为

$$R_x = \frac{R_2}{R_1}R_n = CR_n \qquad (1-2-52)$$

这与直流单臂电桥被测电阻的计算公式相同，但直流双臂电桥能减少接触电阻（一般在$1\times10^{-4}\sim1\times10^{-3}$之间）和接线电阻（一般在$1\times10^{-3}\sim1\times10^{-2}$之间）的影响，因此它被广泛用于测量电机和变压器的绕组电阻、分流器电阻、短导线和汇流排等电阻，测量精确度高。

2. QJ103型双臂电桥

图1-2-58（b）为QJ103型直流双臂电桥的面板图。图中，C_1、C_2为被测电阻R_x的电流接头接线柱；P_1、P_2为被测电阻R_x的电位接头接线柱；B为电源按钮；G为检流计按钮；面板右上角的两个接线柱B为电源接线柱；检流计位于面板的左侧上方；检流计下面为比例臂倍率旋钮；面板的右侧为可调标准电阻读数盘。

图1-2-58（a）为QJ103型直流双臂电桥的原理图。从图可见，桥臂电阻R_1、R_2、R_3、R_4做成固定的比例格式，而且$R_3/R_1 = R_4/R_2$共有五档，即100，10，1，0.1，0.01，这就是式（1-2-52）中的R_2/R_1，由面板左下侧的倍率旋钮来完成。可调标准电阻的数值为$0.01\sim0.11\Omega$，可以从面板右侧的读数盘上读出。这就是式（1-2-52）中的R_n值。电桥平衡时，所求的R_x就是换档开关和可调标准电阻读数盘所指数字的乘积。所以，它可以测量$0.0001\sim11\Omega$之间的电阻。

3. 直流双臂电桥使用注意事项

在使用直流双臂电桥时，除了应遵守前面介绍的使用直流单臂电桥的有关规定外，还应该注意如下几点：

（1）在使用直流双臂电桥时，连接被测电阻应有四根接线，电流接头和电位接头应连接正确。从图1-2-58（a）所示的直流双臂电桥的原理电路图可知，被测电阻电位接头P_1、P_2所引出的接线应比电流接头C_1、C_2所引出的接线更靠近被测电阻。若在测量电机、变压器等没有专门的电流接头与电位接头的电阻时，则可自行根据上述原则引出四个接头，如图1-2-59所示，这时两个电位接头P_1、P_2之间的电阻就是被测电阻R_x之值，此外要注意所用连接线应选用较粗导线，导线接头应接触紧密。

（2）在选用标准电阻时，应尽量使其与被测电阻在同一数量级。最好满足$1/10R_n <$

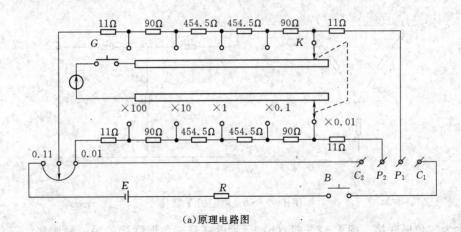

(a)原理电路图

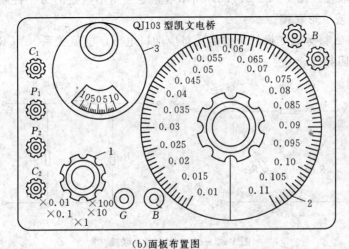

(b)面板布置图

图 1-2-58 QJ103 型直流双臂电桥
1—倍率按钮；2—标准电阻读数盘；3—检流计

$R_x < 10R_n$。

（3）直流双臂电桥的工作电流较大，测量过程尽可能短些，以免无谓地损耗电池电能。

三、电阻 Y—△ 网络的等效变换

1. 电阻的 Y 形联接和 △ 形联接

在图 1-2-60（a）中，将三个电阻（R_1、R_2、R_3）的一端接在一起，如图中的 O 点，另一端分别与外电路的三个端点（三个点的电位不相等）相联，如图中1、2、3点，这种连结方式称为星形联接。图 1-2-60（b）所示是星形联接电路的另一种画法。星形联接又称为 Y 形联接或 T 形联接。

在图 1-2-61（a）中，将三个电阻（R_{12}、R_{23}、R_{31}）分别与外电路联接，这种联接

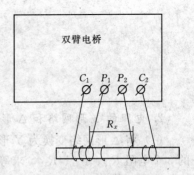

图 1-2-59 用直流双臂电桥测量导线电阻的实际接线图

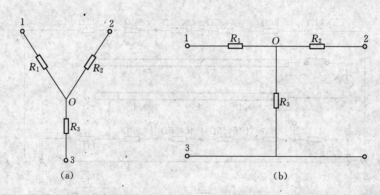

图 1-2-60　电阻的 Y 联接

方式称为三角形联接。图 1-2-61（b）所示电路是三角形联接的另一种画法。三角形联接又称为 △ 联接或 π 形联接。

电阻 Y 接与 △ 接等效变换的条件是：对应端口电压、电流关系（VCR）相同，即对应端口的等效电阻相等。

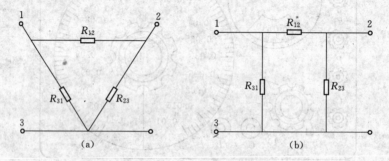

图 1-2-61　电阻的 △ 联接

Y 接电路如图 1-2-60（a）所示，△ 接电路如图 1-2-61（a）所示，根据等效变换条件，则 Y 形联接的三个电阻与 △ 形联接的三个电阻之间有如下关系：

$$\begin{cases} R_1 + R_2 = \dfrac{R_{12}(R_{23} + R_{31})}{R_{12} + R_{23} + R_{31}} \\[2mm] R_3 + R_1 = \dfrac{R_{31}(R_{12} + R_{23})}{R_{12} + R_{23} + R_{31}} \\[2mm] R_2 + R_3 = \dfrac{R_{23}(R_{12} + R_{31})}{R_{12} + R_{23} + R_{31}} \end{cases} \quad (1-2-53)$$

2. 电阻的 Y 形网络和 △ 形网络的等效变换

（1）将 △ 形网络变换为 Y 形网络。将 △ 形网络变换为 Y 形网络，就是已知 △ 形网络的 3 个电阻 R_{12}、R_{23}、R_{31}，求等效变换成 Y 形网络时的各电阻 R_1、R_2、R_3。

将式（1-2-53）的 3 个式子联立并相加，再除以 2 得

$$R_1 + R_2 + R_3 = \frac{R_{12}R_{23} + R_{23}R_{31} + R_{31}R_{12}}{R_{12} + R_{23} + R_{31}}$$

然后再将该式分别减去式（1-2-53）的 3 个式子的每一个，从而得到将 △ 形网络变换为 Y 形网络的条件

$$\begin{cases} R_1 = \dfrac{R_{31}R_{12}}{R_{12}+R_{23}+R_{31}} \\[3mm] R_2 = \dfrac{R_{12}R_{23}}{R_{12}+R_{23}+R_{31}} \\[3mm] R_3 = \dfrac{R_{23}R_{31}}{R_{12}+R_{23}+R_{31}} \end{cases} \tag{1-2-54}$$

为了便于记忆，可将式（1-2-54）的等效变换公式写成如下形式

$$星形电阻 = \frac{三角形网络中相邻两电阻的乘积}{三角形网络中的各电阻之和}$$

若 △ 形的 3 个电阻相等，出现 $R_{12}=R_{23}=R_{31}=R_\Delta$ 时，则有 $R_1=R_2=R_3=R_Y$，并有

$$R_Y = \frac{1}{3}R_\Delta \tag{1-2-55}$$

（2）将 Y 形网络变换为 △ 形网络。将 Y 形网络变换为 △ 形网络，就是已知 Y 形网络的 3 个电阻 R_1、R_2、R_3，求等效变换成 △ 形网络时的各电阻 R_{12}、R_{23}、R_{31}。

将式（1-2-54）3 个式子分别两两相乘，然后再相加可得

$$R_1R_2 + R_2R_3 + R_3R_1 = \frac{R_{12}R_{23}R_{31}}{R_{12}+R_{23}+R_{31}}$$

再将该式分别除以式（1-2-54）3 个式子中的每一个，就得到将 Y 形网络变换为 △ 形网络的条件

$$\begin{cases} R_{12} = \dfrac{R_1R_2 + R_2R_3 + R_3R_1}{R_3} \\[3mm] R_{23} = \dfrac{R_1R_2 + R_2R_3 + R_3R_1}{R_1} \\[3mm] R_{31} = \dfrac{R_1R_2 + R_2R_3 + R_3R_1}{R_2} \end{cases} \tag{1-2-56}$$

为了便于记忆，可将式（1-2-56）的等效变换公式写成如下形式

$$三角形电阻 = \frac{星形网络中各电阻两两乘积之和}{星形网络中的对角端电阻}$$

若 Y 形的 3 个电阻相等，出现 $R_1=R_2=R_3=R_Y$ 时，则有 $R_{12}=R_{23}=R_{31}=R_\Delta$，并有

$$R_\Delta = 3R_Y \tag{1-2-57}$$

【例 1-2-13】 求图 1-2-62（a）所示电路 A、B 端钮间的电阻。

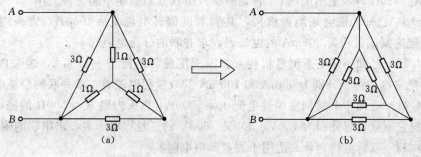

图 1-2-62 例 1-2-13 图

解：将三个1Ω电阻组成的星形连接电路等效变换为三角形连接电路，可得到图1-2-62（b），$R_\Delta = R_Y$，由此可得

$$R_{AB} = \frac{3\times1.5}{3+1.5} = 1(\Omega)$$

 优化训练

1.2.4.1 说明直流单臂电桥的工作原理和使用方法。用QJ23型电桥测一阻值为228Ω的电阻时，比例臂应如何选择？

1.2.4.2 直流电桥的准确度为什么比直读仪表高？电桥的准确度高，是否一定能得到准确的测量结果？

1.2.4.3 直流单臂电桥平衡时，这时检流计的指针指零，能否说通过被测电阻的电流为零？

1.2.4.4 用QJ23型直流单臂电桥测量电阻。电桥平衡时比例臂的读数为10^{-1}，比较臂读数盘的读数为786Ω，求被测电阻是多少欧姆？这个测量结果有什么可以改进的地方？

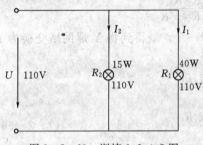
图1-2-63 训练1.2.4.5图

1.2.4.5 今有额定电压110V，功率为40W和15W的两只灯泡并联接在110V的直流电源上，电路如图1-2-63所示，求：

（1）每只灯泡的电阻和额定电流为多大？

（2）能否将它们串联接在220V的电源上使用？为什么？

1.2.4.6 求图1-2-64所示电路A、B间的等效电阻R_{AB}。

1.2.4.7 图1-2-65为步级分压电路，已知$U_1=100V$，要求输出电压U_o分别为100V、50V、10V，今限定总电阻$R_1+R_2+R_3=100\Omega$，试计算各电阻值。

1.2.4.8 图1-2-66表示滑线变阻器作分压器使用，其额定值为"100Ω、3A"，外加电压$U_1=210V$，滑动触头置于中间位置不变，输出端接上负载R_L，分别求：

（1）$R_L=\infty$；

（2）$R_L=50\Omega$；

（3）$R_L=20\Omega$时，输出电压U_2各是多少？滑线变阻器能不能正常工作？

1.2.4.9 已知一磁电系测量机构，其满刻度偏转电流$I_c=400\mu A$，表头内阻$R_c=100\Omega$，要把它制成量程为200mA的电流表，求并联的分流电阻。

1.2.4.10 已知一磁电系测量机构，其满刻度偏转电流$I_c=100\mu A$，表头内阻$R_c=200\Omega$，要把它制成量程分别为50mA和100mA的双量程电流表，求并联的分流电阻。

1.2.4.11 已知一个满刻度偏转电流$I_c=500\mu A$，表头内阻$R_c=500\Omega$的磁电系测量机构，要把它制成量程分别为150V、300V、600V的三量程电压表，求串联的附加电阻。

1.2.4.12 双臂电桥为什么适用于测量低值电阻？

1.2.4.13 为什么不能用单臂电桥测量低值电阻？

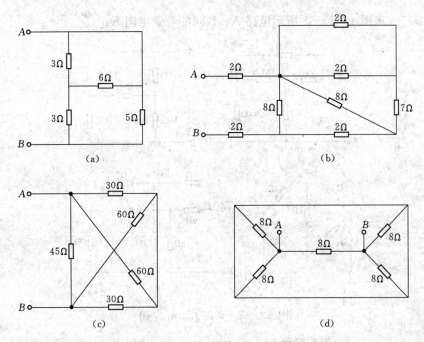

图1-2-64　训练1.2.4.6图

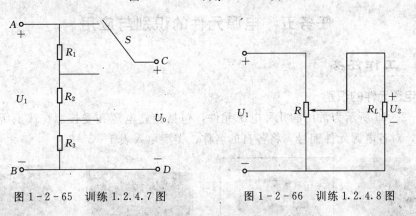

图1-2-65　训练1.2.4.7图　　　　图1-2-66　训练1.2.4.8图

1.2.4.14　使用直流单臂电桥的注意事项有哪些？

1.2.4.15　使用直流双臂电桥的注意事项有哪些？

1.2.4.16　将图1-2-67（a）、（b）中的星形电阻网络等效变换为三角形电阻网络；将图1-2-67（c）、（d）中的三角形电阻网络等效变换为星形电阻网络。

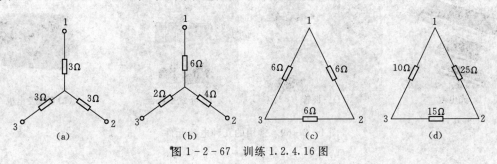

图1-2-67　训练1.2.4.16图

1.2.4.17　求图1-2-68所示电路A、B间的等效电阻R_{AB}。

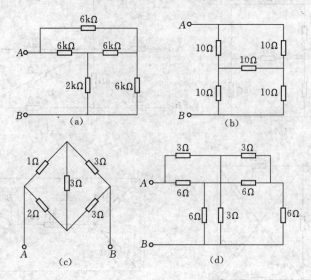

图1-2-68　训练1.2.4.17图

任务五　电源元件的识别与应用

 工作任务

一、电源元件的识别

图1-2-69所示为常用的几种电源元件，包括独立电源和受控源。认识所给的8种电源元件，对各电源元件编号，将各自的名称、类型填入表1-2-7。

（a）干电池

（b）直流稳压电源

（c）汽车用蓄电池

（d）叠层电池

（e）光电池

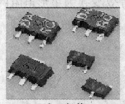
（f）三极管

（g）干式变压器

（h）直流发电机

图1-2-69　常用的几种电源元件

编号	名称	类型	主要参数	应用

表 1-2-7 　　　　　　　　　电源元件的认知统计表

二、电源元件的应用

用万用表检测各电源元件，将各电源元件的主要参数（包括电动势、容量等）及应用填入表 1-2-7 中。

 知识链接

一、电压源

常用电源包括各类电池（干电池、蓄电池、光电池等）、发电机和各种信号源。电源中能够独立向外提供电能的电源，称为独立电源，它包括电压源和电流源；不能独立地向外电路提供电能的电源称为非独立电源，又称为受控源。

1. 理想电压源

理想电压源简称恒压源或电压源。其特点是：

（1）它两端的电压是一个定值 U_S 或是一定的时间函数 $u_S(t)$，与流过它的电流无关；

（2）流过它的电流由与之相连接的外电路确定。

理想电压源在电路中的图形符号如图 1-2-70（a）所示，其中 U_S 为电压源电压，"+"、"-" 是其参考极性。如果电压源的电压是定值 U_S，则称之为直流电压源，图 1-2-70（b）为理想电压源的伏安特性曲线。

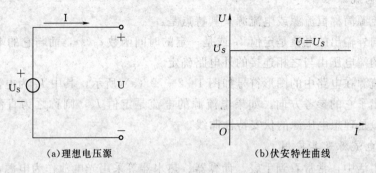

(a)理想电压源　　　　　　　　(b)伏安特性曲线

图 1-2-70 理想电压源的图形符号和伏安特性曲线

2. 实际电压源及其应用

实际上，电源内部总存在一定的内阻，干电池、蓄电池、叠层电池都是实际的直流电压源。为研究方便，通常用理想电压源 U_S 和内阻 R_S 相串联的电路模型来表示实际电压源，如图 1-2-71（a）所示。

实际电压源的伏安特性（又称外特性）为

$$U = U_S - IR_S \qquad (1-2-58)$$

对应的伏安特性曲线如图 1-2-71（b）所示。

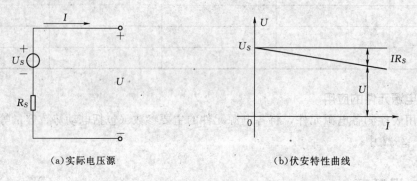

（a）实际电压源　　　　　　　　　（b）伏安特性曲线

图 1-2-71　实际电压源的电路模型和伏安特性曲线

显然，随着实际电压源输出电流 I 的增大，其输出电压 U 线性下降。若实际电压源的内阻越小，其特性越接近于理想电压源。工程中常用的稳压电源以及大型电网在工作时的输出电压基本不随外电路变化，都可近似地看作理想电压源。

干电池广泛应用在手电筒、半导体收音机、收录机、照相机、电子钟、玩具等，也应用于国防、科研、电信、航海、航空、医学等国民经济中的各个领域。

蓄电池广泛应用在交通运输、通信、电力、铁路、矿山、港口、国防、计算机、科研等国民经济各个领域。

叠层电池广泛应用在防盗遥控器、无线门铃、门磁、报警器遥控器、激光射频笔、电动玩具、电子体温计、手电筒等。

二、电流源

1. 理想电流源

理想电流源简称恒流源或电流源。其特点是：

（1）它向外输出的电流是定值 I_S 或是一定的时间函数 $i_S(t)$，而与它的端电压无关；

（2）它的端电压由与之相连接的外电路确定。

理想电流源在电路中的图形符号如图 1-2-72（a）所示，其中 I_S 为电流源输出的电流，箭头标出了它的参考方向。如果电流源的电流是定值 I_S，则称之为直流电流源，图 1-2-72（b）是理想电压源的伏安特性曲线。

2. 实际电流源及其应用

在日常生活中，常常看到手表、计算器、热水器等采用光电池作为电源，这些光电池是用硅、砷化镓材料制成的半导体器件。它与干电池不同，当受到太阳光照射时，将激发产生电流，该电流是与入射光强度成正比的，基本上不受外电路影响，因此像光电池这类

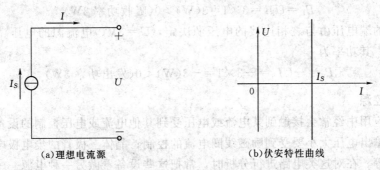

图 1-2-72　理想电流源的图形符号和伏安特性曲线

电源，在电路中可以用电流源模型来表示。实际上，由于内电导的存在，电流源中的电流并不能全部输出，有一部分将从内部分流掉。通常用理想电流源 I_s 与内电导 G_s 相并联的电路模型来表示实际电流源，如图 1-2-73（a）所示。

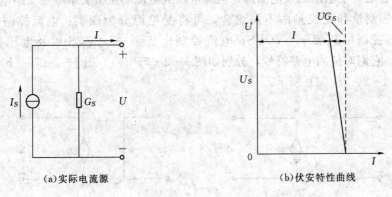

图 1-2-73　实际电流源的电路模型和伏安特性曲线

实际电压源的伏安特性（又称外特性）为

$$I=I_s-\frac{U}{R_s}=I_s-UG_s \qquad (1-2-59)$$

对应的伏安特性曲线如图 1-2-73（b）所示。

显然，随着实际电流源输出电压 U 的增大，其输出电流 I 线性下降。若实际电流源的内电导越小，内部分流越小，其特性就越接近于理想电流源。晶体管稳流电源及光电池等器件在工作时可近似地看作理想电流源。

光电池的种类很多，常用有硒光电池、硅光电池和硫化铊、硫化银光电池等。主要用于仪表，自动化遥测和遥控方面，也广泛应用在人造地球卫星、灯塔、无人气象站等地方。

【例 1-2-14】 图 1-2-74 所示电路，分析电路各元件的功率。

解：流过电压源的电流与它相连接的电流源决定，$I=1A$。电压源的电压、电流为关联参考方向，其功率为

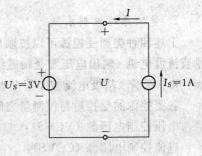

图 1-2-74　例 1-2-14 图

$$P_U = U_s I = 3 \times 1 = 3(\text{W}) > 0 \text{（吸收功率 3W）}$$

电流源的端电压由与之相连接的电压源决定，$U = 3\text{V}$。电流源的电压、电流为非关联参考方向，其功率为

$$P_I = -U I_s = -3 \times 1 = -3(\text{W}) < 0 \text{（发出功率 3W）}$$

三、受控源

在实际应用中经常会接触到某电流或电压受到其他电流或电压控制的设备，如他励直流发电机的输出电压大小要受到励磁线圈电流的控制；晶体三极管的集电极电流受到基极电流的控制等。在对这类电路进行分析时，常把这些设备看做另一种电源——受控源。受电路中另一条支路的电压或电流控制的电源，称为受控源（或非独立源）。

1. 受控源的种类与符号

受控源由两条支路组成：第一条支路是控制支路，呈开路或短路状态；第二条支路是受控支路，它是一个电压源或电流源，但其电压或电流的量值受第一条支路电压或电流的控制。根据控制量和受控量的不同组合，可将受控源分为四类：电流控制电压源——CCVS、电压控制电压源——VCVS、电流控制电流源——CCCS 以及电压控制电流源——VCCS。它们对应的电路符号，分别如图 1-2-75（a）、图 1-2-75（b）、图 1-2-75（c）、图 1-2-75（d）所示。

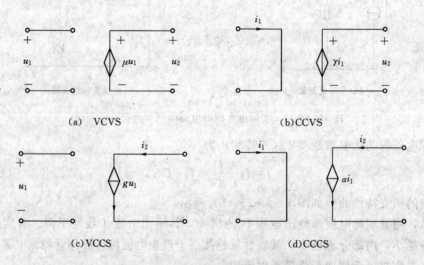

图 1-2-75　四种类型的受控源及其符号

2. 受控源的控制系数

上述四种类型受控源可以按顺序和变压器（副边输出电压受控于原边输入电压）、他励直流发电机（输出电压要受励磁线圈电流的控制）、场效应管（栅源极电压控制漏极电流）和三极管（基极电流控制集电极电流）相对应。

各受控源的受控量与控制量之间的关系如下：

电压控制电压源（VCVS）：　　　　　$u_2 = \mu u_1$

电流控制电压源（CCVS）：　　　　　$u_2 = \gamma i_1$

电压控制电流源（VCCS）：　　　　　$i_2 = g u_1$

电流控制电流源（CCCS）：$\qquad i_2 = \beta i_1$

其中 μ（电压放大系数）、γ（转移电阻）、g（转移电导）和 α（电流放大系数）总称受控源的控制系数。若控制系数为常数，则为线性受控源。注意 μ、α 无单位，γ 和 g 分别具有电阻单位（Ω）及电导单位（S）。

受控源实际上是有源器件的电路模型，如晶体管、电子管、场效晶体管、运算放大器等。图 1-2-76（a）所示的晶体三极管，即可用图 1-2-76（b）所示的 CCCS 受控源来表征，其输出特性反映了集电极电流 i_c 与基极电流 i_b 的关系式 $i_c = \beta i_b$，其中 β 为电流放大系数。图中 R_i 为三极管的输入电阻。

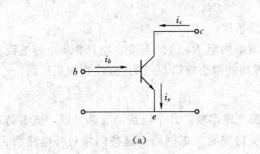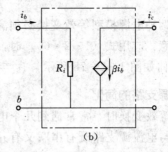

图 1-2-76　受控源举例

【例 1-2-15】　图 1-2-77 所示电路为 VCCS，已知 $I_2 = 2U_1$，电流源的 $I_S = 1A$，求电压 U_2。

解：先求出控制电压 U_1，从左方电路可知，$U_1 = I_S \times 2 = 1 \times 2 = 2$（V），故有

$$I_2 = 2U_1 = 2 \times 2 = 4(A)$$
$$U_2 = -5I_2 = -5 \times 4 = -20(V)$$

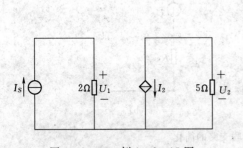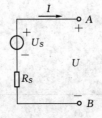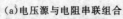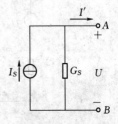

（a）电压源与电阻串联组合　　　（b）电流源与电阻并联组合

图 1-2-77　例 1-2-15 图　　　　　图 1-2-78　两种电源模型的等效变换

四、电压源与电流源的等效变换

一个实际电源可以用电压源模型即电压源与电阻串联来表示，也可以用电流源模型即电流源与电阻并联来表示，这两种电源模型等效变换的条件是端口电压电流关系相同，亦即当它们对应的端口具有相同的电压时，端口电流必须相等。在图 1-2-78 中，已给出了电压、电流的参考方向，两种模型对应的端口电压均为 U，则等效变换的条件是端口电流 $I = I'$。

在电压源电阻串联模型中，VCR 为

$$U=U_S-R_S I$$

或

$$I=\frac{U_S}{R_S}-\frac{U}{R_S}$$

而在电流源电阻并联模型中，VCR 为

$$I'=I_S-G_S U$$

于是得

$$I_S=\frac{U_S}{R_S}, \quad G_S=\frac{1}{R_S} \tag{1-2-60}$$

这就是两种电源模型等效变换必须满足的条件。

应当注意：应用式（1-2-60）时，电源的内阻 R_S 的值不变，电压源 U_S 与电流源 I_S 的参考方向如图 1-2-78 所示，I_S 参考方向的箭头应沿 U_S 的负极性指向正极性。

五、有源支路的简化

在电路等效变换时，常常遇到几个电压源支路串联，几个电流源支路并联，或者是若干个电压源与电流源支路既有串联又有并联所构成的二端网络。这些网络对外电路而言，都可以根据 KCL、KVL 和电源的等效变换来化简电路。化简的原则是：简化前后，端口处的电压与电流关系不变。

1. 电压源串联支路的简化

几个电压源支路串联时，可以简化为一个等效的电压源支路。图 1-2-79（a）所示为两个电压源支路的串联电路，图 1-2-79（b）所示为其等效电路。

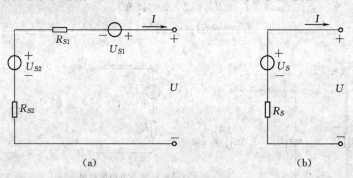

（a）　　　　　　　　　　　　（b）

图 1-2-79　电压源串联支路的简化

对图 1-2-79（a）端口而言，根据 KVL 可得

$$U=U_{S1}-R_{S1}I+U_{S2}-R_{S2}I=(U_{S1}+U_{S2})-(R_{S1}+R_{S2})I$$

对图 1-2-79（b）端口来说，有 $U=U_S-R_S I$。要使两者等效，则满足

$$U_S=U_{S1}+U_{S2}, \quad R_S=R_{S1}+R_{S2}$$

2. 电流源并联电路的简化

几个电流源并联时，可以简化为一个电流源。图 1-2-80（a）所示为两个电流源的并联电路。同样，根据 KCL 和端口的电压电流关系不变的原则，可将其等效变换为图 1-

2 - 80（b）所示电路。其中

$$I_S = I_{S1} + I_{S2}, \quad G_S = G_{S1} + G_{S2}$$

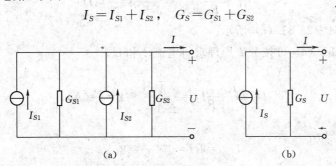

(a)　　　　　　　　　(b)

图 1 - 2 - 80　电流源并联支路的简化

3. 电压源并联电路的简化

几个电压源并联时，先将各电压源都变换为电流源，这样就把几个电压源的并联电路变换成几个电流源的并联电路，然后再利用电流源并联电路的简化方法解决，最后变换为单一电源的电路。

4. 电流源串联电路的简化

几个电流源串联时，先将各电流源都变换为电压源，这样就把几个电流源的串联电路变换成几个电压源的串联电路，然后再利用电压源串联电路的简化方法解决，最后变换为单一电源的电路。

【例 1 - 2 - 16】 图 1 - 2 - 81（a）中，已知 $U_{S1}=10V$，$U_{S2}=6V$，$R_1=1\Omega$，$R_2=3\Omega$，$R=6\Omega$，试用电源等效变换法求 I 和 U_{AB}。

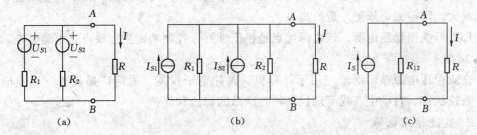

(a)　　　　　　　(b)　　　　　　　(c)

图 1 - 2 - 81　例 1 - 2 - 16 图

解： 先将图 1 - 2 - 81（a）中两个并联电压源支路变换为电流源支路，电流源箭头方向如图 1 - 2 - 81（b）所示，其中

$$I_{S1} = \frac{U_{S1}}{R_1} = \frac{10}{1} = 10(A)$$

$$I_{S2} = \frac{U_{S2}}{R_2} = \frac{6}{3} = 2(A)$$

图 1 - 2 - 81（b）中两个并联电流源可合并成为一个等效的电流源，其中

$$I_S = I_{S1} + I_{S2} = (10+2) = 12(A)$$

并联的 R_1、R_2 的等效电阻为

$$R_{12}=\frac{R_1R_2}{R_1+R_2}=\frac{1\times3}{1+3}=\frac{3}{4}(\Omega)$$

电路化简后如图 1-2-81（c）所示。

对图 1-2-81（c）可按分流原理求得电流 I 和 U_{AB}

$$I=\frac{R_{12}}{R_{12}+R}I_s=\frac{\frac{3}{4}}{\frac{3}{4}+6}\times12=\frac{3}{4}(A)$$

$$U_{AB}=RI=6\times\frac{4}{3}=8(V)$$

 拓展知识

一、稳压电源的特点及应用

随着电子技术发展，电子系统的应用领域越来越广泛，电子设备的种类也越来越多，对电子仪器和设备的要求也越来越高：在性能上要求更加安全可靠；在功能上要不断地增加；在体积上要求日趋小型化；在使用上要求自动化程度越来越高。这就使得电路中提供电能的元件——电源，对其要求也越来越高。

稳压电源是电子设备中常见的电源，它以输出电压相对稳定越来越受到人们的青睐。稳压电源按稳压器的类型分为直流稳压电源和交流稳压电源两大类。

1. 交流稳压电源

（1）参数调整型稳压电源。该电源优点是结构简单，可靠性高，抗干扰能力强；缺点是能耗大，噪声大，笨重，造价高。

（2）开关型稳压电源。该电源优点是稳压性好，控制功能强；缺点是电路复杂，价格较高。

交流稳压电源被广泛地应用于计算机、医疗电子仪器、通信广播设备、工业电子设备、数控机床、自动生产线等现代高科技产品的稳压和保护。

2. 直流稳压电源

化学电源和开关型稳压电源都属于直流稳压电源。

（1）化学电源。日常生活所用的干电池、铅酸蓄电池、镍镉、镍氢、锂离子电池均属于化学电源。随着科学技术的发展，又产生了智能化电池；在充电电池材料方面，美国研制人员发现锰的一种碘化物，用它可以制造出便宜、小巧、放电时间长，多次充电后仍保持性能良好的环保型充电电池。

（2）开关型直流稳压电源。开关型直流稳压电源是利用现代电力电子技术，控制开关晶体管开通和关断的时间比率，维持稳定输出电压的一种电源。基本的开关型直流稳压电源主要包括输入电网滤波器、输入整流滤波器、逆变器、输出整流滤波器、控制电路、保护电路。

开关型直流稳压电源的优点是体积小，重量轻，稳定可靠；缺点是相对于线性直流稳压电源的波纹较大。

下面介绍几种开关型直流稳压电源。

1) AC/DC 电源。该类型电源也称一次电源，它自电网取得能量，经过高压整流滤波得到一个直流高压，供 DC/DC 变换器在输出端获得一个或几个稳定的直流电压，功率从几瓦至几千瓦，用于不同场合。

2) DC/DC 电源。在通信系统中也称二次电源，它是由一次电源或直流电池组提供一个直流输人电压，经 DC/DC 变换以后在输出端获得一个或几个直流电压。

DC/DC 变换器是利用直流斩波电路或间接直流变频技术将一个固定电压的直流电变换为另一个固定电压或可调电压的直流电，这种技术被广泛应用于无轨电车、地铁列车、电动车的无级变速和控制，同时使上述控制获得加速平稳、快速响应的性能，并同时收到节约电能的效果。

直流稳压电源常用于实验室、电子设备、自动测试设备、电子检验设备、生产流水线设备及轻纺、医疗、宾馆、广播电视、通信设备等各种需要电压稳定的场合。

电子设备的发展促进了电源的发展，从事电源研究和生产的人员也在不断地研究，稳压电源的品种和类型也将越来越多。总而言之，电力电子及电源技术因应用需求不断向前发展，新技术的出现又会使许多应用产品更新换代，还会开拓更多更新的应用领域。

二、开关电源、逆变器与变频电源简介

1. 开关电源

开关电源是利用现代电力电子技术，控制开关管开通和关断的时间比率，维持稳定输出电压的一种电源，开关电源一般由脉冲宽度调制（PWM）控制 IC 和 MOSFET 金氧半场效晶体管构成。开关电源结构框图如图 7-2-82 所示。

常用开关电源，主要是为电子设备提供直流电源供电。电子设备所需要的直流电压，范围一般都在几伏到十几伏，而交流市电电源供给的电压为 220V（110V），频率为 50Hz（60Hz）。开关电源的作用就是把一个高电压等级的工频交流电变换成一个低电压等级的直流电。

直流 → 逆变电路 →交流→ 变压器 →交流→ 整流电路 →脉动直流→ 滤波器 →直流→

图 1-2-82 开关电源结构框图

工频交流电进入开关电源后被直接整流，省去了体积大、重量大的工频整流变压器。整流器输出为电压很高的直流电，整流后的电压经电容滤波，电压的平均值为 300V～310V。高电压等级的直流电送往逆变器的输人端，经逆变器变换，变为高电压、高频交流电。目前开关电源逆变器的变换工作频率在几十到几百 kHz 范围。逆变器输出的交流电能，接高频降压变压器的原边，由于经逆变器产生的高频交流电的频率比工频高得多，所以高频变压器的体积要比同容量的工频变压器小得多，从根本上减小了整个电源的体积和重量。逆变器产生的高频交流电经高频变压器降压后，在经过整流、稳压等环节，变换出符合负载要求的低压直流电能，供给负载。

开关电源是有电路来控制开关管而进行高速的导通和截止。是将直流电转化成高频交流电来给变换器进行变压，使其产生所需要的一组或多组电压转化为高频交流电的道理是高频交流在变压器电路中的效率要比市电 50Hz 或 60Hz 高。因此开关电源变压器可以做到体积

很小，在开关电源工作的时候不会很热，产品价格比工频直流稳压电源低。如果不将 50 Hz 或 60 Hz 变为高频电，那么开关电源就没有任何意义。开关电源分为隔离开关电源和不隔离开关电源两种，隔离开关电源一定有开关电源变换器，不隔离开关电源不一定有开关电源变换器。开关电源与传统直流电源相比具有体积小、重量轻、和效率高等优点。

2. 逆变器

逆变器（见图 1-2-83）是把直流电能（电池、蓄电瓶）转变成交流电（一般为 220V 50Hz 正弦或方波）的电子设备。因为我们通常是将 220V 交流电整流变成直流电来使用，而逆变器的作用与此相反，因此而得名。逆变器由逆变桥、控制逻辑和滤波电路组成，它广泛适用于空调、家庭影院、电动砂轮、电动工具、缝纫机、DVD、VCD、电脑、电视、洗衣机、抽油烟机、冰箱、录像机、按摩器、风扇、照明等。我们处在一个"移动"的时代，移动办公，移动通信，移动休闲和娱乐。在移动的状态中，人们不但需要由电池或电瓶供给的低压直流电，同时更需要我们在日常环境中不可或缺的 220V 交流电，逆变器就可以满足我们的这种需求。

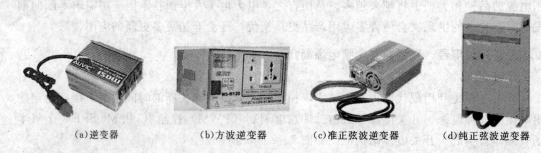

(a)逆变器　　　　　(b)方波逆变器　　　　(c)准正弦波逆变器　　　　(d)纯正弦波逆变器

图 1-2-83　逆变器

逆变器主要分两类：一类是正弦波逆变器；另一类是方波逆变器。正弦波逆变器输出的是同我们日常使用的电网一样甚至更好的正弦波交流电，因为它不存在电网中的电磁污染。方波逆变器输出的则是质量较差的方波交流电，其正向最大值到负向最大值几乎在同时产生，对负载和逆变器本身造成剧烈的不稳定影响；另外其带负载能力仅为额定负载的 40%～60%，不能带感性负载。如所带的负载过大，方波电流中包含的三次谐波成分将使流入负载中的容性电流增大，严重时会损坏负载的电源滤波电容。针对上述缺点，近年来出现了准正弦波逆变器，其输出波形从正向最大值到负向最大值之间有一个时间间隔，使用效果有所改善，但准正弦波的波形仍然是由折线组成，属于方波范畴，连续性不好。总括来说，正弦波逆变器提供高质量的交流电，能够带动任何种类的负载，但技术要求和成本均高。准正弦波逆变器可以满足我们大部分的用电需求，效率高，噪音小，售价适中，因而成为市场中的主流产品。方波逆变器的制作采用简易的多谐振荡器，其技术属于 20 世纪 50 年代的水平，将逐渐退出市场。

3. 变频电源

变频电源（见图 1-2-84）是将市电中的交流电经过交流→直流→交流变换，输出为纯净的正弦波，输出频率和电压在一定范围内可调。变频电源与普通交流稳压电源不同。理想的交流电源的特点是频率稳定、电压稳定、内阻等于零、电压波形为纯正弦波

（无失真）。变频电源是非常接近于理想的交流电源，可以输出任何国家的电网电压和频率。因此，先进发达国家越来越多地将变频电源用作标准供电电源，以便为用电器提供最优良的供电环境，便于客观考核用电器的技术性能。变频电源主要有线性放大型和 SP-WM 开关型两大种类。

变频电源与变频器不同。变频器是由交流—直流—交流（调制波）等电路构成的，变频器的标准名称应为变频调速器。其输出电压的波形为脉冲方波，且谐波成分多，电压和频率同时按比例变化，不可分别调整，不符合交流电源的要求。

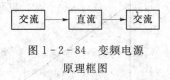

图 1-2-84　变频电源
原理框图

 优化训练

1.2.5.1　两个蓄电池的电源电动势 U_{S1}、U_{S2} 都为 12V，其内电阻分别为 $R_{S1}=0.5\Omega$，$R_{S2}=0.1\Omega$，试分别计算当负载电流为 10A 时的输出电压。

1.2.5.2　图 1-2-85 所示电路中，求各电源的功率，并说明是吸收功率还是发出功率。

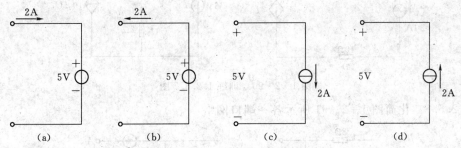

图 1-2-85　训练 1.2.5.2 图

1.2.5.3　(1) 求图 1-2-86 所示电压源的开路电压 U_{oc} 和短路电流 I_{SC}；
(2) 外接 18Ω 负载时的输出电压 U、输出电流 I 和负载的电功率 P。

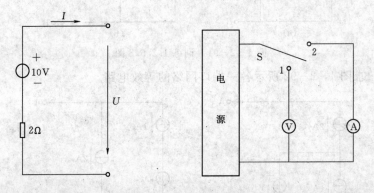

图 1-2-86　训练 1.2.5.3 图　　　图 1-2-87　训练 1.2.5.4 图

1.2.5.4　图 1-2-87 所示为测定电源参数的电路图，当 S 掷 "1" 时电压表读数为 2V；S 掷 "2" 时电流表读数为 4A。则该电源的电动势与内电阻分别为多少？

1.2.5.5 已知电源的外特性曲线如图 1-2-88 所示，试求该电源的电路模型。

1.2.5.6 图 1-2-89 所示电路为 CCVS，试求 5Ω 电阻的电压 U。

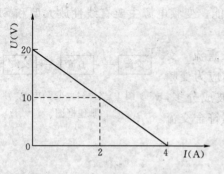
图 1-2-88 训练 1.2.5.5 图

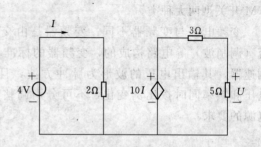
图 1-2-89 训练 1.2.5.6 图

1.2.5.7 图 1-2-90 所示电路，试求受控源的功率，并说明功率性质。

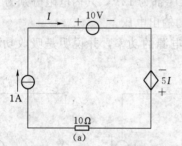
(a)

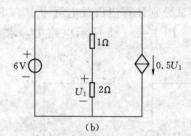
(b)

图 1-2-90 训练 1.2.5.7 图

1.2.5.8 化简图 1-2-91 所示各一端口网络。

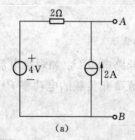
(a)

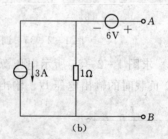
(b)

图 1-2-91 训练 1.2.5.8 图

1.2.5.9 求图 1-2-92 所示各一端口网络的等效电路。

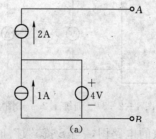
(a)

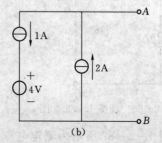
(b)

图 1-2-92 训练 1.2.5.9 图

项目三　复杂直流电路的分析与检测

1. 职业技能目标

（1）会正确使用直流电流表、直流电压表测量复杂直流电路的电压和电流。

（2）会利用基尔霍夫定律、叠加定理、戴维宁定理分析各种复杂直流电阻电路。

2. 职业知识目标

（1）熟练运用基尔霍夫定律分析求解电路，理解支路电流法和结点电位法，了解网孔电流法。

（2）深刻理解叠加定理、戴维宁定理及最大功率传输定理。

3. 素质目标

（1）具有认真仔细的学习态度、工作态度和严格的组织纪律。

（2）具有规范意识、安全生产意识和敬业爱岗精神。

（3）具有独立学习能力、拓展知识能力以及承受压力能力。

（4）具有良好沟通能力、良好团队合作能力和创新精神。

任务一　用基尔霍夫定律分析求解电路

 工作任务

基尔霍夫定律是分析求解复杂电路的重要方法。利用基尔霍夫的结点电流定律和回路电压定律可组合成三种求解复杂电路的主要运算方法，即支路电流法、网孔电流法及结点电位法。其中支路电流法是基尔霍夫定律的直接应用，而网孔电流法和结点电位法则是改进后的支路电流法，它们具有较少的变量数和方程数。

一、支路电流法的应用

图1-3-1是双电源直流电路，运用支路电流法列方程，并求支路电流 I_1、I_2、I_3。

二、结点电位法的应用

图1-3-2是双电源直流电路，运用结点电位法列方程，并求支路电流 I_1、I_2、I_3。

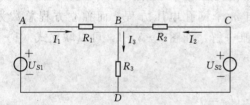

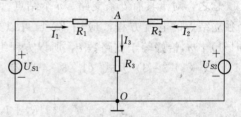

图1-3-1　用支路电流法求解双电源直流电路　　图1-3-2　用结点电位法求解双电源直流电路

知识链接

一、支路电流法

支路电流法是分析电路最基本的方法，这种方法是以支路电流为未知量，直接应用基尔霍夫电流定律（KCL）和基尔霍夫电压定律（KVL）分别对结点和回路列出所需要的结点电流方程及回路电压方程，然后联立求解，得出各支路的电流值。

下面以图 1-3-1 电路为例说明支路电流法。

图 1-3-1 中的电路共有 3 条支路、2 个结点和 3 个回路。已知各电源电压值和各电阻的阻值，求解 3 个未知支路的电流 I_1、I_2、I_3，需要列 3 个独立方程联立求解。所谓独立方程是指该方程不能通过已经列出的方程线性变换而来。

列方程时，必须先在电路图上选定各支路电流的参考方向，并标明在电路图上，根据 KCL，列出结点 B 和 D 的电流方程为

$$-I_1 - I_2 + I_3 = 0 \qquad (1-3-1)$$
$$I_1 + I_2 - I_3 = 0 \qquad (1-3-2)$$

显然，式（1-3-1）和式（1-3-2）实际相同，所以只有 1 个方程是独立的，可见 2 个结点只能列 1 个独立的电流方程。

可以证明：若电路中有 n 个结点，则应用 KCL 只能列出（$n-1$）个独立的结点电流方程。

其次，选定回路绕行方向，一般选顺时针方向，并标明在电路图上。根据 KVL，列出各回路的电压方程。

对回路 ABDA，可列出

$$I_1 R_1 + I_3 R_3 - U_{S1} = 0 \qquad (1-3-3)$$

对回路 BCDB，可列出

$$-I_2 R_2 + U_{S2} - I_3 R_3 = 0 \qquad (1-3-4)$$

对回路 ABCDA，可列出

$$I_1 R_1 - I_2 R_2 + U_{S2} - U_{S1} = 0 \qquad (1-3-5)$$

从式（1-3-3）～式（1-3-5）可以看出，这三个方程中任何一个方程都可以从其他两个方程中导出，所以只有两个方程是独立的。这正好是求解三个未知电流所需要的其余方程的数目。

同样可以证明，对于 m 个网孔的平面电路，必含有 m 个独立的回路，且 $m=b-(n-1)$。网孔是最容易选择的独立回路。

总之，对于具有 b 条支路、n 个结点、m 个网孔的电路，应用 KCL 可以列出（$n-1$）个独立结点的电流方程，应用 KVL 可以列出 m 个网孔电压方程，而独立方程总数为（$n-1$）+m，恰好等于支路数 b，所以方程组有唯一解。如图 1-3-1，可以联立式（1-3-1）、式（1-3-3）及式（1-3-4），有

$$\begin{cases} -I_1 - I_2 + I_3 = 0 \\ I_1 R_1 + I_3 R_3 - U_{S1} = 0 \\ -I_2 R_2 + U_{S2} - I_3 R_3 = 0 \end{cases}$$

解方程组就可以求得 I_1、I_2 和 I_3。

支路电流法的一般步骤如下：

（1）选定支路电流的参考方向，标明在电路图上，b 条支路共有 b 个未知变量。

（2）根据 KCL 列出结点电流方程，n 个结点可列（$n-1$）个独立方程。

（3）选定网孔绕行方向，标明在电路图上，根据 KVL 列出网孔电压方程，网孔数就等于独立回路数，所以可列 m 个独立电压方程。

（4）联立求解上述 b 个独立方程，求得各支路电流。

【例 1-3-1】 图 1-3-3 所示电路中，用支路电流法求各支路电流。

解： 选定并标出支路电流 I_1、I_2、I_3 的参考方向如图 1-3-3 所示。对结点 A 列 KCL 方程，有

$$-I_1-I_2+I_3=0$$

按顺时针绕行方向，列出两个网孔的 KVL 方程

$$2I_1+8I_3-14=0,\quad -3I_2+2-8I_3=0$$

联立以上三个式子，求解得

$$I_1=3\text{A},\quad I_2=-2\text{A},\quad I_3=1\text{A}$$

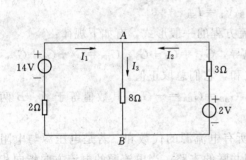

图 1-3-3　例 1-3-1 图

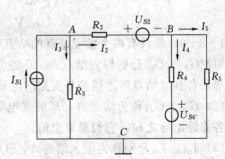

图 1-3-4　三个结点的电路

二、结点电位法及弥尔曼定理

（一）结点电位法

图 1-3-4 电路中有三个结点 A、B、C。假设 C 点为参考结点，则 $V_C=0$，A、B 点的电位就称为结点电位，用 V_A、V_B 表示。

结点电位法是以结点电位为未知量，将各支路电流用结点电位表示，根据 KCL 定律列出独立结点的电流方程，联立方程解出结点电位，再根据结点电位与各支路电流关系求得各支路电流的方法。

该方法适宜在结点数较少，而支路数较多的电路中应用。

1. 各支路电流与结点电位的关系

设各支路电流的参考方向如图 1-3-4 所示，根据欧姆定律列出无源支路电流的关系式为

$$I_3=\frac{V_A}{R_3}=V_A G_3$$

$$I_5 = \frac{V_B}{R_5} = V_B G_5$$

由 KVL 定律列出含源支路电流的关系式为

$$I_2 = \frac{V_A - V_B - U_{S2}}{R_2} = (V_A - V_B - U_{S2})G_2$$

$$I_4 = \frac{V_B - U_{S4}}{R_4} = (V_B - U_{S4})G_4$$

2. 结点电位法

由 KCL 定律列出 A、B 结点的结点电流方程，即

$$结点 A: I_2 + I_3 = I_{S1}$$

$$结点 B: I_4 + I_5 - I_2 = 0$$

将支路电流代入结点电流方程，经整理后，上述方程变为

$$\begin{cases} (G_2 + G_3)V_A - G_2 V_B = I_{S1} + U_{S2}G_2 \\ -G_2 V_A + (G_2 + G_4 + G_5)V_B = U_{S4}G_4 - U_{S2}G_2 \end{cases}$$

将结点电流方程写成一般式

$$\begin{cases} G_{AA}V_A + G_{AB}V_B = I_{SA} \\ G_{BA}V_A + G_{BB}V_B = I_{SB} \end{cases} \tag{1-3-6}$$

式（1-3-6）是具有两个独立结点的结点电流方程的一般形式，有如下规律：

（1）G_{AA}、G_{BB} 分别称为结点 A、B 的自电导，$G_{AA} = G_2 + G_3$，$G_{BB} = G_2 + G_4 + G_5$，其数值等于各独立结点所连接的各支路的电导之和，它们总取正值。

（2）G_{AB}、G_{BA} 称为结点 A、B 的互电导，$G_{AB} = G_{BA} = -G_2$，其数值等于 A、B 两点间的各支路电导之和，它们总取负值。

（3）I_{SA}、I_{SB} 分别称为流入结点 A、B 的所有电流源的代数和，若是电压源与电阻串联支路，则看成是已变换了的电流源与电导相并联的支路。当电流源的电流方向指向相应结点时取正号，反之，则取负号。

3. 解题步骤

（1）选定参考结点，用"⊥"符号表示，并以独立结点的结点电位作为电路变量。

（2）根据式（1-3-6）列出结点电流方程。

（3）联立并求解方程组，求出各结点电位。

（4）根据欧姆定律和 KVL 定律，求出各支路电流。

【例 1-3-2】　电路如图 1-3-5 所示，已知电路中各电导均为 1S，$I_{S2} = 5A$，$U_{S4} = 10V$，求 V_A、V_B 及各支路电流。

解：该电路有 3 个结点，以 C 点为参考结点，独立结点的电位分别设为 V_A、V_B，列结点电位方程为

$$\begin{cases} (G_1 + G_3)V_A - G_3 V_B = I_{S2} \\ -G_3 V_A + (G_3 + G_4 + G_5)V_B = U_{S4}G_4 \end{cases}$$

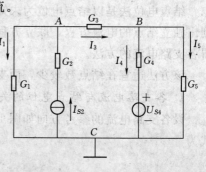

图 1-3-5　例 1-3-2 图

与电流源串联的电阻不起作用，列方程时不列入。将上式代入数据可得

$$\begin{cases} 2V_A - V_B = 5 \\ -V_A + 3V_B = 10 \end{cases}$$

解得
$$V_A = 5\text{V}, \quad V_B = 5\text{V}$$

则
$$I_1 = V_A G_1 = 5 \times 1 = 5 \text{(A)}$$
$$I_3 = (V_A - V_B)G_3 = (5 - 5) \times 1 = 0 \text{(A)}$$
$$I_4 = (V_B - U_{S4})G_4 = (5 - 10) \times 1 = -5 \text{(A)}$$
$$I_5 = V_B G_5 = 5 \times 1 = 5 \text{(A)}$$

（二）弥尔曼定理

图 1-3-2 是仅含有两个结点（A、O）的电路，现重画于图 1-3-6，用结点电位法时，因为只有一个独立结点，所以只需列一个方程，即

$$\left(\frac{1}{R_1} + \frac{1}{R_3} + \frac{1}{R_2} \right) V_A = \frac{U_{S1}}{R_1} + \frac{U_{S2}}{R_2}$$

$$U_{AO} = V_A = \frac{\dfrac{U_{S1}}{R_1} + \dfrac{U_{S2}}{R_2}}{\dfrac{1}{R_1} + \dfrac{1}{R_3} + \dfrac{1}{R_2}}$$

推广到一般情况，则

$$U_{AO} = \frac{\sum\limits_{j=1}^{n_1} U_{Sj} G_j}{\sum\limits_{k=1}^{n_2} G_k} = \frac{\sum\limits_{j=1}^{n_1} I_{Sj}}{\sum\limits_{k=1}^{n_2} G_k} \tag{1-3-7}$$

式（1-3-7）中，n_1 为电流源的个数，n_2 为并联电阻的个数；I_{Sj} 取流入正极性结点的电流为正。式（1-3-7）称为弥尔曼定理（Millman's theorem）。

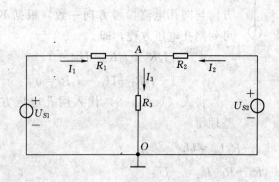

图 1-3-6 弥尔曼定理图例

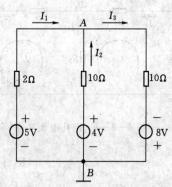

图 1-3-7 例 1-3-3 图

【例 1-3-3】 电路如图 1-3-7 所示，试用弥尔曼定理求各支路电流。

解：设各支路电流的参考方向如图 1-3-7 所示，则

$$V_A = \frac{\dfrac{5}{2} + \dfrac{4}{10} - \dfrac{8}{10}}{\dfrac{1}{2} + \dfrac{1}{10} + \dfrac{1}{10}} = 3 \text{(V)}$$

$$I_1 = \frac{5 - V_A}{2} = \frac{5 - 3}{2} = 1(A)$$

$$I_2 = \frac{4 - V_A}{10} = \frac{4 - 3}{10} = 0.1(A)$$

$$I_3 = \frac{V_A + 8}{10} = \frac{3 + 8}{10} = 1.1(A)$$

通过上例可见，对于只有两个结点的电路（单结点偶电路），运用结点电位法直接套用弥尔曼定理的公式较为简单。

■ 拓展知识 ■

■ 网孔电流法 ■

网孔电流法也是分析电路的基本方法。这种方法是以假想的网孔电流为未知量，应用 KVL 列出网孔电压方程，联立方程求得各网孔电流，再根据网孔电流与支路电流的关系式，求得各支路电流。

现以图 1-3-1 所示电路为例来说明网孔电流法，并将该图重画如图 1-3-8 所示。

为了求得各支路电流，先选择一组独立回路，这里选择的是 2 个网孔。假想每个网孔中，都有一个网孔电流沿着网孔的边界流动，如 I_{m1}、I_{m2}，需要指出的是，I_{m1}、I_{m2} 是假想的电流，电路中实际存在的电流仍是支路电流 I_1、I_2、I_3。从图 1-3-8 中可以看出 2 个网孔电流与 3 个支路电流之间存在以下关系式：

$$\begin{cases} I_1 = I_{m1} \\ I_2 = -I_{m2} \\ I_3 = I_{m1} - I_{m2} \end{cases} \tag{1-3-8}$$

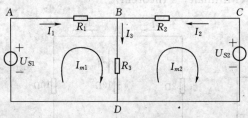

图 1-3-8　网孔电流法图例

图 1-3-8 所示电路中，选取网孔绕行方向与网孔电流参考方向一致，根据 KVL 可列网孔电压方程，即

$$\begin{cases} I_1 R_1 + I_3 R_3 - U_{S1} = 0 \\ -I_2 R_2 + U_{S2} - I_3 R_3 = 0 \end{cases}$$

将式（1-3-8）代入网孔电压方程，整理得

$$\begin{cases} (R_1 + R_3) I_{m1} - R_3 I_{m2} = U_{S1} \\ -R_3 I_{m1} + (R_2 + R_3) I_{m2} = -U_{S2} \end{cases}$$

将网孔电压方程写成一般形式

$$\begin{cases} R_{11} I_{m1} + R_{12} I_{m2} = U_{S11} \\ R_{21} I_{m1} + R_{22} I_{m2} = U_{S22} \end{cases} \tag{1-3-9}$$

式（1-3-9）是具有 2 个网孔电路的网孔电压方程一般形式，有如下规律：

（1）R_{11}、R_{22} 分别称为网孔 1、2 的自电阻之和，其值等于各网孔中所有支路的电阻之和，它们总取正值，$R_{11} = R_1 + R_3$，$R_{22} = R_2 + R_3$。

（2）R_{12}、R_{21}称为网孔 1、2 之间的互电阻，$R_{12}=-R_3$、$R_{21}=-R_3$，可以看出，$R_{12}=R_{21}$，其绝对值等于这两个网孔的公共支路的电阻。当两个网孔电流流过公共支路的参考方向相同时，互电阻取"＋"号，否则取"－"号。

（3）U_{S11}、U_{S22}分别称为网孔 1、2 中所有电压源的代数和，$U_{S11}=U_{S1}$、$U_{S22}=-U_{S2}$。当电压源电压的参考方向与网孔电流方向一致时取"－"号，否则取"＋"号。

式（1-3-9）可以推广到多网孔电路。

根据以上分析，可归纳网孔电流法的一般步骤如下：

（1）选定网孔电流的参考方向，标明在电路图上，并以此方向作为网孔的绕行方向。m 个网孔就有 m 个网孔电流。

（2）根据式（1-3-9）列出网孔电压方程。

（3）联立并求解方程组，求出网孔电流。

（4）根据支路电流与网孔电流的关系，求出各支路电流。

【例 1-3-4】 图 1-3-8 所示电路中，已知 $U_{S1}=10V$，$R_1=1k\Omega$，$R_2=1.5k\Omega$，$R_3=1k\Omega$，$U_{S2}=15V$，用网孔电流法求各支路电流。

解： 设网孔电流 I_{m1}、I_{m2} 如图 1-3-8 所示，列网孔电压方程组：

$$\begin{cases} (R_1+R_3)I_{m1}-R_3I_{m2}=U_{S1} \\ -R_3I_{m1}+(R_2+R_3)I_{m2}=-U_{S2} \end{cases}$$

代入数据，可得

$$\begin{cases} 2I_{m1}-I_{m2}=10 \\ -I_{m1}+2.5I_{m2}=-15 \end{cases}$$

解得

$$I_{m1}=2.5mA, \quad I_{m2}=-5mA$$

各支路电流

$$I_1=I_{m1}=2.5mA$$

$$I_2=-I_{m2}=5mA$$

$$I_3=I_{m1}-I_{m2}=2.5-(-5)=7.5(mA)$$

 优化训练

1.3.1.1 如图 1-3-9 所示电路，试用支路电流法求各支路电流。

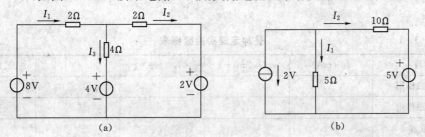

图 1-3-9 训练 1.3.1.1 图

1.3.1.2　试用网孔电流法分析训练 1.3.1.1。

1.3.1.3　如图 1-3-10 所示电路，试用网孔电流法求各支路电流。

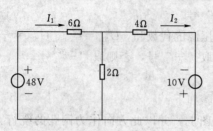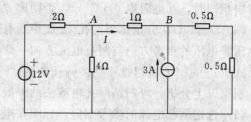

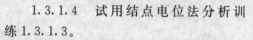

图 1-3-10　训练 1.3.1.3 图　　　　图 1-3-11　训练 1.3.1.5 图

1.3.1.4　试用结点电位法分析训练 1.3.1.3。

1.3.1.5　如图 1-3-11 所示电路，试用结点电位法求图中 1Ω 电阻流过的电流 I。

1.3.1.6　如图 1-3-12 所示电路，试用弥尔曼定理求开关 S 断开及闭合两种情况下的各支路电流。

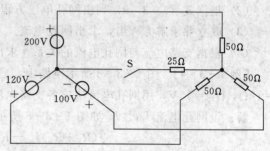

图 1-3-12　训练 1.3.1.6 图

任务二　用叠加定理分析求解电路

 工作任务

一、认识叠加定理

图 1-3-13（a）是复杂双电源直流电路，图 1-3-13（b）是 U_{S1} 单独作用下的电路图，图 1-3-13（c）是 U_{S2} 单独作用下的电路图，利用直流电流表和直流电压表分别测量电路中的电流和电压，根据叠加定理，即有

$$I_1 = I_1^{(1)} + I_1^{(2)}, \quad I_2 = I_2^{(1)} + I_2^{(2)}, \quad I_3 = I_3^{(1)} - I_3^{(2)}, \quad U = U^{(1)} + U^{(2)}$$

二、验证叠加定理

先将 S_1 合向电源一侧，S_2 合向短路一侧，如图 1-3-13（b）所示，测量电压源 U_{S1} =10V 单独作用时各支路的电流 $I_1^{(1)}$、$I_2^{(1)}$、$I_3^{(1)}$ 及电压 $U^{(1)}$，将测量结果记录于表 1-3-1 中。

表 1-3-1　　　　　　　　　　　　叠加定理实验数据表

项目	I_1（mA）	I_2（mA）	I_3（mA）	U（V）	ΣI（mA）
U_{S1} 单独作用					
U_{S2} 单独作用					
代数和					
$U_{S1}+U_{S2}$ 作用					

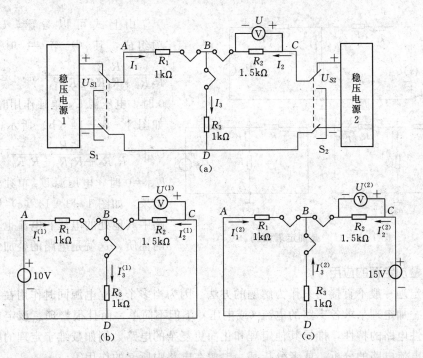

图 1-3-13　叠加定理实验图

再将 S_1 合向短路一侧，S_2 合向电源一侧，如图 1-3-13（c）所示，测量电压源 $U_{S2}=$ 15V 单独作用时各支路的电流 $I_1^{(2)}$、$I_2^{(2)}$、$I_3^{(2)}$ 及电压 $U^{(2)}$，将测量结果记录于表 1-3-1 中。

最后将 S_1、S_2 都合向电源侧，如图 1-3-13（a）所示，测量 $U_{S1}=10\text{V}$，$U_{S2}=15\text{V}$ 共同作用时各支路的电流 I_1、I_2、I_3 及电压 U，将测量结果记录于表 1-3-1 中。

由测量结果验证：$I_1=I_1^{(1)}+I_1^{(2)}$，$I_2=I_2^{(1)}+I_2^{(2)}$，$I_3=I_3^{(1)}-I_3^{(2)}$，$U=U^{(1)}+U^{(2)}$。

 知识链接

- - - - - - - - - - - - - - - - - - -

一、叠加定理的内容

叠加定理是分析线性电路的一个重要定理。利用叠加定理，可以将一个含有多个独立电源的线性电路，等效变换为只含单一独立电源的线性电路，从而使电路得到简化。

叠加定理的内容可表述为：在含有多个独立电源的线性电路中，各支路的电流或电压等于各电源分别单独作用时在该支路中所产生的电流或电压的叠加。

下面以图 1-3-13 所示电路说明线性电路的叠加性，为分析方便，现重画于图 1-3-14。

图 1-3-14（a）电路，由弥尔曼定理得

$$U_{AO}=\dfrac{\dfrac{U_{S1}}{R_1}+\dfrac{U_{S2}}{R_2}}{\dfrac{1}{R_1}+\dfrac{1}{R_2}+\dfrac{1}{R_3}}=\dfrac{R_2R_3}{R_1R_2+R_1R_3+R_2R_3}U_{S1}+\dfrac{R_1R_3}{R_1R_2+R_1R_3+R_2R_3}U_{S2}=U_{AO}^{(1)}+U_{AO}^{(2)}$$

$$(1-3-10)$$

97

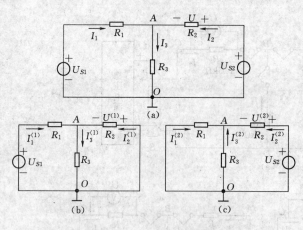

图 1-3-14　叠加定理图例

由上式可以看出，U_{AO} 由两项组成，其中第一项 $U_{AO}^{(1)} = \dfrac{R_2 R_3}{R_1 R_2 + R_1 R_3 + R_2 R_3} U_{S1}$，是当 $U_{S2} = 0$ 时，电压源 U_{S1} 单独作用时的结果，如图 1-3-14（b）所示；第二项 $U_{AO}^{(2)} = \dfrac{R_1 R_3}{R_1 R_2 + R_1 R_3 + R_2 R_3} U_{S2}$，是当 $U_{S1} = 0$ 时，电压源 U_{S2} 单独作用时的结果，如图 1-3-14（c）所示。电路中其他处的电压和电流也具有相同的性质，这就是电路的叠加性。

二、叠加定理的应用

叠加定理一般不直接用来作为解题的方法。因为当多个独立电源同时作用在某一电路时，应用叠加定理来求各支路的电流（或电压）不但不简单，而且很繁琐。该定理主要用来分析线性电路的特性，推导其他定理和化简更复杂的电路，例如戴维宁定理的推导，非正弦周期电流电路的分析，或者分析某一电源在电路中所起的作用等。

应用叠加定理时要注意以下几点：

（1）叠加定理仅适用于线性电路，不适用于非线性电路。

（2）当一个独立电源单独作用时，其他的独立电源不起作用，即独立电压源用短路代替，独立电流源用开路代替，其他元件的连接方式都不应有变动。

（3）叠加时要注意电流和电压的参考方向。若分电流（或分电压）与原电路待求的电流（或电压）的参考方向一致时取正号；相反时取负号。

（4）叠加定理不能用于计算电路的功率，因为功率是电流或电压的二次函数。

【例 1-3-5】 电路如图 1-3-15 所示，用叠加定理求电流 I 和电流源电压 U。

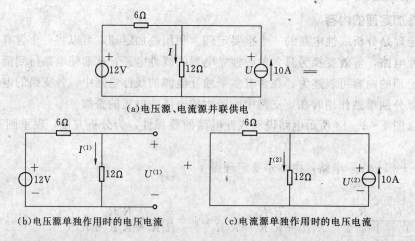

(a)电压源、电流源并联供电

(b)电压源单独作用时的电压电流

(c)电流源单独作用时的电压电流

图 1-3-15　例 1-3-5 图

解：按叠加定理，画出两个电源分别单独作用时的电路如图 1-3-15 所示。对图 (b)，有

$$I^{(1)} = \frac{12}{6+12} = \frac{2}{3}(A) \quad U^{(1)} = 12 \times I^{(1)} = 8(V)$$

对图（c），有

$$I^{(2)} = \frac{6}{6+12} \times 10 = \frac{10}{3}(A) \quad U^{(2)} = 12 \times I^{(2)} = 12 \times \frac{10}{3} = 40(V)$$

所以

$$I = I^{(1)} + I^{(2)} = \left(\frac{2}{3} + \frac{10}{3}\right) = 4(A)$$

$$U = U^{(1)} + U^{(2)} = (8+40) = 48(V)$$

 拓展知识

■ 齐性定理 ■

在线性电路中，当所有激励（电压源和电流源）都同时增大或缩小 K 倍（K 为实常数），电路响应（电压和电流）也将同样增大或缩小 K 倍，这就是线性电路的齐性定理，它不难从叠加定理推得。应当指出，这里的激励是指独立电源，并且必须全部激励同时增大或缩小 K 倍，否则将导致错误。

如果例 1-3-5 中电压源由 12V 增至 24V，电流源由 10A 增至 20A，则根据齐性定理，电路中的 I 和 U 就要同时增大 2 倍，计算可得 $I=8A$，$U=96V$。

用齐性定理分析梯形电路特别方便。

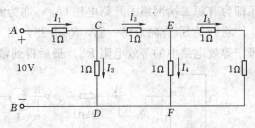

图 1-3-16 例 1-3-6图

【例 1-3-6】 图 1-3-16 所示梯形电路，求各支路电流。

解：设 $I'_5 = 1A$，则

$$U'_{EF} = 2V$$
$$I'_3 = I'_4 + I'_5 = 3A$$
$$U'_{CD} = U'_{CE} + U'_{EF} = 5V$$
$$I'_1 = I'_2 + I'_3 = 8A$$
$$U'_{AB} = U'_{AC} + U'_{CD} = 13V$$

由于电压 U_{AB} 实际为 10V，所以

$$I_5 = I'_5 \times \frac{U_{AB}}{U'_{AB}} = 1 \times \frac{10}{13} = 0.769(A)$$

 优化训练

1.3.2.1 图 1-3-17 所示电路，试用叠加定理求电压 U。

1.3.2.2 图 1-3-18 所示电路，试用齐性定理求电流 I。

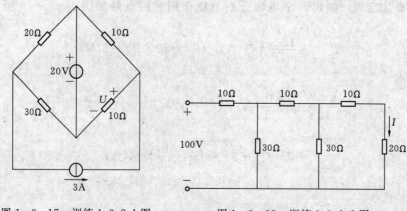

图 1-3-17 训练 1.3.2.1 图   图 1-3-18 训练 1.3.2.2 图

任务三 用戴维宁定理分析求解电路

 工作任务

一、实验测量戴维宁等效电路

如图 1-3-19（a）所示，将开关 S_1 合向电源侧（$U_S = 24V$），R_L 开路时，测出的电压即为有源二端网络的开路电压 U_{OC}，亦为戴维宁等效电路中的独立电压源；

将开关 S_1 合向短路一侧，R_L 开路，用万用表欧姆档测出 CD 端的电阻 R_x，此即为戴维宁等效电路中的等效电阻 R_{eq}。最后得到戴维宁等效电路，如图 1-3-19（b）所示。

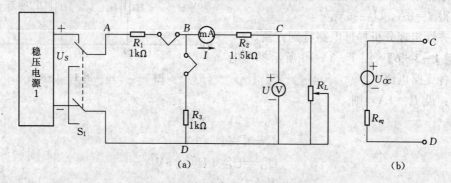

(a)   (b)

图 1-3-19 戴维宁定理等效电路图

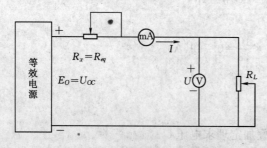

图 1-3-20 验证戴维宁定理电路图

二、验证戴维宁定理

（1）将开关 S_1 合向电源侧，按表 1-3-2 中 R_L 的值，测量电流 I（将另外两个电流测量接口短接）和电压 U，记录于表 1-3-2 中，此为有源二端网络的外特性。R_L 开路时，电压 U_{OC} 即为等效电源的电动势 E_0 值。

（2）按图 1-3-20 接线，调节稳压电源输出电压等于 U_{oc}，调节电阻箱阻值等于 R_{eq}，按步骤（1）选相同的 R_L 值，测量电流 I 和电压 U 记录于表 1-3-2 中，此为等效电源的外特性。

表 1-3-2   验证戴维宁定理数据表

R_L（Ω）		0	500Ω	1kΩ	1.5 kΩ	2 kΩ	2.5 kΩ	开路
含源二端网络	I（mA）							
	U（V）							
等效电源	I（mA）							
	U（V）							

知识链接

一、戴维宁定理

1. 戴维宁定理的内容

运用网孔电流法、结点电位法和叠加定理可以把电路中所有支路的电流全部求解出来，但在实际情况中，有时只需计算电路中某一支路的电流、电压时，采用上述方法就比较麻烦，在这种情况下，将所求支路以外的部分（二端网络）进行化简，可以将电路结构化简，从而简化电路的分析计算。戴维宁定理就是求解线性有源二端网络等效电路的重要定理，并由叠加定理推导而得（推导过程省略）。

戴维宁定理指出：任何一个线性有源二端网络 N_S，对外电路来说，都可以用一个理想电压源和电阻串联的电路模型等效代替。理想电压源的电压等于线性有源二端网络的开路电路 U_{oc}；电阻等于有源二端网络变成无源二端网络 N_o 后的等效电阻 R_{eq}。用电路表示如图 1-3-21 所示。用戴维宁定理求出的理想电压源与电阻的串联模型称为戴维宁等效电路。

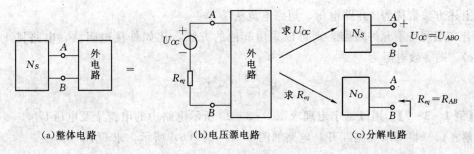

(a)整体电路   (b)电压源电路   (c)分解电路

图 1-3-21 戴维宁定理图例

2. 戴维宁定理的应用

应用戴维宁定理的解题步骤：

（1）将待求支路从原电路中移开，求余下的有源二端网络 N_S 的开路电压 U_{oc}。

（2）将有源二端网络 N_S 变换为无源二端网络 N_o，即将理想电压源短路，理想电流源开路，内阻保留，求出该无源二端网络 N_o 的等效电阻 R_{eq}。

（3）将待求支路接入理想电压源 U_{OC} 与电阻 R_{eq} 串联的等效电压源，再求解所需的电流或电压。

应用戴维宁定理时还要注意以下几点：

（1）戴维宁定理只适用线性电路的分析，不适用于非线性电路。

（2）在一般情况下，应用戴维宁定理分析电路，要画出三个电路，即求 U_{OC} 电路、求 R_{eq} 电路和戴维宁等效电路，并注意电路变量的标注。

3. 戴维宁定理等效参数的测量

根据戴维宁定理，确定一个线性有源二端网络的等效串联模型，并不要求一定知道网络内部的情况，因为其开路电压 U_{OC} 和等效电阻 R_{eq} 可以通过实验测定。

测量开路电压 U_{OC} 最简单的方法是用高内阻的电压表直接测量，如图 1 - 3 - 22 （a）所示。选用高内阻电压表的目的是为了减少测量误差。

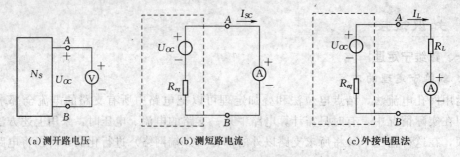

(a) 测开路电压　　　(b) 测短路电流　　　(c) 外接电阻法

图 1 - 3 - 22　等效串联模型参数的测定

如果该二端网络允许短路，则再用电流表测量其端口的短路电流 I_{SC}，如图 1 - 3 - 22 （b）所示。电流表必须是低内阻的电流表，否则误差比较大。从图 1 - 3 - 22 （b）可以看出，输出电阻为

$$R_{eq} = \frac{U_{OC}}{I_{SC}} \qquad\qquad (1-3-11)$$

上述方法常称为"开路电压、短路电流法"。

若二端网络不允许短路，则可以采用其他的方法，比如外接电阻法，电路见 1 - 3 - 22 （c），则等效电阻为

$$R_{eq} = \frac{U_{OC}}{I_L} - R_L \qquad\qquad (1-3-12)$$

【例 1 - 3 - 7】 用戴维宁定理求图 1 - 3 - 23 所示电路中的电流 I 及电压 U_{AB}。

解：（1）将待求支路断开，电路如图 1 - 3 - 23 （b）所示，求 U_{OC}，即

$$U_{OC} = 10 \times 6 - \frac{40}{20+20} \times 20 = 40(\text{V})$$

（2）求等效电阻 R_{eq}

将有源网络内部的电压源用短路代替、电流源用开路代替后，等效电路如图 1 - 3 - 23 （c）所示，则

$$R_{eq} = 6 + \frac{20 \times 20}{20+20} = 16(\Omega)$$

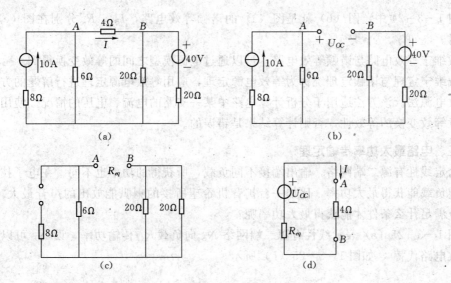

图 1-3-23　例 1-3-7 图

（3）画出戴维宁等效电路，并与待求支路相连，如图 1-3-23（d）所示，则

$$I = \frac{U_{OC}}{R_{eq} + R} = \frac{40}{16 + 4} = 2(\text{A})$$

$$U_{AB} = IR = 2 \times 4 = 8(\text{V})$$

二、诺顿定理

线性有源二端网络，除了用电压源与电阻串联的模型等效替代外，还可以用一个电流源与电阻并联的模型来等效替代。电流源的电流等于线性有源二端网络的短路电流 I_{SC}，电阻等于将有源二端网络变成无源二端网络的等效电阻 R_{eq}，这就是诺顿定理，该电路模型称为诺顿等效电路，如图 1-3-24 所示。

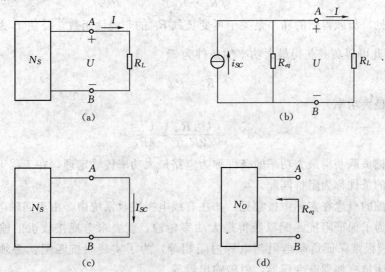

图 1-3-24　诺顿定理的图解说明

图 1-3-24 中，图（b）就是图（a）的诺顿等效电路，I_{SC}、R_{eq} 分别在图（c）、（d）中求得。

戴维宁等效电路与诺顿等效电路，可以通过电源模型之间的等效变换得到。

戴维宁定理与诺顿定理统称为等效电源定理，应用等效电源定理进行解题的方法，称为等效电源法。该方法适用于分析计算电路中某一支路的电流、电压的情况。使用时应特别注意等效变换的等效性，否则计算结果是错误的。

三、电路最大功率传输定理

给定线性有源二端网络，输出端接不同负载，所获得的功率也不同。在电子技术中经常希望负载能获得最大功率，比如一台扩音机希望所接的喇叭能放出的声音最大，那么，负载应满足什么条件才能获得最大功率呢？

图 1-3-25（a）表示线性有源二端网络 N_S 向负载 R_L 传输功率，设 N_S 可以用戴维宁等效电路代替，如图 1-3-25（b）所示。

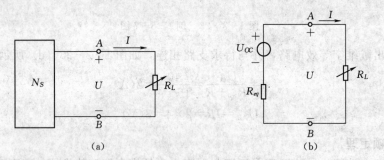

图 1-3-25 最大功率传输定理图解说明

负载所获得的功率为

$$P = I^2 R_L = \frac{U_{OC}^2}{(R_{eq}+R_L)^2} R_L = f(R_L)$$

由此可见，负载得到的功率是关于可变负载 R_L 的非线性函数。要使 P 为最大，应使 $\dfrac{\mathrm{d}p}{\mathrm{d}R_L}=0$。因此可得负载获得最大功率的条件为

$$R_L = R_{eq} \tag{1-3-13}$$

负载获得的最大功率为

$$P_{max} = \frac{U_{OC}^2 R_{eq}}{(2R_{eq})^2} = \frac{U_{OC}^2}{4R_{eq}} \tag{1-3-14}$$

一般常把负载获得最大功率的条件称为电路最大功率传输定理。在工程上，把满足最大功率传输的条件称为阻抗匹配。

阻抗匹配的概念在实际中很常见，如在有线电视接收系统中，由于同轴电缆的传输阻抗为 75Ω，为了保证阻抗匹配以获得最大功率传输，就要求电视接收机的输入阻抗也为 75Ω。有时候很难保证负载电阻与电源内阻相等，为了实现阻抗匹配就必须进行阻抗变换，常用的阻抗变换器有变压器，射极输出器等。

【例 1-3-8】 电路如图 1-3-26 所示，求 R_L 分别等于 1Ω、2Ω、4Ω 时负载获得的

功率及电源输出功率的效率。

解：（1）$R_L = 1\Omega$ 时

$$I = \frac{12}{2+1} = 4(A)$$

$$P_L = 4^2 \times 1 = 16(W)$$

$$P_{U_S} = [(-4) \times 12] = -48(W)$$

$$\eta = \left| \frac{P_L}{P_{U_S}} \right| = \frac{16}{48} = 33.3\%$$

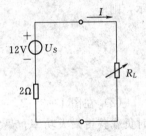

图 1-3-26 例 1-3-8 图

（2）$R_L = 2\Omega$ 时

$$I = \frac{12}{2+2} = 3(A)$$

$$P_L = 3^2 \times 2 = 18(W)$$

$$P_{U_S} = [(-3) \times 12] = -36(W)$$

$$\eta = \left| \frac{P_L}{P_{U_S}} \right| = \frac{18}{36} = 50\%$$

（3）$R_L = 4\Omega$ 时

$$I = \frac{12}{2+4} = 2(A)$$

$$P_L = 2^2 \times 4 = 16(W)$$

$$P_{U_S} = [(-2) \times 12] = -24(W)$$

$$\eta = \left| \frac{P_L}{P_{U_S}} \right| = \frac{16}{24} = 66.7\%$$

比较上面的三种情况，进一步验证了电路最大功率传输的条件。同时发现，当功率最大时，电源的功率传输效率并不是最大而只有 50%，也就是说电源产生的功率有一半在电源的内部损耗掉。在电力系统中要求尽可能提高电源的效率，以便充分地利用能源，因而不要求阻抗匹配；但是在电子技术中，常常注重将微弱信号进行放大，而不注重效率的高低，因此常使用最大功率传输的条件，要求负载与电源之间实现阻抗匹配。

【例 1-3-9】 电路如图 1-3-27（a）所示。问：负载 R_L 为何值时获得最大功率？最大功率为多少？

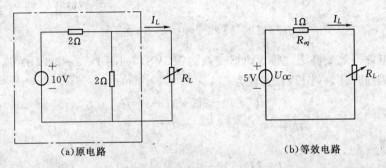

(a)原电路   (b)等效电路

图 1-3-27 例 1-3-9 图

解：（1）首先断开负载 R_L，求其余电路的戴维宁等效电路，如图 1-3-27（b）所

示，则

$$U_{\alpha} = \frac{2}{2+2} \times 10 = 5(\text{V})$$

$$R_{eq} = \frac{2 \times 2}{2+2} = 1(\Omega)$$

（2）在图 1-3-27（b）电路中，根据电路最大功率传输定理可知，当 $R_L = R_{eq} = 1\Omega$ 时负载获得最大功率，最大功率为

$$P_{\max} = \frac{U_{\alpha}^2}{4R_{eq}} = \frac{5^2}{4} = 6.25(\text{W})$$

 拓展知识

■ 含受控源电路的分析 ■

含受控源的电路包括：电压控制电压源（VCVS）、电压控制电流源（VCCS）、电流控制电压源（CCVS）和电流控制电流源（CCCS）。对含有受控源的线性电路，结点电流和回路电压仍然遵循基尔霍夫定律。但要注意到受控电压源的电压和受控电流源的电流不是独立的，而是受电路中某支路的电压或电流控制；而且要看到当控制量存在时，受控源对电路能起激励作用，能对外输出能量。

复杂直流电路的各种分析方法，如等效变换法、支路电流法、网孔电流法、结点电位法、叠加定理、戴维宁定理和诺顿定理等都可以用来分析含受控源的电路。

【例 1-3-10】 电路如图 1-3-28（a）所示，用等效变换法求电流 I。

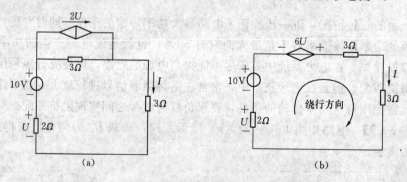

图 1-3-28 例 1-3-10 图

解： 用电源等效变换法，将 VCCS 变换为 VCVS，如图 1-3-28（b）所示，选择回路绕行方向为顺时针，列 KVL 方程为

$$-U - 10 - 6U + 3I + 3I = 0$$

另有

$$U = -2I$$

代入上式，得

$$-(-2I) - 10 - 6 \times (-2I) + 6I = 0$$

即

$$I = 0.5\text{A}$$

对含有受控源电路的等效变换时，应保持控制支路不变，目的在于保持控制变量

不变。

【例 1-3-11】 电路如图 1-3-29 所示，用网孔电流法求网孔电流及支路电流 I。

解： 选定网孔电流 I_{m1}、I_{m2} 的参考方向如图 1-3-29 所示，列写网孔电压方程

$$\begin{cases} (6+2)I_{m1} - 2I_{m2} = 49 \\ -2I_{m1} + (2+5)I_{m2} = -0.5I \end{cases}$$

电路中含有受控电压源，而且控制量不是网孔电流而是支路电流，需增列一个用网孔电流表示控制量的方程

$$I = I_{m1} - I_{m2}$$

共有三个变量 I_{m1}、I_{m2}、I 和三个方程式，可解得

$$I_{m1} = 6.5A, \quad I_{m2} = 1.5A, \quad I = 5A$$

应用网孔电流法分析含有受控源电路时，可暂时将受控源视为独立电源，按正常方法列网孔电压方程，再找出控制量与支路电流的关系，代入网孔电压方程，解方程即得各网孔电流。

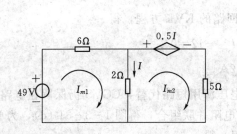

图 1-3-29 例 1-3-11 图

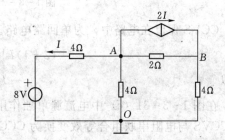

图 1-3-30 例 1-3-12 图

【例 1-3-12】 电路如图 1-3-30 所示，用结点电位法求电流 I。

解： 根据结点电位法，以 O 点为参考结点，设 A、B 结点电位为 V_A、V_B，列结点电流方程为

结点 A：
$$\left(\frac{1}{4} + \frac{1}{4} + \frac{1}{2}\right)V_A - \frac{1}{2}V_B = \frac{8}{4} - 2I$$

结点 B：
$$-\frac{1}{2}V_A + \left(\frac{1}{2} + \frac{1}{4}\right)V_B = 2I$$

控制量 I 与结点电位的关系作为辅助方程，列出

$$V_A = 4I + 8$$

共有三个变量 V_A、V_B、I 和三个方程式，可解得

$$I = -1A$$

应用结点电位法分析含有受控源电路时，可暂时将受控源视为独立电源，按正常方法列出结点电流方程，再找出控制量与结点电位关系式，代入结点电流方程，解方程即得结点电位，根据结点电位与支路电流关系式，可求得各支路电流。

【例 1-3-13】 图 1-3-31（a）所示电路，用叠加定理求电流 I。

解： 图 1-3-31（a）包含电压源、电流源和受控源 CCVS。按叠加定理作出图 1-3-31（b）和 1-3-31（c）。在图 1-3-31（b）中，电压源单独作用，电流源用开路代

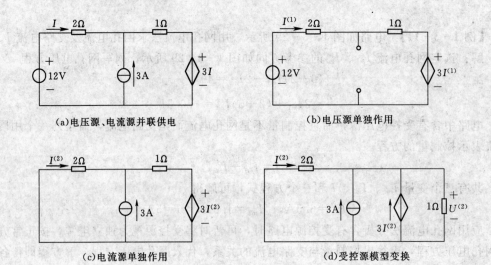

(a)电压源、电流源并联供电　　　　　　　(b)电压源单独作用

(c)电流源单独作用　　　　　　　　　　(d)受控源模型变换

图 1-3-31　例 1-3-13 图

替，CCVS保留在电路中，为单回路电路。列回路的 KVL 方程，得

$$(2+1)I^{(1)}+3I^{(1)}-12=0$$

所以　　　　　　　　　　　　　$I^{(1)}=2A$

在图 1-3-31（c）中电流源单独作用，电压源用短路代替，CCVS仍保留在电路中，将 CCVS 与电阻串联组合等效变换为 CCCS 与电阻并联组合，得图 1-3-31（d），为单结点偶电路。设结点偶电压为 $U^{(2)}$，列 KCL 方程，得

$$-I^{(2)}-3-3I^{(2)}+\frac{U^{(2)}}{1}=0$$

由欧姆定律，得

$$U^{(2)}=-2I^{(2)}$$

解得

$$I^{(2)}=-0.5A$$

所以电压源和电流源共同作用时

$$I=I^{(1)}+I^{(2)}=2-0.5=1.5A$$

【例 1-3-14】　图 1-3-32（a）所示电路，用戴维宁定理求电流 I。

解：（1）将图 1-3-32（a）中待求支路移开，如图 1-3-32（b）所示，并求开路电压 U_α，得

$$U_\alpha=10V$$

（2）用外加电压法求左端有源二端网络的等效电阻 R_{eq}。方法是：关闭网络内所有独立源，受控源因为受电路变量的控制而不能关闭，仍保留在电路中，在端口 A、B 处施加电压 U_0，计算或测量输入端口的电流 I_0，则等效电阻 $R_{eq}=\dfrac{U_0}{I_0}$。

由图 1-3-32（c），得

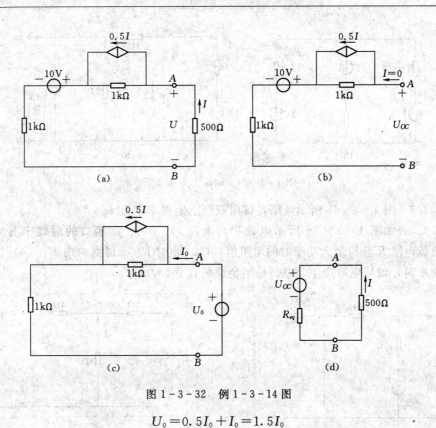

图 1-3-32　例 1-3-14 图

$$U_0 = 0.5I_0 + I_0 = 1.5I_0$$

所以
$$R_{eq} = \frac{U_0}{I_0} = 1.5k\Omega = 1500\Omega$$

（3）作出戴维宁等效电路，并与待求支路相连，如图 1-3-32（d）所示，求得

$$I = -\frac{U_{oc}}{R_{eq}+500} = -\frac{10}{1500+500} = -0.005(A)$$

 优化训练

1.3.3.1　图 1-3-33 所示电路，试求其戴维宁等效电路和诺顿等效电路。

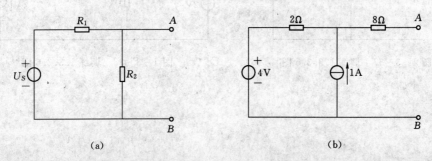

图 1-3-33　训练 1.3.3.1 图

1.3.3.2　图 1-3-34 所示电路，试求其戴维宁等效电路和诺顿等效电路。

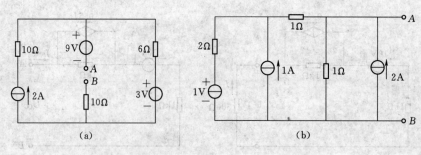

图 1-3-34 训练 1.3.3.2 图

1.3.3.3 图 1-3-35 所示电路，试用戴维宁定理求电流 I。

1.3.3.4 如图 1-3-36 所示电路中，求：（1）A、B 端口的戴维宁等效电路；（2）如负载电阻 R 获得最大功率时的电阻值；（3）此时 R_L 所得到的功率；（4）当 R_L 获得最大功率时，12V 电源产生功率传输给负载的百分数。

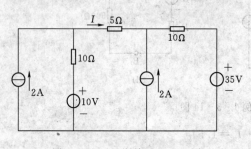

图 1-3-35 训练 1.3.3.3 图

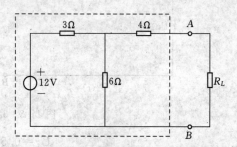

图 1-3-36 训练 1.3.3.4 图

1.3.3.5 图 1-3-37 所示电路，试求电压 U 与电流 I。

1.3.3.6 图 1-3-38 所示电路，分别用结点电位法、叠加定理和戴维宁定理求电压 U_2。

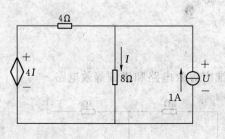

图 1-3-37 训练 1.3.3.5 图

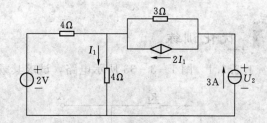

图 1-3-38 训练 1.3.3.6 图

学习情境二　交流稳态电路的分析与检测

项目一　日光灯电路的安装与测量

项目教学目标

1. 职业技能目标

（1）会用示波器观测正弦交流电的波形，测量其幅值和频率，会用双踪示波器观测同频率正弦的量相位关系。

（2）能完成日光灯电路的安装与测试。

（3）会分析正弦交流电路中 R、L、C 元件的特性。

（4）能测量单相交流电路的功率。

（5）会用"三表法"测量日光灯电路，并会求其参数，会提高日光灯电路的功率因数。

（6）会制作 RLC 串联电路并能完成电路的测试。

（7）能运用相量进行正弦量的运算，能熟练地绘制简单电路的相量图，能熟练地运用"相量法"分析正弦交流电路。

2. 职业知识目标

（1）熟练掌握正弦交流电的三要素——幅值、频率和相位，掌握正弦交流电有效值的概念。

（2）了解日光灯电路的组成，理解日光灯电路的工作原理。熟练掌握正弦量的相量表示法。

（3）熟练掌握正弦交流电路中基尔霍夫定律的相量形式及电阻、电感和电容元件电压电流关系的相量形式。

（4）掌握 RLC 串联电路的性质，掌握复阻抗的概念，理解阻抗三角形、电压三角形和功率三角形的关系。

（5）掌握正弦交流电路有功功率、无功功率、视在功率、功率因数和复功率的概念及计算。

（6）掌握功率因数的提高方法。

3. 素质目标

（1）具有认真仔细的学习态度、工作态度和严格的组织纪律。

（2）具有规范意识、安全生产意识和敬业爱岗精神。

（3）具有独立学习能力、拓展知识能力以及承受压力能力。

（4）具有良好沟通能力、良好团队合作能力和创新精神。

任务一　用示波器观测正弦交流电

🅖 工作任务

一、观察示波器"标准信号"波形

将 CH1 或 CH2 测试线（红色夹子）接到示波器"CAL"输出端。改变触发源或调节触发电平数值，观察波形稳定情况。波形稳定后，用示波器测出该"标准信号"的峰峰值与周期，并与给定的标准值进行比较。

测试值记录：$U_{峰-峰}=$ _____，　　$T=$ _____。

二、测量信号发生器输出电压的幅值

将信号发生器输出频率调为 $f=1\mathrm{kHz}$，波形选择正弦波。由小到大调节输出幅值，用示波器和交流电压表分别测量，选取 3 个不同电压值记入表 2-1-1，其中最后一次调为信号发生器最大输出电压值。由示波器测量结果计算出有效值并与交流电压表测量结果进行比较，选取一组数据画出波形图。

表 2-1-1　　　　　　　　　　测量信号发生器输出电压幅值记录

测量次数	1	2	3
交流电压表读数			$U_{最大}$
示波器测量峰—峰值			
有效值计算结果			

三、测量信号发生器输出电压的频率

将示波器接入信号发生器输出端，信号发生器输出调为 $U_{峰-峰}=4\mathrm{V}$，波形选择方波，频率分别调为 200Hz、1650Hz、5kHz（由信号发生器频率计读出），用示波器测出该信号的频率（采用两种测量方法），结果记入表 2-1-2，选取一组数据画出波形图。

测试时注意观察垂直耦合方式（DC/AC）改变对波形的影响，用文字叙述变化过程。

表 2-1-2　　　　　　　　　　示波器测量信号频率记录

信号发生器输出频率		200Hz	1650Hz	5000Hz
方法 1：直读法	"TIME/div" 档位			
	一个周期占有的格数			
	信号周期			
	计算所得频率			
方法 2：光标法	Δt			
	$1/\Delta t$			

四、测量信号发生器同频率输出电压的相位差

按图 2-1-1 接线。信号发生器输出频率 $f=1\mathrm{kHz}$、峰—峰值 $U_{\mathrm{P-P}}=4\mathrm{V}$ 的正弦波，用示波器同时观察信号源输出电压与电容电压的波形，调节 R 或 C，观察波形的变化。记

录 $R=2\text{k}\Omega$，$C=0.2\mu\text{F}$ 时观察到的波形，并测出它们的相位差。

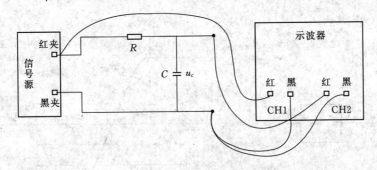

图 2-1-1　RC 测试电路

注意：信号发生器和示波器的接地端需接到一起，否则可能造成电路局部短路。示波器 CH1 与 CH2 通道的接地端内部是相连的。

 知识链接

一、正弦交流电的定义

电力系统中，电源为工频正弦交流电源，供电、用电设备的电压和电流也是工频正弦交流量，这类电路称为正弦交流电路（AC circuit）。

电路中的电压和电流其大小和方向随时间变化的称为时变电压和电流；若时变电压和电流其大小和方向均随时间作周期性的变化，则这种时变的电压和电流便称为周期电压和周期电流，统称为周期量，如图 2-1-2（a）所示；若周期量其正半周期和负半周期的波形面积相等，即一个周期内波形面积平均值为零，则称为交流量，如图 2-1-2（b）所示；若交流量随时间按正弦规律变化，则称为正弦交流量，简称正弦量，如图 2-1-2（c）所示；否则称为非正弦量。

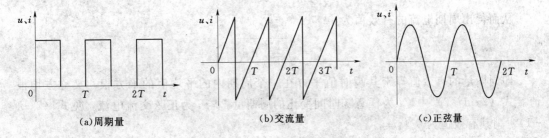

图 2-1-2　时变的电压和电流

二、正弦量的三要素

以电流为例，选择其参考方向如图 2-1-3（a）所示，正弦交流电的数学表达式是一个关于时间 t 的正弦函数，其解析式为

$$i(t)=I_m\sin(\omega t+\psi) \tag{2-1-1}$$

式（2-1-1）中，$i(t)$ 表示任一时刻的电流值，称为瞬时值，简写为 i，其波形图如图 2-1-3（b）所示（设 $\psi>0$），其中幅值 I_m、角频率 ω 和初相 ψ 称为正弦量的三要

素。若 $i(t) > 0$，表示电流实际方向与参考方向一致；若 $i(t) < 0$，表示电流实际方向与参考方向相反。

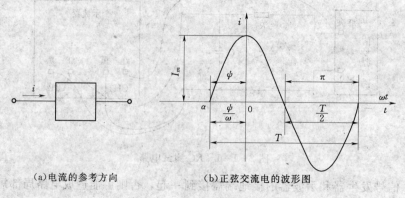

（a）电流的参考方向　　　　　　（b）正弦交流电的波形图

图 2-1-3　正弦交流电的波形图

1．最大值和有效值

正弦交流电在变化过程中，瞬时值的最大数值就称为最大值，从波形图上看为波形的最高点，所以又称为幅值。对一个确定的正弦量来说，其幅值是一个常数，因此，幅值用带下标 m 的大写字母表示，如 I_m、U_m、E_m。由波形图图 2-1-3（b）可以看出，正弦量在一个周期内两次达到大小相同的最大值，而方向相反。

电路的主要作用是能量转换，而周期量的瞬时值和最大值都不能准确反映，因此，引入有效值（effective vafue），用大写字母表示，如：U、I、E 等。

有效值是基于电流的热效应原理定义的一种物理量。将周期性变化的电流 i 和直流电流 I 分别作用于相同的电阻 R，若在一个周期 T 内产生的热量相等，则将直流电流 I 叫做周期电流 i 的有效值。表达式为

$$\int_0^T i^2 R \mathrm{d}t = I^2 RT$$

从而得出周期电流的有效值为

$$I = \sqrt{\frac{1}{T}\int_0^T i^2 \mathrm{d}t} \tag{2-1-2}$$

即周期量的有效值等于其瞬时值平方在一个周期内的平均值的平方根，又称方均根值。式（2-1-2）中，i 为任意随时间变化的周期量。若 i 为正弦交流电流，见式（2-1-1），则其有效值为

$$I = \sqrt{\frac{1}{T}\int_0^T [I_m \sin(\omega t + \psi)]^2 \mathrm{d}t}$$

而

$$\int_0^T \sin^2(\omega t + \psi)\mathrm{d}t = \int_0^T \frac{1 - \cos 2(\omega t + \psi)}{2}\mathrm{d}t$$

$$= \frac{1}{2}\int_0^T \mathrm{d}t - \frac{1}{2}\int_0^T \cos 2(\omega t + \psi)\mathrm{d}t = \frac{T}{2}$$

所以

$$I=\sqrt{\frac{1}{T}I_m^2\frac{T}{2}}=\frac{I_m}{\sqrt{2}} \tag{2-1-3}$$

同理

$$U=\frac{U_m}{\sqrt{2}},\quad E=\frac{E_m}{\sqrt{2}} \tag{2-1-4}$$

当采用有效值时，式（2-1-1）也可以写成

$$i(t)=\sqrt{2}I\sin(\omega t+\psi)$$

需要注意的是：① 只有周期性交流电才有有效值的概念，而非周期性交流电没有有效值的概念；② 只有正弦交流电的最大值才等于有效值的$\sqrt{2}$倍。

实际应用中，所说的正弦交流电的大小，都是指有效值。如民用交流电的电压是220V，低压动力用电电压是380V，都是有效值。各种交流电机、电气设备铭牌标注的电压、电流，交流电压表、电流表的指示值等也是有效值。一般只有在分析电气设备和电路元件的耐压、绝缘能力时，才采用最大值。当工作的实际电压超过耐压值时，就会使元件的绝缘材料击穿损坏。因此，交流电路中的元器件和电气设备，其耐压值应高于交流电压的最大值。

【例2-1-1】已知$u(t)=U_m\sin(\omega t+30°)$，$U_m=311$V，$f=50$Hz，试求有效值$U$和$t=0.005$s时的瞬时值。

解：
$$U=\frac{U_m}{\sqrt{2}}=\frac{311}{\sqrt{2}}=220(\text{V})$$

当$f=50$Hz，$\omega=2\pi f=314$rad/s，所以
$$u(t)=U_m\sin(\omega t+30°)=311\sin(314t+30°)(\text{V})$$

将$t=0.005$s代入，得
$$u(t)=311\sin(314\times0.005+30°/157.3)=269.5(\text{V})$$

2. 角频率

式（2-1-1）中的角度（$\omega t+\psi$）称为正弦量的相位角，简称相位（phase），它的SI单位是弧度（rad）。正弦量在不同的时刻t，其相位角不同，相应的正弦值（包括大小和方向）也不同，相位反映了正弦量每一瞬间的状态。随着时间的推移，相位逐渐增大，相位每增加2π弧度（即360°），正弦量就经历了一个周期。

正弦量相位随时间的变化速率

$$\frac{\mathrm{d}}{\mathrm{d}t}(\omega t+\psi)=\omega$$

叫做正弦量的角频率（angular frequency），即正弦量在1s时间内变化的电角度，其SI单位是弧度/秒（rad/s）。

（1）周期。所谓周期，就是指正弦量完成一次周期性变化所需的时间，用T表示，其SI单位为秒（s）。因为正弦量的相位每增加2π弧度，正弦量就经历了一个周期T，即

$$\omega=\frac{2\pi}{T} \tag{2-1-5}$$

若正弦量变化越快，则ω越大，T越小；若正弦量变化越慢，则ω越小，T越大。

（2）频率。所谓频率，就是指正弦量在 1s 时间内变化的周期数，用 f 表示，其 SI 单位为赫兹（Hz）。根据上述定义可知频率和周期互为倒数，即

$$f = \frac{1}{T} \qquad\qquad (2-1-6)$$

由式（2-1-6）可知，若正弦量周期 $T = 1s$，则正弦量在 1s 时间内变化的周期数为 1，也就是频率为 1Hz；若正弦量周期 $T = 0.1s$，则正弦量在 1s 时间内变化的周期数为 10，也就是频率为 10Hz 等。

总之，角频率 ω、周期 T 和频率 f 都是用来表征正弦量随时间变化快慢的，三者的关系为

$$\omega = \frac{2\pi}{T} = 2\pi f$$

对于直流量来说，其大小、方向均不变，可以看作是 $\omega = 0$、$f = 0$、$T = \infty$ 的正弦量。

我国和大多数国家，发电厂提供的正弦交流电频率是 50Hz，其周期是 0.02s，这一频率为工业标准频率，简称工频。少数国家（如美国、日本）的工频为 60Hz。在其他技术领域中也用到各种不同的频率，如声音信号的频率约为 20～20000Hz，广播中波段载波频率为 535～1605kHz，电视用的频率以 MHz 计。

3. 初相位

$t = 0$ 时刻正弦量的相位叫做正弦量的初相位，简称初相，用 ψ 表示，即 $\psi = (\omega t + \psi)|_{t=0}$，单位为弧度（rad），而工程中习惯以度（°）为单位，实际应用时 ωt 和 ψ 单位应一致。初相反映了正弦量在计时起点（即 $t = 0$）的状态，对应的初始值为 $i(0) = I_m \sin\psi$。

因为正弦量是随时间作周期变化的，所以研究时应选择一个计时起点。正弦量的相位和初相与计时起点有关，计时起点不同，则相位和初相也不同。如图 2-1-3（b），若以坐标原点 0 为计时起点，则初相为 ψ；若以 a 点为计时起点，则初相为零。

虽然计时起点可任意选择，但在同一个问题中只能有一个计时起点。表 2-1-3 中列出了式（2-1-1）选择不同计时起点的相位和初相，对应的波形图如图 2-1-4 所示。

表 2-1-3 　　　　　　　　　　不同计时起点的相位和初相

计时起点	初 相 位	相 位	波 形 图
正弦量到达零点	0	ωt	图 2-1-4（a）
瞬时值为 I_m	$\dfrac{\pi}{2}$	$\left(\omega t + \dfrac{\pi}{2}\right)$	图 2-1-4（b）
瞬时值为 $\dfrac{I_m}{2}$	$\dfrac{\pi}{6}$	$\left(\omega t + \dfrac{\pi}{6}\right)$	图 2-1-4（c）
瞬时值为 $\left(-\dfrac{I_m}{2}\right)$	$-\dfrac{\pi}{6}$	$\left(\omega t - \dfrac{\pi}{6}\right)$	图 2-1-4（d）

习惯上，规定正弦交流电瞬时值由负变正经过的零点，到计时起点间的电角度为初相。由于正弦交流电是周期性变化的，所以初相绝对值不超过 π，即 $|\psi| \leqslant \pi$。图 2-1-4（b）、（c）中，$i(0) > 0$，初相 $\psi > 0$，计时起点之前达到零点；图 2-1-4（d）中，$i(0) < 0$，初相 $\psi < 0$，计时起点之后达到零点；图 2-1-4（a）中，$i(0) = 0$，初相 $\psi = 0$，计时起点达到零点。因此，对于同一正弦量，所取计时起点不同，初相则不同，初始值也就

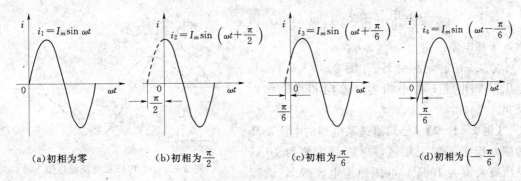

图 2-1-4　不同计时起点的电流波形图

不同。

（1）参考方向对正弦量的影响。图 2-1-3（a）中，若参考方向取反向，则式（2-1-1）变为

$$i(t) = -I_m \sin(\omega t + \psi) = I_m \sin(\omega t + \psi \pm \pi)$$

即改变参考方向，相当于把正弦量的初相加上或减去 π，而最大值和角频率则与参考方向选择无关。

（2）相位差。在同一线性交流电路中，若电源都是同频率的正弦量，则各支路电流、电压也都是同频率的正弦量，但它们随时间变化的过程不一样。为了描述同频率正弦量随时间变化的先后关系，引入了相位差。

相位差是两个同频率正弦量相位之差，用 φ 表示。设有两个同频率正弦量

$$u = U_m \sin(\omega t + \psi_u)$$

$$i = I_m \sin(\omega t + \psi_i)$$

u 和 i 的相位差为

$$\varphi = (\omega t + \psi_u) - (\omega t + \psi_i) = \psi_u - \psi_i \qquad (2-1-7)$$

可见，两同频率正弦量的相位差等于它们的初相之差，与时间无关。若两正弦量频率不同，则相位差不再是常数，而是随时间变化的量。因此，只有两个同频率的正弦量比较相位差才有意义。值得注意的是，两同频率正弦量的计时起点改变时，它们的初相也跟着变化，但两者的相位差保持不变。

如果 $\varphi = \psi_u - \psi_i > 0$（图 2-1-5），则电压 u 的相位超前电流 i 的相位一个角度 φ，简称电压超前电流，即电压 u 比电流 i 先到达零点。换种说法，也就是电流滞后电压，电流 i 比电压 u 后到达零点。

如果 $\varphi = \psi_u - \psi_i < 0$，则电压 u 的相位滞后电流 i 的相位一个角度 φ，简称电压滞后电流，即电压 u 比电流 i 后到达零点。换种说法，也就是电流超前电压，电流 i 比电压 u 先到达零点。

如果 $\varphi = \psi_u - \psi_i = 0$ [图 2-1-6（a）]，则电压 u 和电流 i 相位差为零，称为同相位，简称同相，此时，电压和电流同时到达正的最大值，也同时通过零点，变化过程一致。

如果 $\varphi = \psi_u - \psi_i = \dfrac{\pi}{2}$ [图 2-1-6 (b)]，则称电压和电流正交。

如果 $\varphi = \psi_u - \psi_i = \pm\pi$ [图 2-1-6 (c)]，电压 u 和电流 i 大小相等，方向相反，称为反相。

【例 2-1-2】 已知流过某电器的电流及其两端电压是工频正弦量，电流最大值为 10A，电压最大值为 100V，电压超前电流 30°，试写出该正弦交流电流和正弦交流电压的解析式，并画出波形图。

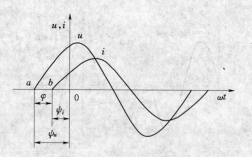

图 2-1-5 电压和电流波形图

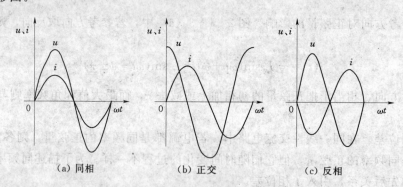

(a) 同相   (b) 正交   (c) 反相

图 2-1-6 不同相位差时的 u，i 波形图

解： 工频为 50Hz，则该正弦交流电流和电压的角频率为

$$\omega = 2\pi f = 2 \times 3.14 \times 50 = 314(\text{rad/s})$$

在多个同频率正弦量比较时，只能选择一个计时起点，为方便计，常选一个正弦交流电量的初相角为零，称为参考正弦量，然后再根据相位差确定其他正弦量的初相。

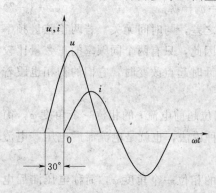

图 2-1-7 电压和电流的波形图

这里，选电流为参考正弦量，即 $\psi_i = 0$，则电压的初相位是 $\psi_u = 30° = \dfrac{\pi}{6}$。

所以，该正弦交流电流和正弦交流电压的解析式分别为

$$i = 10\sin(314t)\text{A}, \quad u = 100\sin\left(314t + \dfrac{\pi}{6}\right)\text{V}$$

波形图如图 2-1-7 所示。

综上所述，在正弦量的解析式中，I_m 反映了正弦量变化的幅度，ω 反映了正弦量变化的快慢，ψ 反映了正弦量在 $t=0$ 时的状态，确定了一个正弦量的 I_m、ω、ψ，也就确定了这个正弦量。因此，幅值 I_m（或有效值 I）、角频率 ω（或频率 f、周期 T）、初相 ψ 统称为正弦量的三要素。

拓展知识

■ 示波器的正确使用 ■

一、熟悉信号源的使用方法

信号源的右边有两个低频输出接线柱，它们的上边是低频增幅旋钮，顺时针旋转时，低频输出电压连续增大。

信号源中间是频率选择旋钮，用来改变低频输出的频率，共有五档 500、1000、1500、2000Hz 和 2500Hz。

信号源的左边有两个高频输出接线柱，它们的上边是高频增幅旋钮，顺时针旋转时，高频输出电压连续增大。

信号源的上边是频率调节旋钮，用来连续改变高频输出的频率，它与低频增幅旋钮左边的频率选择开关配合使用。当选择开关在位置"Ⅰ"时，频率改变范围是 500～1700kHz；在位置"Ⅱ"时，频率改变范围是 400～580kHz。频率选择开关的左边是"等幅"、"调幅"选择开关。需要高频交流信号时，将开关置于"等幅"位置。若要从高频输出接线柱输出高频调幅信号时，应将开关置于"调幅"位置。调幅度的大小用低频增幅旋钮调节，调制信号的频率用频率选择开关来选择。

二、熟悉示波器的使用方法

当信号电压输入示波器时，示波器的荧光屏上就反映出这个电压随时间变化的波形来。示波管主要由电子枪、垂直偏转电极和水平偏转电极组成，两电极都不加偏转电压时，由电子枪产生的高速电子做直线运动，打在荧光屏中心，形成一个亮点。这时如果在水平偏转电极上加上随时间均匀变化的电压，则电子因受偏转磁场的作用，打在荧光屏上的亮点便沿水平方向均匀移动。如果再在垂直偏转电极上，加上一随时间变化的信号电压，则亮点在垂直方向上也要发生偏移，偏移的大小与所加信号电压的大小成正比。这样，亮点一方面随着时间的推移在水平方向匀速移动，一方面又正比于信号电压在垂直方向上产生偏移，于是在荧光屏上便形成一波形曲线，此曲线反映出信号电压随时间变化的规律。

荧光屏右边最上端的是辉度调节旋钮，用来调节光点和图像的亮度，顺时针旋转旋钮时，亮度增加。第二个是聚焦调节旋钮，用来使电子射线会聚，从而在荧光屏上得到一个最小的亮点或最细最清晰的曲线。第三个是辅助聚焦旋钮，配合聚焦旋钮使用。再下面是电源开关和指示灯。

荧光屏下面第一行有四个旋钮。左右两个旋钮分别是垂直位移和水平位移旋钮，用来调节光点或图像在垂直方向和水平方向的位置。这一排中间的两个旋钮是"y 增益"和"x 增益"，分别用来调节图像在垂直方向和水平方向的幅度，以使图像大小适度。顺时针旋转时，幅度连续增大。

第二行有两个大旋钮，左边是"衰减"旋钮，当输入信号电压较大时，先经过适当衰减，使在荧光屏上有适当大小的图像，共有 1、10、100、1000 四档。使用"1"档时，不衰减；使用"10"档时，使输入电压衰减为原来的十分之一，其余类推。该旋钮最后一档为正弦符号档，不是衰减。当旋至这一档时，由机内提供一个正弦交流信号电压，可用来观察正弦波形和检查示波器是否正常工作。

这一行右边的大旋钮是"扫描"旋钮，共有四档，用来改变水平方向扫描电压的频率。该旋钮最后一档是"外 X"档，使用这一档时，机内不加扫描电压，而由机外输入水平方向的信号电压。

中间的小旋钮是"扫描微调"，配合"扫描"旋钮作用，连续改变水平方向的扫描频率。顺时针旋转时扫描频率连续增加。

最后一行有五个旋钮。使用"Y 输入"和"地"或"X 输入"和"地"时，分别输入垂直方向和水平方向的信号电压。

这一行的左边有交直流选择开关。扳到"DC"时，信号直流输入，可以测量直流电压；扳向"AC"时，信号电压经一个电容器再输入，因此，此时只能输入交流信号电压。

"同步"开关置于"＋"位置时，扫描电压与外加信号电压从正半周起同步，扳到"－"的位置时，从负半周起同步。这个开关主要在测量较窄的脉冲信号时起作用，对于正弦波、矩形波等，无论扳到"＋"或"－"，都能很好地同步，对测量没有影响。

 优化训练

2.1.1.1　已知正弦交流电压 $u(t)=100\sin(100\pi t+60°)$V，试求其频率、周期和角频率，并计算它在 0.0025s 和 0.01s 时的瞬时值。

2.1.1.2　一个工频正弦交流电压的最大值为 311V，在 $t=0$ 时的值为 269.3V，试写出它的解析式并画出其波形图。

2.1.1.3　已知：$i(t)=7.07\sin(200\pi t-70°)$A，$u(t)=311\sin(200\pi t+130°)$V，则 $i(t)$ 比 $u(t)$ 超前或滞后多少度？$i(t)$ 达到零值比 $u(t)$ 早或迟多少时间？

2.1.1.4　两个同频率正弦电压 $u_1(t)$、$u_2(t)$ 的有效值各为 40V、30V，什么情况下它们之和的有效值为：(1) 70V；(2) 10V；(3) 50V。

2.1.1.5　已知交流工频正弦电压 u_{ab} 的最大值为 311V，初相位为 -40°。(1) 求其有效值；(2) 写出它的瞬时值解析式，画出它的波形图；(3) 写出电压 u_{ba} 的瞬时值解析式，画出它的波形图。

任务二　日光灯电路的安装与电压、电流测量

 工作任务

一、日光灯电路的安装

按照图 2-1-8 在实验台上完成日光灯电路的安装。

二、日光灯电路电压、电流测量

按图 2-1-8 接好线后，闭合短路开关 S，合上电源开关、观察日光灯启动情

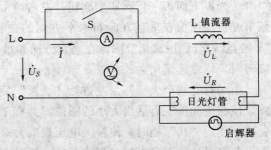

图 2-1-8　日光灯电路图

况；日光灯工作正常后，断开短路开关 S，用交流电流表测量电路电流，用万用表交流电压档分别测量电源、灯管、镇流器两端的电压并将结果记录在表 2-1-4 中，观察电源电压 U_S、镇流器电压 U_L 和灯管电压 U_R 三者是否满足 $U_S = U_R + U_L$ 或者满足 $U = \sqrt{U_R^2 + U_L^2}$？

表 2-1-4 日光灯电路电压、电流测量记录

测差项目	电路电流 I（A）	电源电压 U_S（V）	镇流器电压 U_L（V）	灯管电压 U_R（V）
测量值				

知识链接

一、复数

1. 复数的四种表示形式

在数学中常用 $A = a + bi$ 表示复数，其中 i 称为虚数单位，在电工技术中，为了区别于电流的符号，虚单位用 j 表示。

（1）代数形式

$$A = a + jb$$

（2）三角形式

$$A = r\cos\theta + jr\sin\theta$$

这样，复数在复平面上可以用矢量表示，如图 2-1-9 所示。图中矢量 0A 的长度就是复数 A 的模值 r，矢量 0A 与实轴正方向的夹角就是辐角 θ。0A 在实轴的投影就是 A 的实部 a，在虚轴上的投影就是 A 的虚部 b。

（3）指数形式

$$A = re^{j\theta}$$

利用欧拉公式，可将复数 A 的指数形式变换为三角形式，即

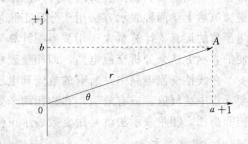

图 2-1-9 复数的矢量表示

$$A = re^{j\theta} = r\cos\theta + jr\sin\theta$$

（4）极坐标形式

在电工中常用到复数的极坐标形式，即

$$A = r \angle \theta$$

极坐标形式与代数形式间的转换关系是

$$A = r \angle \theta = r(\cos\theta + j\sin\theta)$$

2. 复数的运算

（1）复数的加减运算。

复数的加减运算必须用代数形式进行。设

$$A_1 = a_1 + jb_1 \quad A_2 = a_2 + jb_2$$

则 $\qquad A_1 \pm A_2 = (a_1 \pm a_2) + j(b_1 \pm b_2)$

复数相加减也可用平行四边形或三角形法则在复平面上用作图法进行。

（2）复数的乘除运算。

复数的乘除用指数形式或极坐标形式则比较方便。

$$A_1 A_2 = r_1 e^{j\theta_1} r_2 e^{j\theta_2} = r_1 r_2 e^{j(\theta_1 + \theta_2)}, \quad A_1 A_2 = r_1 \underline{/\theta_1}\ r_2 \underline{/\theta_2} = r_1 r_2 \underline{/(\theta_1 + \theta_2)}$$

$$\frac{A_1}{A_2} = \frac{r_1 e^{j\theta_1}}{r_2 e^{j\theta_2}} = \frac{r_1}{r_2} e^{j(\theta_1 - \theta_2)}, \quad \frac{A_1}{A_2} = \frac{r_1 \underline{/\theta_1}}{r_2 \underline{/\theta_2}} = \frac{r_1}{r_2} \underline{/(\theta_1 - \theta_2)}$$

3. 共轭复数

如果两个复数的实部相等，虚部互为相反数，那么这两个复数称为共轭复数。例：$A = a + jb = \rho \angle \psi$ 的共轭复数是 $A^* = a - jb = r \angle -\psi$。表示两个共轭复数 $a + jb$、$a - jb$（$b \neq 0$）的点，对于实轴是对称的，如图 $2-1-10$ 所示。

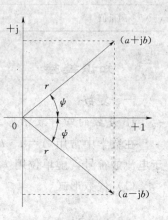

两共轭复数的乘积是一个实数

$$AA^* = (a + jb)(a - jb) = a^2 + b^2 = r^2$$

图 $2-1-10$　共轭复数

二、正弦量的相量表示法

对一个正弦交流电来说，可以用解析式来表达，如式 $(2-1-1)$，这是正弦量的基本表示方法，它完整地表达了正弦量变化的规律，只要知道正弦量的三要素，就可以计算出任一时刻的值。根据解析式，可以画出正弦量的波形图，用波形图表示正弦量形象、直观。虽然上述两种表示方法用于分析正弦量有其优点，但计算起来，用解析式实际上是三角函数的运算，计算量大；用波形图计算又难以直接获得准确的结果。因此，引入一种简便的表示方法来分析交流电路，即相量表示法。

在线性交流电路中，所有的电流和电压与电路电源都是同频率的正弦量，正弦量的三要素集中在幅值（或有效值）和初相两个要素。一个复数可以同时反映一个正弦量的有效值和初相，相量表示法就是用复数表示正弦量的方法。

1. 相量表示法

设有正弦量

$$i = I_m \sin(\omega t + \psi) = \sqrt{2} I \sin(\omega t + \psi)$$

如图 $2-1-11$ 所示，在复平面上作旋转矢量 $\dot{I}_m$，其矢量长度按比例等于 $i(t)$ 的最大值 I_m，其辐角等于 $i(t)$ 的初相 ψ，$\dot{I}_m$ 以 $i(t)$ 的角频率 ω 的角速度绕原点沿逆时针方向旋转。当 $t = 0$ 时，$\dot{I}_m$ 与 x 轴正向夹角为正弦量的初相 ψ，此时 $\dot{I}_m$ 在虚轴上的投影 $0a = I_m \sin\psi$ 为 $i(t)$ 的初始值；当 $t = t_1$ 时，$\dot{I}_m$ 与 x 轴正向夹角为正弦量的相位 $(\omega t_1 + \psi)$，此时 $\dot{I}_m$ 在虚轴上的投影 $0b = I_m \sin(\omega t_1 + \psi)$ 为 $i(t)$ 在 t_1 时刻的值。这样，在任意瞬时 t，$\dot{I}_m$ 与 x 轴正向夹角为正弦量的相位 $(\omega t + \psi)$，$\dot{I}_m$ 在虚轴上的投影 $I_m \sin(\omega t + \psi)$ 就与 $i(t)$ 各瞬间的值相对应。

从上述表示过程看，旋转矢量 $\dot{I}_m$ 是时间的函数。虽然它不是正弦量，但它的三个特征参数（长度、转速、与 x 轴正向夹角）分别表示正弦量的三要素（最大值、角频率和相位角），通过将 $\dot{I}_m$ 在虚轴上进行投影，可方便地找到正弦量对应的瞬时值。

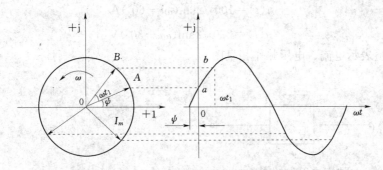

图 2-1-11 旋转矢量图与正弦量对应关系

旋转矢量 $\dot{I}_m$ 在复平面起始位置时对应的复数为 $\dot{I}_m = I_m e^{j\psi}$，在 t 时刻对应的复数为 $\dot{I}_m = I_m e^{j(\omega t + \psi)}$。由于正弦交流电路中所有的电流和电压都是同频率的正弦量，表示它们的旋转矢量的角速度相同，相对位置始终不变，所以可以不考虑它们的旋转，只用起始位置的矢量就能表示这些正弦量。所谓相量表示法就是用模值等于正弦量的最大值（或有效值），辐角等于正弦量的初相的复数表示相应的正弦量。这样的复数又叫做正弦量的相量。

相量的模等于正弦量的有效值时，称为有效值相量，用 $\dot{I}$、$\dot{U}$ 等表示；相量的模等于正弦量的最大值时，称为最大值相量，用 $\dot{I}_m$、$\dot{U}_m$ 等表示。表示符号上面的小圆点用来与普通复数相区别，这种命名和记法的目的是强调它是正弦量，但计算时与普通复数并无区别。

以上用电流相量表示正弦电流的方法同样适用于其他正弦量，如电压、电动势、磁通等。如已知正弦电压瞬时值表达式为

$$u = 220\sqrt{2}\sin(314t + \psi_u)\text{V}$$

其相量表达式的指数形式为

$$\dot{U}_m = 220\sqrt{2}e^{j\psi_u}\text{V} \quad \text{或} \quad \dot{U} = 220e^{j\psi_u}\text{V}$$

习惯上多用正弦量的有效值相量的极坐标形式，即

$$\dot{U} = 220\angle\psi_u\text{V} \tag{2-1-8}$$

将同频率正弦量的相量画在复平面上所得的图叫做相量图。作相量图较为熟练以后，复平面的实轴和虚轴可以省略而不画出来。

需要注意的是，相量表示法是表示正弦量的一种方法，但两者并不相等，即 $i = \sqrt{2}I\sin(\omega t + \psi) \neq \dot{I} = I\angle\psi$。采用相量法表示正弦量，目的是简化运算，即将正弦交流电路分析时的三角函数运算转变为较简单的复数运算。但是，由于在相量表示法中并没反映正弦量的频率，因此只有同频率的正弦量间才能进行复数运算，画相量图时也只有同频率的正弦量才能画在同一图中。

在分析正弦交流电路时，常用电压或电流的相量形式 $\dot{U}$ 或 $\dot{I}$ 标注参考方向，用来代

替同一参考方向的正弦量 u 或 i。

【例 2 - 1 - 3】 图 2 - 1 - 12 （a）中正弦交流电流和正弦交流电压分别为

$$i(t) = 100\sqrt{2}\sin(\omega t - 60°)\text{A}$$

$$u(t) = 220\sqrt{2}\sin(\omega t + 30°)\text{V}$$

试用相量表示电流、电压并作相量图。

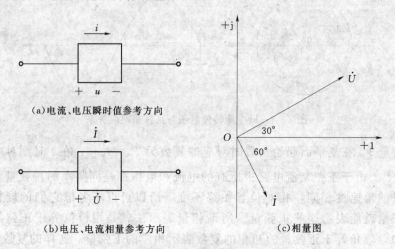

(a)电流、电压瞬时值参考方向

(b)电压、电流相量参考方向   (c)相量图

图 2 - 1 - 12 例 2 - 1 - 3 图

解： 图 2 - 1 - 12 （a）中的瞬时值电流和电压可用相量表示，相应地，参考方向也可用相量形式表示，如图 2 - 1 - 12 （b）。

对应于图 2 - 1 - 12 （b）的参考方向，i 和 u 的相量形式分别为

$$\dot{I} = 100 \angle -60° \text{A}, \quad \dot{U} = 220 \angle 30° \text{V}$$

相量图如图 2 - 1 - 12 （c）所示。从图中可以清晰地看出电流和电压之间的相位关系，电压 $\dot{U}$ 超前电流 $\dot{I}$ 90°。

2. 同频率正弦量的运算

在电路的分析计算中，会碰到求正弦量的和差问题，利用三角函数进行计算时，其计算过程繁琐，引入相量表示法后，正弦量间的相加减转换成了复数运算，求解过程就比较方便了。

由数学知识可知：同频率的正弦量相加或相减所得结果仍是一个同频率的正弦量，即有定理：正弦量的和（差）的相量等于正弦量的相量和（差）。

设正弦量 i_1、i_2 的相量分别为 $\dot{I}_1$、$\dot{I}_2$，则 $i = i_1 \pm i_2$ 的相量为

$$\dot{I} = \dot{I}_1 \pm \dot{I}_2$$

这个定理可用复数运算进行证明，本书从略。

上式表明：正弦量用相量表示后，相同频率正弦量的相加（或相减）运算就变成相应的相量相加（或相减）的运算，相量之间的相加减可按复数的和差或复平面上矢量的和差进行，交流电路中的计算问题就比较简便。

一般地，在进行交流电路分析计算时，用相量图做定性分析，由复数运算计算具体结果，再转换成对应的瞬时值表达式，一般称其为相量图辅助分析法。

【例 2 - 1 - 4】 已知两个同频率正弦电流分别为 $i_1 = 20\sin(\omega t + 45°)$ A，$i_2 = 10\sqrt{2}\sin(\omega t - 30°)$ A。试求：$i = i_1 + i_2$。

解： 用相量表示 i_1 和 i_2

$$\dot{I}_1 = \frac{20}{\sqrt{2}} \angle 45° \text{A}, \quad \dot{I}_2 = 10 \angle -30° \text{A}$$

将相量 $\dot{I}_1$ 和 $\dot{I}_2$ 相加得

$$\dot{I} = \dot{I}_1 + \dot{I}_2 = \frac{20}{\sqrt{2}} \angle 45° + 10 \angle -30°$$

$$= \frac{20}{\sqrt{2}}\cos 45° + j\frac{20}{\sqrt{2}}\sin 45° + 10\cos(-30°) + j10\sin(-30°)$$

$$= 10 + j10 + 5\sqrt{3} - j5$$

$$= (10 + 5\sqrt{3}) + j5 = 19.3 \angle 15° \text{(A)}$$

所以 $$i(t) = 19.3\sqrt{2}\sin(\omega t + 15°) \text{A}$$

相量 $\dot{I}_1$ 和 $\dot{I}_2$ 相加也可以用平行四边形法作图求出 [图 2 - 1 - 13 (a)]，也可以用更简便的三角形法作图求出 [图 2 - 1 - 13 (b)]。通常并不要求准确地作图，只是近似地画出相量的相位和模，得出定性的结果，以便于与以上的计算结果进行比较。

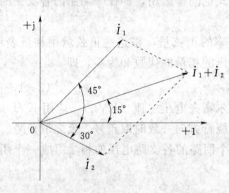
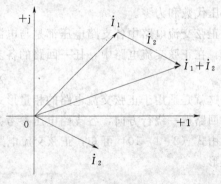

(a)用平行四边形法作 $\dot{I}_1 + \dot{I}_2$　　　　　(b)用三角形法作 $\dot{I}_1 + \dot{I}_2$

图 2 - 1 - 13　用相量图求 $\dot{I}_1 + \dot{I}_2$

这里需要指出两点：

(1) 两个正弦量相加减所得的正弦量有效值不等于每个正弦量的有效值相加减，如 $\dot{I}_1 = \frac{20}{\sqrt{2}} \angle 45° \text{A}$，$\dot{I}_2 = 10 \angle -30° \text{A}$，而 $\dot{I}_1 + \dot{I}_2 = 19.3 \angle -15° \text{A}$，则有 $19.3 \neq \frac{20}{\sqrt{2}} + 10$。

(2) 作相量图分析问题，是本课程要求培养的一项基本能力，学生从现在起就要注意这一点。

三、相量形式的基尔霍夫定律

1. 相量形式的基尔霍夫电流定律

基尔霍夫电流定律的实质是电流的连续性原理，适用于电路的任一瞬间，与元件性质无关。在正弦交流电路中，任一瞬间连接在电路任一结点（或闭合面）的各支路电流瞬时值的代数和为零，即

$$\sum i = 0$$

既然适用于瞬时值，那么对正弦电流的解析式也同样适用，即连接在电路任一结点的各支路的正弦电流代数和为零。

正弦交流电路中各电流都是与电源同频率的正弦量，将这些正弦量用相量表示，便有：连接在电路任一结点的各支路电流的相量的代数和为零，即

$$\sum \dot{I} = 0 \qquad\qquad (2-1-9)$$

这就是适用于正弦交流电路的相量形式的基尔霍夫电流定律（KCL）。应用 KCL 时，一般对参考方向流出结点的电流相量取正号，流入结点的电流相量取负号。

由式（2-1-9）可知，正弦交流电路中连接在一个结点的各支路电流的相量组成一个闭合多边形。

2. 相量形式的基尔霍夫电压定律

根据能量守恒定律，基尔霍夫电压定律也同样适用于交流电路的任一瞬间，与元件性质无关。在正弦交流电路中，任一瞬间任一回路的各支路电压瞬时值的代数和为零，即

$$\sum u = 0$$

既然适用于瞬时值，那么对正弦电压的解析式也同样适用，即任一回路的各支路的正弦电压代数和为零。

正弦交流电路中各支路电压都是与电源同频率的正弦量，将这些正弦量用相量表示，便有：在正弦交流电路中，任一回路的各支路电压的相量的代数和为零，即

$$\sum \dot{U} = 0 \qquad\qquad (2-1-10)$$

这就是适用于正弦交流电路的相量形式的基尔霍夫电压定律（KVL）。应用 KVL 时，先对回路选一绕行方向，各支路电压参考方向与绕行方向一致时取正号，反之取负号。

由式（2-1-10）可知，正弦交流电路中一个回路的各支路电压的相量组成一个闭合多边形。

 拓展知识

一、交流电压表、交流电流表及其使用

电磁系仪表是测量交流电压和交流电流最常用的一种仪表，它具有结构简单、过载能力强、造价低廉以及交直流两用等优点，在实验室和工程仪表中应用十分广泛。特别是开关板式交流电流表和电压表，一般都采用电磁系仪表。图 2-1-14 为交流电压表和交流电流表面板图。

1. 交流电流表

利用电磁系测量机构构成的交流电流表测量范围为 $10^{-3} \sim 10^2$ A 数量级，不宜制成低

(a)交流电流表

(b)交流电压表

图 2-1-14 交流电流表和交流电压表面板图

电流量程和大电流量程。若制造微安级的低量程电磁系电流表是很困难的，同时，电磁系电流表的最大量程一般不超过 200A。当作为开关板式电流表需要测量更大的交流电流时，则应与电流互感器配合使用，将大电流变为小电流（如 5A）再进行测量。

就仪表内阻而言，量程较小的电磁系电流表内阻较大，量程较大的内阻较小。

开关板式电流表都是制成单量程的，便携式电流表则一般是制成双量程的。电磁系交直流两用表有多量程的，如 T32-A 就有 10 个电流量程。

（1）双量程电流表。多量程电磁系电流表通常是采用将固定线圈分成几段，然后利用两段或几段线圈的串并联来改变电流量程。图 2-1-15 为双量程电流表改变量程的示意图。图中，固定线圈被分成匝数相等的两段，端钮之间可用连接片连接成串联和并联两种方式。若两段线圈串联所对应的电流量程为 I_m，则两段线圈并联时，电流量程就扩大一倍，为 $2I_m$。对于同一个仪表，无论使用哪个电流量程，当被测电流等于该电流量程时，在仪表内由固定线圈所产生的总磁通势都是 $2NI_m$，N 为每一段线圈的匝数。所以仪表的两个量程可以共用同一标度尺，并按量程为 I_m 划分刻度。当量程为 $2I_m$ 时，只需将读数乘以 2 就是被测电流的大小。

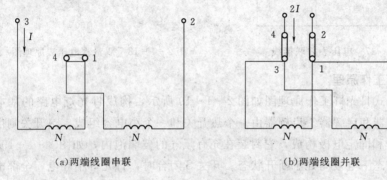
(a)两端线圈串联　　　　　　　　(b)两端线圈并联

图 2-1-15 双量程电流表改变量程的示意图

在实际的电磁系电流表的面板上，有供改变电流量程的连接片、插塞或转换开关，电流量程的改变就是通过它们来实现的。

注意，电磁系电流表测正弦交流电流和非正弦交流电流时，测得的是它们的有效值。

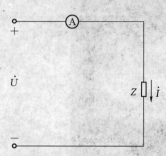

图 2-1-16　电流表串联接线

（2）交流电流表的使用。测量交流电流时，需将交流电流表串联在被测回路中。在低压电路中，若被测电流不超过电流表的量程，则将电流表直接串联在被测电路中，而不必考虑极性，如图 2-1-16 所示。测量高电压电路中的电流或被测电流超过电流表量程时，应与电流互感器配合使用。

交流电流表的刻度是不均匀的，具有前密后疏的平方律特性，以致使前面部分读数很困难。使用时，为了容易读数和提高准确度，应选择合适的量程，使指针偏转到容易读数的中段。

2. 交流电压表

将电磁系测量机构串联适当的附加电阻，便可构成电磁系电压表，测量范围为 $1\sim10^3$ V 数量级。

测量交流电压时，必须用交流电压表，电压表必须与被测元件两端并联，接线时不必考虑极性。电压较低或被测电压未超过电压表的量程时，将电压表直接并联在被测电路的两端即可，见图 2-1-17 所示。

开关板式电压表都是制成单量程的，直接接入被测电路的最大量程是 600V，超过此量程，则应与电压互感器配合使用。便携式电压表一般都是制成多量程的，量程的变换是通过改变附加电阻阻值的大小实现的。图 2-1-18 为某双量程电压表原理图。图中，"*"为公共端，当使用"*"和"150V"时，电压量程为 150V，附加电阻为 R_1；当使用"*"和"300V"测量时，相应的电压量程为 300V，附加电阻为 (R_1+R_2)。

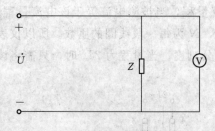

图 2-1-17　电压表并联接线

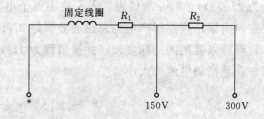

图 2-1-18　双量程电压表原理图

二、日光灯工作原理

传统的电感式日光灯工作原理图如图 2-1-19 所示，构成日光灯电路的基本元件是日光灯管、镇流器和启辉器。启辉器由一个热开关和一个小电容组成，热开关则由双金属片（U 形触片）和固定电极构成，它封装在充有氖气的玻璃泡内，如图 2-1-19（b）所示。启辉器在常态下电极间处于断开状态。开关 S 闭合时，日光灯不导电，全部电压通过镇流器和灯管的两侧灯丝加在启辉器两触片之间，于是启辉器中氖气击穿，产生气体放电，此放电产生的一定热量使双金属片受热膨胀与定片接通，于是有电流通过日光灯管两端的灯丝和镇流器；短时间后双金属片冷却收缩，使动片与定片断开，电路中电流突然减少，根据电磁感应定律，这时镇流器两端产生一定的感应电动势，使日光灯管两端电压产生 400~500V 的高压，灯管汞气体电离，产生放电，日光灯的"电阻"进入负阻区，日光灯开始工作发光。

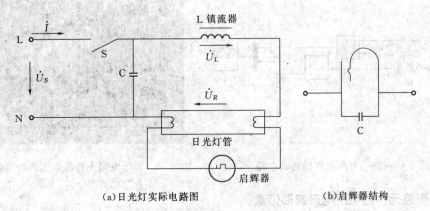

(a)日光灯实际电路图　　　　　　(b)启辉器结构

图 2-1-19　日光灯工作原理图

日光灯正常发光后，由于交流电不断通过镇流器的线圈，线圈中产生自感电动势，自感电动势阻碍线圈中的电流变化，这时镇流器起降压限流的作用，使电流稳定在灯管的额定电流范围内，灯管两端电压也稳定在额定工作电压范围内。由于这个电压低于启辉器的电离电压，所以并联在灯管两端的启辉器也就不再起作用了。

 优化训练

2.1.2.1　频率为 50Hz 的几个正弦量的相量为 $\dot{U}=20\,\angle 0°$ V、$\dot{I}_R=5\,\angle 0°$ A、$\dot{I}_C=$ j6A、$\dot{I}=5.4\,\angle 63.5°$ A，画出其相量图并写出各正弦量的解析式。

2.1.2.2　已知 $u_1(t)=33\sqrt{2}\sin(\omega t-30°)$ V，$u_2(t)=44\sqrt{2}\sin(\omega t+60°)$ V，试求：$\dot{U}_1+\dot{U}_2$，$\dot{U}_1-\dot{U}_2$，并画出相量图。

2.1.2.3　已知日光灯电路中电流 $i=0.3\sqrt{2}\sin314t$ A，镇流器电压 $u_L=180\sqrt{2}\sin(314t+90°)$ V，灯管电压 $u_R=110\sqrt{2}\sin314t$ V。试求电源电压 u_S，并绘出相量图。

任务三　正弦交流电路中的 R、L、C 元件分析

 工作任务

一、电阻元件的电压电流波形仿真

1. 构建电阻元件的仿真电路

运用 MATLAB 软件的 simulink 功能，按照图 2-1-20 构建电阻元件仿真电路。

2. 电阻元件电压电流的相位关系

选择工频电源电压有效值为 220V，电阻 R 为 10 欧姆，仿真时间 0.2s。经仿真得电阻元件的电压和电流波形如图 2-1-21 所示，从图 2-1-21 中可以看出电压 u 与电流 i 同相位。

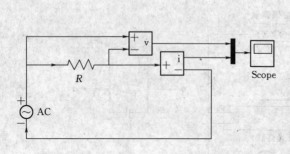

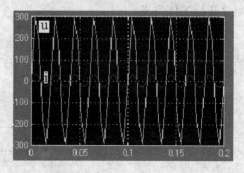

图 2-1-20　电阻元件的仿真电路　　　图 2-1-21　电阻元件的电压和电流仿真波形

二、电感元件的电压电流波形仿真

1. 构建电感元件的仿真电路

运用 MATLAB 软件的 simulink 功能，按照图 2-1-22 构建电感元件仿真电路。

2. 电感元件电压电流的相位关系

选择工频电源电压有效值为 220V，电感 L 为 0.01H，仿真时间 0.2s。经仿真得电感元件的电压和电流波形如图 2-1-23 所示，从图 2-1-23 中可以看出电压 u 超前电流 i 90°。

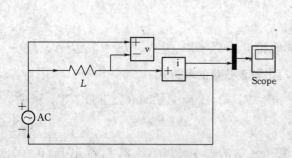

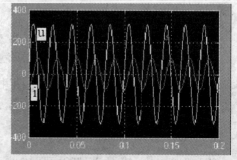

图 2-1-22　电感元件的仿真电路　　　图 2-1-23　电感元件的电压和电流仿真波形

三、电容元件的电压电流波形仿真

1. 构建电容元件的仿真电路

运用 MATLAB 软件的 simulink 功能，按照图 2-1-24 构建电容元件仿真电路。

2. 电容元件电压电流的相位关系

选择工频电源电压有效值为 220V，电容 C 为 $1200\mu F$，仿真时间 0.2s。经仿真得电容元件的电压和电流波形如图 2-1-25 所示，从图 2-1-25 中可以看出电流 i 超前电压 u 90°。

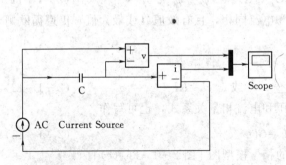

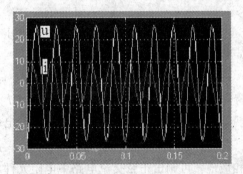

图 2-1-24 电容元件的仿真电路　　　图 2-1-25 电容元件的电压和电流仿真波形

思考： 在这个仿真实验过程中发现电阻元件、电感元件和电容元件的电压电流相位关系有什么规律？

 知识链接

一、电阻元件在正弦交流电路中的特性

1. 电压和电流的关系

在学习情境一中知道，当选取电阻元件的电流 i、电压 u 的参考方向为关联参考方向，如图 2-1-26（a）所示，根据欧姆定律，有

$$u = Ri$$

即电阻元件上电压、电流的瞬时值仍遵循欧姆定律，是线性关系。

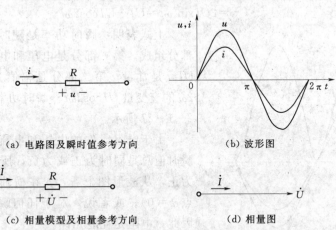

(a) 电路图及瞬时值参考方向　　　　　（b）波形图

(c) 相量模型及相量参考方向　　　　　（d）相量图

图 2-1-26 电阻中电流、电压的波形图与相量图

设流过电阻元件的电流为

$$i(t) = \sqrt{2}I\sin(\omega t + \psi_i)$$

则电阻元件的电压为

$$u(t) = Ri(t) = \sqrt{2}RI\sin(\omega t + \psi_i) = \sqrt{2}U\sin(\omega t + \psi_u)$$

从而可得

$$U = RI \quad 或 \quad U_m = RI_m, \quad \psi_u = \psi_i \qquad (2-1-11)$$

可见，关联参考方向下电阻中的电压和电流同相，且有效值（或最大值）仍遵循欧姆定律。

将式（2-1-11）写成相量的形式

$$U \underline{/\psi_u} = RI \underline{/\psi_i} \quad 或 \quad \dot{U} = R\dot{I} \qquad (2-1-12)$$

这就是正弦交流电路中电阻元件的电压和电流相量关系式，也可写作

$$\dot{I} = G\dot{U} \qquad (2-1-13)$$

相应地，可画出正弦交流电路中电阻元件的相量模型图〔图 2-1-26（c）〕。

图 2-1-26（b）和图 2-1-26（d）分别画出了电阻元件中电流、电压的波形图和相量图，因电压和电流同相，为了简化，设 $\psi_u = \psi_i = 0$。

2. 功率

在交流电路中，通过电阻元件的电流及其两端的电压是交变的，故电阻各瞬间消耗的功率也必定随时间变化。电阻元件在任一瞬间吸收或消耗的功率称为瞬时功率，用小写字母 p 表示，单位为瓦特（W）。当电压和电流选择关联参考方向时，它等于同一瞬时电压和电流瞬时值的乘积，即

$$p(t) = u(t)i(t)$$

设

$$u = \sqrt{2}U\sin\omega t, \quad i = \sqrt{2}I\sin\omega t$$

则瞬时功率为

$$p = ui = \sqrt{2}U\sin\omega t \sqrt{2}I\sin\omega t$$
$$= 2UI\sin^2\omega t = UI - UI\cos2\omega t \qquad (2-1-14)$$

上式表明：瞬时功率是随时间变化的，由两部分组成。第一部分是电压和电流有效值的乘积 UI，是常量；第二部分是幅值为 UI，角频率为 2ω 的交变量 $UI\cos2\omega t$。瞬时功率 p 的波形图如图 2-1-27 所示。

由于电阻元件的电压和电流同相位，它们的瞬时值总是同时为正或为负，所以瞬时功率 p 总为正，从波形图上看，p 在横轴以上（正弦量零点 $p=0$）。或者说，对于任何瞬间，恒有 $p \geqslant 0$，因此，电阻是耗能元件。

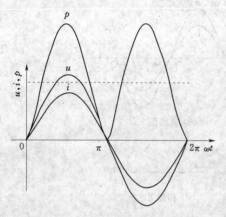

图 2-1-27　电阻元件瞬时功率波形图

瞬时功率 p 随时间变化，不能表示电阻元件的实际耗能效果。为此，取瞬时功率 p 在一个周期内的平均值，称为平均功率，用大写字母 P 表示，单位为瓦特（W）。平均功率又称为有功功率。

根据上述定义，有

$$P = \frac{1}{T}\int_0^T p(t)\,\mathrm{d}t$$

将电阻的瞬时功率表达式（2-1-14）代入上式，得

$$P = \frac{1}{T}\int_0^T (UI - UI\cos 2\omega t)\mathrm{d}t$$

$$= \frac{1}{T}\int_0^T UI\,\mathrm{d}t - \frac{1}{T}\int_0^T UI\cos 2\omega t\,\mathrm{d}t$$

上式中第二项为零，故

$$P = UI = RI^2 = \frac{U^2}{R} = GU^2 \qquad (2-1-15)$$

公式的形式与直流电路中的完全相同，但各符号的意义与直流电路完全不同，此处，式中的 U、I 均指正弦量的有效值。

【例 2-1-5】　一个标称值为"220V、75W"的电烙铁，它的电压为 $u = 220\sqrt{2}\sin\times(100\pi t + 30°)$ V，试求它的电流有效值和有功功率，并计算它使用 20 小时所耗电能的度数。

解： 电流的有效值为

$$I = \frac{P}{U} = \frac{75}{220} = 0.34(\mathrm{A})$$

因所加电压为额定电压，所以其消耗的功率为 75W，20h 消耗电能为
$$W = 75 \times 20 = 1500 = 1.5(\mathrm{kW \cdot h})$$

二、电感元件在正弦交流电路中的特性

1. 电压和电流的关系

在学习情境一中知道，当选取电感元件的电流 i、电压 u 的参考方向为关联参考方向，如图 2-1-28（a）所示，根据电磁感应定律，有

$$u = L\frac{\mathrm{d}i}{\mathrm{d}t}$$

设流过电感元件的电流为

$$i(t) = \sqrt{2}I\sin(\omega t + \psi_i)$$

则电感元件两端的电压为

$$u(t) = L\frac{\mathrm{d}}{\mathrm{d}t}[\sqrt{2}I\sin(\omega t + \psi_i)]$$

$$= \sqrt{2}\omega LI\cos(\omega t + \psi_i)$$

$$= \sqrt{2}\omega LI\sin(\omega t + \psi_i + 90°)$$

$$= \sqrt{2}U\sin(\omega t + \psi_u)$$

则有

$$U = \omega LI \text{ 或 } U_m = \omega LI_m, \quad \psi_u = \psi_i + 90° \qquad (2-1-16)$$

可见，关联参考方向下，电感电压的相位超前电流 90°，它们的有效值关系为 $U = \omega LI$，用相量形式表示为

$$U\underline{/\psi_u} = \omega LI\underline{/(\psi_i + 90°)} \quad \text{或} \quad \dot{U} = j\omega L\dot{I} \qquad (2-1-17)$$

这就是正弦交流电路中电感元件的电压和电流相量关系式。式（2-1-17）中，电压和电

流的有效值之比为

$$\frac{U}{I} = \omega L = X_L \qquad (2-1-18)$$

式中，$X_L = \omega L = 2\pi f L$ 具有电阻的量纲，而且带有对抗电流流过的性质，所以称为感抗（inductive reactance），它的单位为欧〔姆〕（Ω）。从式子（2-1-18）看出，引入感抗 X_L 以后，电感元件电压和电流的有效值（或最大值）之间具有欧姆定律的形式。

由式（2-1-18）看出，电感元件的感抗与其电感 L 及电源的频率 f 成正比。在电感 L 一定的情况下，电感元件的感抗与频率成正比，频率愈高，X_L 愈大，在一定电压下，I 愈小；在直流情况下，$\omega = 0$，$X_L = 0$，电感元件相当于短路。电感元件在交流电路中具有通低频阻高频的特性。

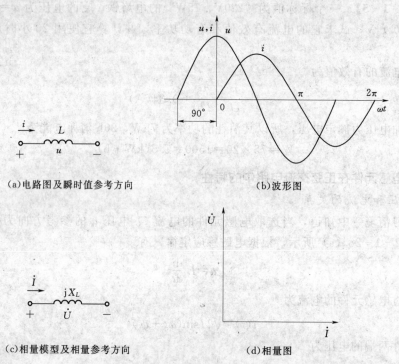

(a)电路图及瞬时值参考方向　　　　　　　　(b)波形图

(c)相量模型及相量参考方向　　　　　　　　(d)相量图

图 2-1-28　电感中电流、电压的波形图与相量图

引入感抗后，式（2-1-17）可写作

$$\dot{U} = jX_L\dot{I} \qquad (2-1-19)$$

有时要用到感抗的倒数，记为

$$B_L = \frac{1}{X_L} = \frac{1}{\omega L} \qquad (2-1-20)$$

B_L 称为感纳（inductive susceptance），单位为西门子（S）。于是式（2-2-19）可写成

$$\dot{I} = -jB_L\dot{U} \qquad (2-1-21)$$

相应地，可画出正弦交流电路中电感元件的相量模型〔图 2-1-28（c）〕。

图 2-1-28（b）和图 2-1-28（d）分别画出了电感元件中电流、电压的波形图和

相量图，电压相位超前电流 $90°$，为了简化，设 $\psi_i = 0$。

【例 $2-1-6$】 把一个 $0.1H$ 的电感元件接到频率为 $50\mathrm{Hz}$，电压有效值为 $10\mathrm{V}$ 的正弦电压源上，问电流是多少？如保持电压有效值不变，而频率调为 $500\mathrm{Hz}$，此时电流为多少？

解：当 $f=50\mathrm{Hz}$ 时，感抗为

$$X_L = 2\pi fL = 2\times 3.14\times 50\times 0.1 = 31.4(\Omega)$$

电流为

$$I = \frac{U}{X_L} = \frac{10}{31.4} = 0.318(\mathrm{A}) = 318(\mathrm{mA})$$

当 $f=500\mathrm{Hz}$，感抗为

$$X_L = 2\pi fL = 2\times 3.14\times 500\times 0.1 = 314(\Omega)$$

电流为

$$I = \frac{U}{X_L} = \frac{10}{314} = 0.0318 = 31.8(\mathrm{mA})$$

可见，电压一定时，频率愈高，感抗越大，通过电感元件的电流愈小。

【例 $2-1-7$】 如图 $2-1-29$（a）所示电路中，已知电流表 A_1、A_2 的读数均为 $5\mathrm{A}$，试求电流表 A 的读数。

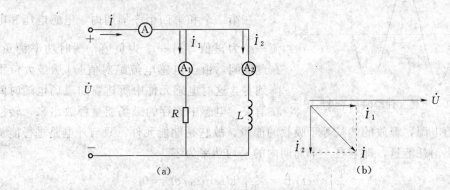

图 $2-1-29$. 例 $2-1-7$ 图

解：设端电压为参考相量，即 $\dot{U} = U\angle 0°\mathrm{V}$

方法一：选定电压、电流的参考方向如图 $2-1-29$（a）所示，则

$$\dot{I}_1 = 5\angle 0°\mathrm{A} \quad (\text{与电压同相})$$

$$\dot{I}_2 = 5\angle -90°\mathrm{A} \quad (\text{滞后于电压}90°)$$

由相量形式的 KCL，有

$$\dot{I} = \dot{I}_1 + \dot{I}_2 = 5\angle 0° + 5\angle -90° = 5-5\mathrm{j} = 5\sqrt{2}\angle -45°(\mathrm{A})$$

所以电流表 A 的读数为 $5\sqrt{2}\mathrm{A}$。

方法二：画出对应的相量图如图 $2-1-29$（b）所示，由相量图得

$$\text{电流表 A 的读数} = I = \sqrt{I_1^2 + I_2^2} = \sqrt{5^2 + 5^2} = 5\sqrt{2}(\mathrm{A})$$

2. 功率

只含电感元件的交流电路中，电感电压和电流瞬时值的乘积也称为该电路的瞬时功率，用 p 表示，当电压和电流的参考方向关联时，并设电流初相为零，即 $\psi_i = 0$，则有

$$p(t) = u(t)i(t) = \sqrt{2}U\sin(\omega t + 90°)\sqrt{2}I\sin\omega t$$
$$= 2UI\sin\omega t\cos\omega t = UI\sin2\omega t \qquad (2-1-22)$$

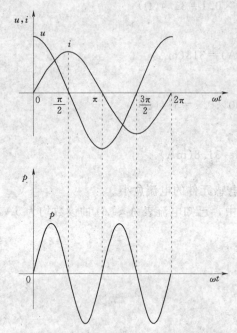

图 2-1-30 画出了 p 的波形图。它按正弦规律变化，最大值为 UI，频率为电流或电压频率的两倍。

从波形图可以看出，在第一个和第三个 $\frac{1}{4}$ 周期内，电感电压和电流同时为正或为负，瞬时功率为正。在此期间，由于电感电流绝对值 $|i|$ 从零增长到最大值，这时电感元件从电源吸收电能转换成磁场能储存在磁场中，当电流绝对值达到最大值时，它所储存的磁能也达到最大值，且有

$$W_L = \frac{1}{2}LI_m^2 = LI^2$$

在第二个和第四个 $\frac{1}{4}$ 周期内，电感电压和电流一个为正值，另一个为负值，瞬时功率为负。在此期间，由于电感电流绝对值 $|i|$ 从最大值下降到零，这时电感元件中所建立的磁场也随时间在消失，电感中储存的磁场能量释放出来，转换

图 2-1-30 电感元件瞬时功率波形图

为电能返还给电源，释放的能量等于吸收的能量，故它是储能元件，只与外电路进行能量交换，本身不消耗能量，即它在一个周期内的平均功率为零。

$$P = \frac{1}{T}\int_0^T p(t)\mathrm{d}t = \frac{1}{T}\int_0^T UI\sin2\omega t\,\mathrm{d}t = 0$$

由上述可知，电感元件在交流电路中，虽然不消耗电能，但它还要和电源不断地进行能量交换。为了衡量能量交换的规模，取瞬时功率的最大值 UI 作为能量交换规模的大小，引入无功功率，即

$$Q_L = UI = I^2X_L = \frac{U^2}{X_L} \qquad (2-1-23)$$

"无功"的含义是"功率交换而不消耗"，并不是"无用"。无功功率的单位用乏（var）或千乏（kvar）表示。电感元件吸收的无功功率是感性无功功率，感性无功功率在电力系统中占有很重要的地位。电力系统中具有电感的设备如变压器、电动机等，没有磁场就不能工作，而它们的磁场能量是由电源供应的，电源必须和具有电感的设备进行一定规模的能量交换，或者说电源必须向具有电感的设备供应一定数量的感性无功功率。与无功功率相对应，工程上还常把平均功率称为有功功率。

【**例 2-1-8**】 将一个 $0.6H$ 的电感元件接到电压为 $u(t) = 220\sqrt{2}\sin(314t - 60°)$V

136

的电源上，试求：（1）电感元件的电流解析式和吸收的无功功率 Q_L；（2）如电源频率变为150Hz，电压有效值不变，电感元件的电流有效值和吸收的无功功率各为多少？

解：（1）电压相量为 $\dot{U}=220\angle-60°$ V，电感元件感抗为

$$X_L=\omega L=314\times0.6=188.4(\Omega)$$

$$\dot{I}=\frac{\dot{U}}{\mathrm{j}X_L}=\frac{220\angle-60°}{\mathrm{j}188.4}=1.17\angle-150°=1.17\angle-150°\text{(A)}$$

电流解析式为

$$i(t)=1.17\sqrt{2}\sin(314t-150°)\text{A}$$

电感元件吸收的无功功率为

$$Q_L=UI=220\times1.17=257.49\text{(var)}$$

（2）感抗与频率成正比，频率变为原来的 $\frac{150}{50}=3$ 倍，则感抗也变为原来的3倍，电压有效值不变，则根据

$$I=\frac{U}{X_L}$$

电流变为原来的 $\frac{1}{3}$，即 $\quad I'=\frac{1}{3}\times1.17=0.39\text{(A)}$

吸收的无功功率也减小为原来的 $\frac{1}{3}$，即 $Q_L'=\frac{1}{3}\times257.4=85.8\text{（var）}$

三、电容元件在正弦交流电路中的特性

1. 电压和电流的关系

在学习情境一中知道，当选取电容元件的电压 u、电流 i 的参考方向为关联参考方向，如图 2-1-31（a）所示，则有

$$i=C\frac{\mathrm{d}u}{\mathrm{d}t}$$

设电容元件的电压为

$$u(t)=\sqrt{2}U\sin(\omega t+\psi_u)$$

则电容元件的电流为

$$\begin{aligned}i(t)&=C\frac{\mathrm{d}}{\mathrm{d}t}[\sqrt{2}U\sin(\omega t+\psi_u)]\\&=\sqrt{2}\omega CU\cos(\omega t+\psi_u)\\&=\sqrt{2}\omega CU\sin(\omega t+\psi_u+90°)\\&=\sqrt{2}I\sin(\omega t+\psi_i)\end{aligned}$$

则有

$$I=\omega CU \text{ 或 } I_m=\omega CU_m, \quad \psi_i=\psi_u+90° \qquad (2-1-24)$$

可见，关联参考方向下，电容元件电流的相位超前电压90°，它们的有效值关系为 $I=\omega CU$，用相量形式表示为

$$I\angle\psi_i=\omega CU\angle(\psi_u+90°) \text{ 或 } \dot{I}=\mathrm{j}\omega C\dot{U} \qquad (2-1-25)$$

这就是正弦交流电路中电容元件的电压和电流相量关系式。式（2-1-25）中，电压和电流的有效值之比为

$$\frac{U}{I}=\frac{1}{\omega C}=X_C \qquad (2-1-26)$$

式中，$X_C=\dfrac{1}{\omega C}=\dfrac{1}{2\pi f C}$具有电阻的量纲，而且带有对抗电流流过的性质，所以称为容抗（capacitive reactance）；它的单位为欧［姆］（Ω）。从式（2-1-26）看出，引入容抗 X_C 以后，电容电压和电流的有效值（或最大值）之间具有欧姆定律的形式。

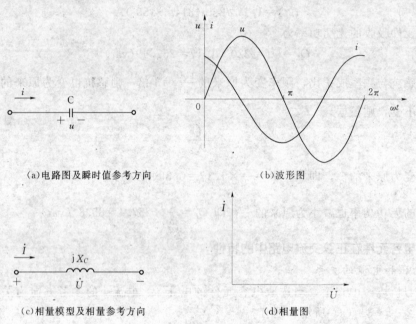

(a)电路图及瞬时值参考方向　　　　　(b)波形图

(c)相量模型及相量参考方向　　　　　(d)相量图

图 2-1-31　电容中电流和电压的波形图与相量图

由式（2-1-26）看出，电容元件的容抗与其电容 C 及电源的频率 f 成反比。在电容 C 一定的情况下，电容元件的感抗与频率成反比，频率愈高，X_C 愈小，在一定电压下，I 愈大；在直流情况下，$\omega=0$，$X_C=0$，电容元件相当于开路。电容元件在交流电路中具有隔直通交和通高频阻低频的特性。

引入容抗后，式（2-1-25）可写作

$$\dot{I}=\mathrm{j}\frac{1}{X_C}\dot{U} \quad \text{或} \quad \dot{U}=-\mathrm{j}X_C\dot{I} \qquad (2-1-27)$$

有时要用到容抗的倒数，记为

$$B_c=\frac{1}{X_C}=\omega C \qquad (2-1-28)$$

B_C 称为容纳（capacitive susceptance），单位为西门子（S）。于是式（2-1-27）可写成

$$\dot{I}=\mathrm{j}B_C\dot{U} \qquad (2-1-29)$$

相应地，可画出正弦交流电路中电容元件的相量模型［图 2-1-31（c）］。

图 2-1-31（b）和图 2-1-31（d）分别画出了电容元件中电流、电压的波形图和

相量图，电流相位超前电压90°，为了简化，设 $\varphi_u=0$。

2. 功率

只含电容元件的交流电路中，电容电压和电流瞬时值的乘积也称为该电路的瞬时功率，用 p 表示，当电压和电流的参考方向关联时，并设电压初相为零，即 $\varphi_u=0$，则有

$$p(t)=u(t)i(t)=\sqrt{2}U\sin\omega t\ \sqrt{2}I\sin(\omega t+90°)$$
$$=2UI\sin\omega t\cos\omega t=UI\sin2\omega t \qquad (2-1-30)$$

图 $2-1-32$ 画出了 p 的波形图。它按正弦规律变化,最大值为 UI,频率为电流或电压频率的两倍。

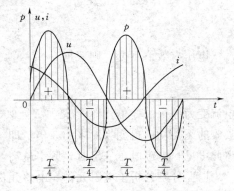

图 $2-1-32$　电容元件的瞬时功率

从波形图可以看出,在第一个和第三个 $\frac{1}{4}$ 周期内,电容电压和电流同时为正或为负,瞬时功率为正。在此期间,由于电容电压绝对值 $|u|$ 从零增长到最大值,电容元件进行充电,这时电容元件从电源吸收电能转换成电场能储存在电场中,当电压绝对值达到最大值时,它所储存的电场能也达到最大值,且有

$$W_C=\frac{1}{2}CU_m^2=CU^2$$

在第二个和第四个 $\frac{1}{4}$ 周期内,电容电压和电流一个为正值,另一个为负值,瞬时功率为负。在此期间,由于电容电压绝对值 $|u|$ 从最大值下降到零,电容元件进行放电,这时电容元件中所建立的电场也随时间在消失,电容中储存的电场能量释放出来,转换为电能返还给电源,释放的能量等于吸收的能量,故它是储能元件,只与外电路进行能量交换,本身不消耗能量,即它在一个周期内的平均功率为零。

$$P=\frac{1}{T}\int_0^T p(t)\mathrm{d}t=\frac{1}{T}\int_0^T UI\sin2\omega t\,\mathrm{d}t=0$$

由上述可知,电容元件在交流电路中,虽然不消耗电能,但它还要和电源不断地进行能量交换。为了衡量能量交换的规模,取瞬时功率的最大值作为能量交换规模的大小,引入无功功率,即

$$Q_C=UI=I^2X_C=\frac{U^2}{X_C} \qquad (2-1-31)$$

这是容性无功功率,单位为乏（var）或千乏（kvar）。

【例 $2-1-9$】　有一电容元件,电容量 $C=10\mu F$,接在 $f=50Hz$,$U=220V$ 的正弦交流电源上。求：(1) 容抗 X_C、电流 I 和无功功率 Q_C；(2) 若电源频率增加到 $150Hz$,容抗、电流和无功功率又是多少？

解：(1) 容抗为

$$X_C=\frac{1}{\omega C}=\frac{1}{2\pi\times50\times10\times10^{-6}}\approx318.3(\Omega)$$

电容电流为

$$I = \frac{U}{X_C} = \frac{220}{318.3} \approx 0.69(A)$$

无功功率为

$$Q_C = UI = 220 \times 0.69 = 151.8(var)$$

（2）容抗与频率成正比，频率变为原来的 $\frac{150}{50} = 3$ 倍，则容抗变为原来的 $\frac{1}{3}$，即

$$X_C' = \frac{1}{3} \times 318.3 = 106.1(\Omega)$$

电压有效值不变，则根据

$$I = \frac{U}{X_L}$$

电流变为原来的 3 倍，即　　　　$I' = 3 \times 0.69 = 2.07(A)$

吸收的无功功率也变为原来的 3 倍，即　$Q_C' = 3 \times 151.8 = 455.4(var)$

由此可见，电源电压一定时，频率越高，容抗越小，电容电流越大。

　　以上分别分析了电阻元件、电感元件、电容元件在正弦交流电路中的特性。这三种单一元件中电压电流的大小和相位关系以及功率特性，是今后分析计算正弦交流电路的基础。现将三种元件电路的交流特性总结于表 2-2-5 中。

表 2-1-5　　　　　　R、L、C 元件的电压电流关系和功率特性

电路元件		R	L	C
电路图	瞬时值	$\begin{array}{c} i \quad R \\ \circ\!-\!\square\!-\!\circ \\ +\ u\ - \end{array}$	$\begin{array}{c} i \quad L \\ \circ\!-\!\curvearrowright\!-\!\circ \\ +\ u\ - \end{array}$	$\begin{array}{c} i \quad C \\ \circ\!-\!\|\!-\!\circ \\ +\ u\ - \end{array}$
	相量模型	$\begin{array}{c} \dot I \quad R \\ \circ\!-\!\square\!-\!\circ \\ +\ \dot U\ - \end{array}$	$\begin{array}{c} \dot I \quad jX_L \\ \circ\!-\!\curvearrowright\!-\!\circ \\ +\ \dot U\ - \end{array}$	$\begin{array}{c} \dot I \quad jX_C \\ \circ\!-\!\curvearrowright\!-\!\circ \\ +\ \dot U\ - \end{array}$
伏安关系		$u = Ri$	$u = L\dfrac{di}{dt}$	$i = C\dfrac{du}{dt}$
瞬时值表达式		$i = \sqrt{2}I\sin\omega t$ $u = \sqrt{2}RI\sin\omega t$	$i = \sqrt{2}I\sin\omega t$ $u = \sqrt{2}X_L I\sin(\omega t + 90°)$ $X_L = \omega L$	$i = \sqrt{2}I\sin(\omega t + 90°)$ $u = \sqrt{2}X_C I\sin\omega t$ $X_C = \dfrac{1}{\omega C} = \dfrac{1}{2\pi fC}$
电压电流关系	相位（相量图）	$\xrightarrow{\dot I} \dot U$	$\begin{array}{c} \dot U \uparrow \\ \xrightarrow{\ \ } \dot I \end{array}$	$\begin{array}{c} \dot I \uparrow \\ \xrightarrow{\ \ } \dot U \end{array}$
	大小（有效值）	$U = RI$	$U = X_L I$	$U = X_C I$
平均功率		$P = UI = I^2 R = \dfrac{U^2}{R}$	$P = 0$	$P = 0$
无功功率		$Q = 0$	$Q_L = UI = I^2 X_L = \dfrac{U^2}{X_L}$	$Q_C = UI = I^2 X_C = \dfrac{U^2}{X_C}$

拓展知识

一、电容与电感的连接

1. 电容的连接

（1）并联。使用实际的电容器，当电容量不够时可将几个电容器并联使用。图 2-1-33（a）所示的是三个电容并联，设端口电压为 u，当各个电容充电结束后，它们的两极板间电压都相等，并等于端口电压 u。因此，三只电容元件的电荷量分别为 $q_1＝C_1u$、$q_2＝C_2u$、$q_3＝C_3u$。若用一个等效电容来代替，则等效电容的电荷量应是三只电容元件电荷量之和，即

$$q＝q_1＋q_2＋q_3＝C_1u＋C_2u＋C_3u＝(C_1＋C_2＋C_3)u$$

故得并联的等效电容为

$$C＝C_1＋C_2＋C_3 \qquad (2-1-32)$$

如图 2-1-33（b）所示。

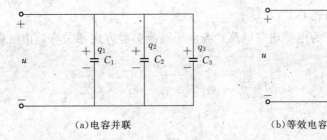

（a）电容并联　　　　　　　（b）等效电容

图 2-1-33　电容的并联

（2）串联。若单个电容耐压不够，可以将几个电容串联使用。图 2-1-34（a）所示的是三个电容串联。如果将这一组电容接到电压为 u 的电源上，电容就会被充电。充电结束后，与外界相联的两极板充有等量的异性电荷 q，中间的各极板因静电感应而产生等量异号的感应电荷。这样，每个电容极板的电荷相等，都为 q，每个电容的电压分别为 u_1、u_2、u_3，由 KVL 得总电压为

$$u＝u_1＋u_2＋u_3＝\frac{q}{C_1}＋\frac{q}{C_2}＋\frac{q}{C_3}$$

$$＝\left(\frac{1}{C_1}＋\frac{1}{C_2}＋\frac{1}{C_3}\right)q$$

故得串联的等效电容为

$$C＝\frac{q}{u}＝\frac{1}{\dfrac{1}{C_1}＋\dfrac{1}{C_2}＋\dfrac{1}{C_3}}$$

即

$$\frac{1}{C}＝\frac{1}{C_1}＋\frac{1}{C_2}＋\frac{1}{C_3} \qquad (2-1-33)$$

如图 2-1-34（b）所示。

同时由于

$$C_1u_1＝C_2u_2＝C_3u_3＝q$$

所以有

$$u_1 : u_2 : u_3 = \frac{1}{C_1} : \frac{1}{C_2} : \frac{1}{C_3} \qquad (2-1-34)$$

即串联电容的电压与电容量成反比，电容值小的电容元件承受的电压较高，在实际应用中应注意，以免电容的电介质被击穿。

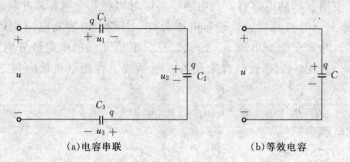

(a)电容串联　　　　　　　　(b)等效电容

图 2-1-34　电容的串联

2. 无互感电感的连接

图 2-1-35 （a）为电感串联电路，各电压电流参考方向相关联，由电感元件的电压电流关系得

$$u_1 = L_1 \frac{\mathrm{d}i}{\mathrm{d}t}, \quad u_2 = L_2 \frac{\mathrm{d}i}{\mathrm{d}t}, \quad u_3 = L_3 \frac{\mathrm{d}i}{\mathrm{d}t}$$

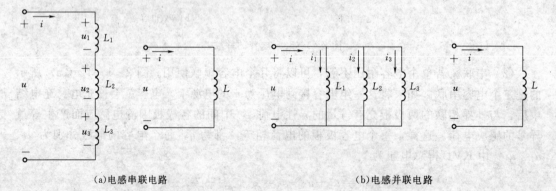

(a)电感串联电路　　　　　　　　　　(b)电感并联电路

图 2-1-35　无互感电感的连接

由 KVL，端口电压为

$$u = u_1 + u_2 + u_3 = (L_1 + L_2 + L_3) \frac{\mathrm{d}i}{\mathrm{d}t} = L \frac{\mathrm{d}i}{\mathrm{d}t}$$

即电感串联后的等效电感为各串联电感之和，即

$$L = L_1 + L_2 + L_3 \qquad (2-1-35)$$

电感并联电路如图 2-1-35 （b）所示，利用电感元件上电压、电流的积分关系可得，电感并联电路等效电感的倒数等于并联电感倒数之和，即

$$\frac{1}{L} = \frac{1}{L_1} + \frac{1}{L_2} + \frac{1}{L_3} \qquad (2-1-36)$$

二、钳形电流表及其使用

　　钳形电流表简称钳形表或卡表，它的外形很像钳子。用电流表测量电路中的电流时，必须将被测电路断开，然后将电流表或电流互感器的原边线圈串接到被测电路中去，而使用钳形电流表时不需要将电路切断，只要将待测电流的导线用钳形铁芯套住，便能测量电路中的电流。因此，它是一种特殊的电流表。

　　1. 钳形电流表的基本结构和工作原理

　　钳形电流表包括交流和交直流两用两种类型，这里主要介绍交流钳形电流表，图 2 - 1 - 36（a）是其外形图，图 2 - 1 - 36（b）是其工作原理图。钳形电流表是由电流互感器和电流表两部分组成的，其中电流互感器的铁芯有一活动部分，与手柄相连。测量时，用手握紧钳形电流表的手柄，电流互感器的铁芯便张开，将被测电流的导线卡入钳口中央，然后放开手柄，铁芯闭合。此时，被测电流的导线相当于电流互感器的原边线圈。导线中的交变电流在磁路中产生交变磁通，线圈中就会出现与被测电流成一定比例的二次感应电流，和线圈相连的电磁式电流表的指针就会偏转，从而指示出被测电流值。

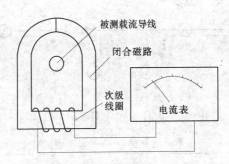

　　（a）外形图　　　　　　　　　　　（b）工作原理图

图 2 - 1 - 36　钳形电流表

　　钳形电流表的优点是使用时不必断开被测电路，所以用它来测量或检查电气设备的运行十分方便，其缺点是测量误差较大。

　　2. 钳形电流表的正确使用

　　（1）钳形电流表测量前，应检查电流表指针是否指向零位，否则，应进行机械调零。

　　（2）测量前，还应检查钳口的开合情况，要求钳口可动部分开合自如，两边钳口结合面接触紧密。如钳口上有油污和杂物，应用溶剂洗净；如有锈斑，应轻轻擦去。测量时务必使钳口接合紧密，以减少漏磁通，提高测量精确度。

　　（3）测量时，量程选择旋钮应置于适当位置，以便在测量时使指针超过中间刻度，以减少测量误差。如事先不知道被测电路电流的大小，可先将量程选择旋钮置于高档，然后再根据指针偏转情况将量程旋钮调整到合适位置。

　　（4）当被测电路电流太小，即使在最低量程档指针偏转角都不大时，为提高测量精确度，可将被测载流导线在钳口部分的铁芯柱上缠绕几圈后进行测量，将电流表指针指示数除以穿入钳口内导线根数即得实测电流值。

（5）测量时，应使被测导线置于钳口内中心位置，以利于减小测量误差。

（6）钳形电流表不用时，应将量程选择旋钮旋至最高量程档。

优化训练

2.1.3.1　一个白炽灯的电压为 220V、功率为 60W，（1）试求它的电阻；（2）如电流的初相为 60°，试写出它的电流、电压的解析式，并作相量图。

2.1.3.2　有一标有"220V、25W"的灯泡，接在 220V 的电源上，求灯泡的电阻和通过灯泡的电流；如果每晚使用 4 小时，问一个月消耗多少电能？（一个月以 30 天计算）

2.1.3.3　$L=0.6H$ 的电感元件的电压为 $u(t)=220\sqrt{2}\sin100\pi t$V，试求：（1）电感元件的电流和无功功率；（2）电感元件中磁场能量的最大值。

2.1.3.4　已知图 2-1-37 所示各电路中电流表 A_1、A_2 的读数均为 10A，试求电流表 A 的读数。

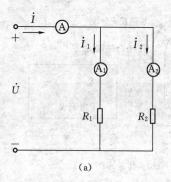
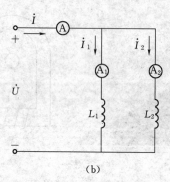
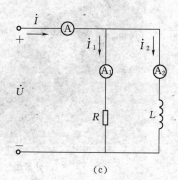

图 2-1-37　训练 2.1.3.4 图

2.1.3.5　$C=20\mu F$ 的工业用电容器，两极之间的电压为 $u(t)=4000\sqrt{2}\sin100\pi t$V，试求：（1）电容电流和无功功率；（2）电容器吸收能量的最大值。

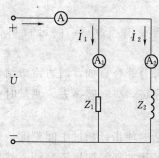

图 2-1-38　训练 2.1.3.6 图

2.1.3.6　如图 2-1-38 所示电路，电流表 A_1 和 A_2 的读数分别为 $I_1=3A$，$I_2=4A$。

（1）设 $Z_1=R$，$Z_2=-jX_C$，则电流表 A 的读数应为多少？

（2）设 $Z_1=R$，则 Z_2 为何种参数才能使电流表 A 的读数最大？此读数应为多少？

（3）设 $Z_1=jX_L$，则 Z_2 为何种参数才能使电流表 A 的读数最小？此读数应为多少？

2.1.3.7　求图 2-1-39 所示电路的等效电容及端口电压。

2.1.3.8　如何正确使用钳形电流表？

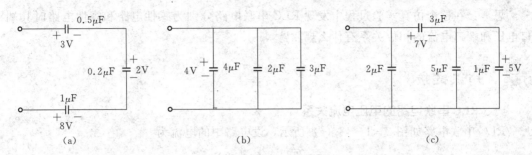

图 2-1-39 训练 2.1.3.7 图

任务四 RLC 串联电路的测量与分析

 工作任务

一、构建一个 RLC 串联电路

运用 MATLAB 软件的 simulink 功能，按照图 2-1-40 构建 RLC 串联仿真电路模型。

二、RLC 串联电路电压和电流间的波形关系（感性电路）

选择工频电源电压有效值为 220V，

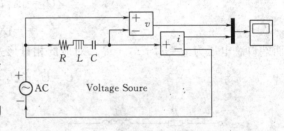

图 2-1-40 RLC 串联仿真电路模型

电阻 R 为 3Ω，电感 L 为 0.0159H，电容 C 为 3184.7μF，仿真时间 0.2s。经仿真得 RLC 串联电路为感性电路时电压和电流的波形关系如图 2-1-41 所示，从图 2-1-41 中可以看出电压 u 超前电流 i。

三、RLC 串联电路电压和电流间的波形关系（容性电路）

选择工频电源电压有效值为 220V，电阻 R 为 3Ω，电感 L 为 0.003185H，电容 C 为 636.9μF，仿真时间 0.2s。经仿真得 RLC 串联电路为容性电路时电压和电流的波形关系如图 2-1-42 所示，从图 2-1-42 中可以看出电流 i 超前电压 u。

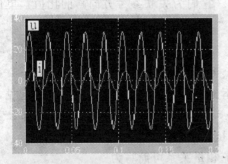

图 2-1-41 感性 RLC 串联仿真电路
的电压电流相位关系

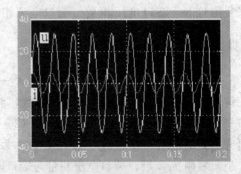

图 2-1-42 容性 RLC 串联仿真电路
的电压电流相位关系

思考：在这个仿真实验过程中发现 RLC 串联电路分别为感性电路和容性电路时其端口电压和端口电流的相位关系有什么规律？

　知识链接

一、RLC 串联电路的电压电流关系

RLC 串联电路如图 2-1-43（a）所示，设电路中的电流为

$$i=\sqrt{2}I\sin(\omega t+\psi_i)$$

对应的相量为 $\dot{I}=I\angle\psi_i$，通过 R、L、C 元件，分别产生电压降为 u_R、u_L、u_C，相应的相量为 $\dot{U}_R$、$\dot{U}_L$、$\dot{U}_C$，每个元件的电压电流关系为

$$\begin{cases}\dot{U}_R=R\dot{I}\\\dot{U}_L=jX_L\dot{I}\\\dot{U}_C=-jX_C\dot{I}\end{cases} \quad (2-1-37)$$

而端口总电压为 $u=u_R+u_L+u_C$，对应的相量形式为

$$\dot{U}=\dot{U}_R+\dot{U}_L+\dot{U}_C$$

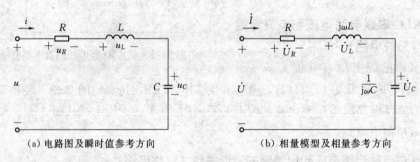

（a）电路图及瞬时值参考方向　　　　（b）相量模型及相量参考方向

图 2-1-43　RLC 串联电路

将式（2-1-37）代入整理得

$$\dot{U}=[R+j(X_L-X_C)]\dot{I}$$

定义复阻抗等于端口电压相量与端口电流相量（它们为关联参考方向）的比值，单位为 Ω，即 $Z=\dfrac{\dot{U}}{\dot{I}}$。则有

$$Z=R+j(X_L-X_C)=R+jX \quad (2-1-38)$$

可见，复阻抗是电路的一个复数参数，而不是表示正弦量的相量，为了区别起见，复阻抗只用大写字母表示，而不加点。式（2-1-38）为复阻抗的代数形式，其实部 R 就是所研究电路的电阻，虚部 $X=X_L-X_C$，称为电抗，单位为 Ω。

引入复阻抗 Z 后，端口电压相量与端口电流相量关系可简写为

$$\dot{U}=Z\dot{I} \quad (2-1-39)$$

该式称为相量形式的欧姆定律，RLC 串联电路相量模型如图 2-1-42（b）所示。

复阻抗也可以用极坐标形式表示

$$Z=|Z|\angle\varphi \tag{2-1-40}$$

式中

$$\begin{cases} |Z|=\sqrt{R^2+X^2} \\ \varphi=\arctan\left(\dfrac{X}{R}\right)=\arctan\left(\dfrac{X_L-X_C}{R}\right) \end{cases}$$

以及

$$\begin{cases} R=|Z|\cos\varphi \\ X=|Z|\sin\varphi \end{cases}$$

$|Z|$ 称为复阻抗模，总为正，单位为 Ω；φ 是复阻抗的辐角称为阻抗角，可能为正，可能为负，也可能为零，取决于 X 的取值。当 $X_L>X_C$ 时，$X>0$，$\varphi>0$，电路是电感性的；当 $X_L<X_C$ 时，$X<0$，$\varphi<0$，电路是电容性的；当 $X_L=X_C$ 时，$X=0$，$\varphi=0$，电路是电阻性的，此时电路发生谐振。R、X、$|Z|$ 和 φ 之间的关系可用阻抗三角形表示，如图 $2-1-44$ 所示。

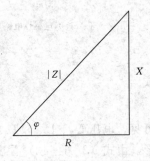

图 $2-1-44$　阻抗三角形

复阻抗用极坐标形式表示后，式（$2-1-39$）可改写为

$$\dot{U}=Z\dot{I}=|Z|\angle\varphi I\angle\psi_i=|Z|I\angle(\varphi+\psi_i)=U\angle\psi_u$$

其瞬时值表达式为

$$u=\sqrt{2}|Z|I\sin(\omega t+\psi_i+\varphi)=\sqrt{2}U\sin(\omega t+\psi_u) \tag{2-1-41}$$

式中，$\varphi=\psi_u-\psi_i$，为关联参考方向下电压相量超前电流相量的角度，等于阻抗角。$\varphi>0$ 时，电流滞后于电压，电路呈电感性；$\varphi<0$ 时，电流超前于电压，电路呈电容性；$\varphi=0$ 时，电压和电流同相位，电路呈电阻性。

二、RLC 串联电路的相量图

RLC 串联电路的相量图如图 $2-1-45$ 所示。作相量图时，选取电流 $\dot{I}$ 为参考相量，设初相 $\psi_i=0$，然后作 R、L、C 各元件的电压相量，电阻电压 $\dot{U}_R$ 与电流 $\dot{I}$ 同相位，电感电压 $\dot{U}_L$ 超前于电流 $\dot{I}$ 90°，电容电压 $\dot{U}_C$ 滞后于电流 $\dot{I}$ 90°，所以 $\dot{U}_L$ 与 $\dot{U}_C$ 的相位差为 180°，两者合并成 $\dot{U}_X$。画图时采用多角形加法，这种加法是根据首尾相接的原则进行的。具体画法是：先画出第一个相量 $\dot{U}_R$，再在 $\dot{U}_R$ 的尾端直接画出第二个相量 $\dot{U}_L$，在 $\dot{U}_L$ 的尾端再画出第三个相量 $\dot{U}_C$。求和的结果是从第一个相量的首端指向最后一个相量的尾端，得出相量 $\dot{U}$。图 $2-1-45$（a）中，$U_L>U_C$，是电感性电路，所以 $\dot{U}$ 超前 $\dot{I}$，$\varphi>0$；图 $2-1-45$（b）中，$U_L<U_C$，是电容性电路，所以 $\dot{U}$ 滞后 $\dot{I}$，$\varphi<0$；图 $2-1-45$（c）中，$U_L=U_C$，是电阻性电路，所以 $\dot{U}$ 和 $\dot{I}$ 同相位，$\varphi=0$。

图 $2-1-45$ 中将 $\dot{U}_L$ 和 $\dot{U}_C$ 合并成 $\dot{U}_X$ 后，则有

$$\dot{U}=\dot{U}_R+\dot{U}_L+\dot{U}_C=\dot{U}_R+\dot{U}_X \tag{2-1-42}$$

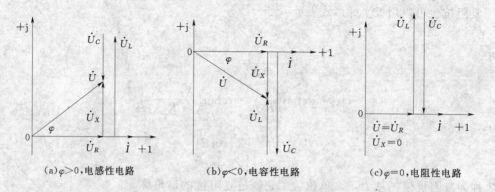

(a) $\varphi > 0$,电感性电路　　　(b) $\varphi < 0$,电容性电路　　　(c) $\varphi = 0$,电阻性电路

图 2-1-45　RLC 串联电路相量图

或

$$Z\dot{I} = R\dot{I} + jX\dot{I} \qquad\qquad (2-1-43)$$

可见，电压 U_R、U_X 和 U 组成一直角三角形，称为电压三角形。由式（2-1-43）看出，将阻抗三角形的各条边乘以 I，即可得到电压三角形。因此，两个三角形是相似的，如图 2-1-46 所示。

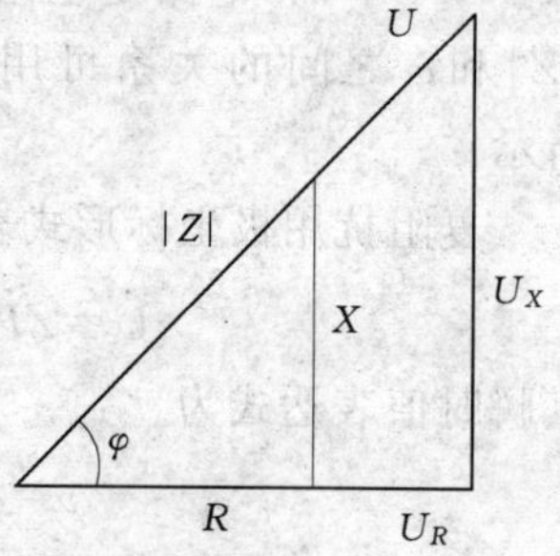

【例 2-1-10】　日光灯导通后，镇流器与灯管串联，其模型为电阻与电感串联，一个日光灯电路的 $R = 300\Omega$、$L = 1.6\text{H}$，工频电源电压为 220V。试求：灯管电流及其与电源电压的相位差、灯管电压和镇流器电压。

图 2-1-46　电压三角形和阻抗三角形

解：镇流器的感抗为

$$X_L = \omega L = 314 \times 1.6 = 502.4(\Omega)$$

电路的复阻抗为

$$Z = R + jX_L = 300 + j502.4 = 585.2\angle 59.2°(\Omega)$$

所以电源电压超前灯管电流 59.2°。

灯管电流为

$$I = \frac{U}{|Z|} = \frac{220}{585.2} = 0.376(\text{A})$$

灯管电压为

$$U_R = RI = 300 \times 0.376 = 112.8(\text{V})$$

镇流器电压为

$$U_L = X_L I = 502.4 \times 0.376 = 188.9(\text{V})$$

【例 2-1-11】　如图 2-1-47（a）所示电路中，已知电压表 V_1、V_2、V_3 的读数均为 50V，试求电压表 V 的读数。

解：设端电流为参考相量，即 $\dot{I} = I\angle 0°$ A

（1）方法一：选定各元件电压的参考方向如图 2-1-47（a）所示，则

$$\dot{U}_1 = 50\angle 0° \text{ V（与电压同相）}$$

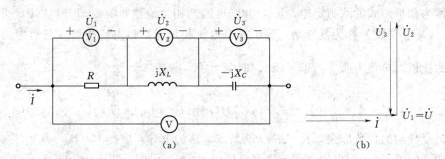

图 2-1-47 例 2-1-11图

$$\dot{U}_2 = 50 \angle 90° \text{V(超前于电流90°)}$$

$$\dot{U}_3 = 50 \angle -90° \text{V(滞后于电流90°)}$$

由相量形式的 KVL，有

$$\dot{U} = \dot{U}_1 + \dot{U}_2 + \dot{U}_3 = 50 \angle 0° + 50 \angle 90° + 50 \angle -90° = 50 + 50j - 50j = 50 \text{(V)}$$

所以电压表 V 的读数为50V。

方法二：画出对应的相量图如图 2-1-47（b）所示，由相量图得

电压表 V 的读数 $= U = \sqrt{U_1^2 + (U_2 - U_3)^2} = \sqrt{50^2 + (50-50)^2} = 50 \text{(V)}$

 拓展知识

一、RLC 并联电路的电压电流关系

RLC 并联电路如图 2-1-48（a）所示，设加到电路的电压为 $u = \sqrt{2} U \sin(\omega t + \psi_u)$，对应的相量为 $\dot{U} = U \angle \psi_u$，通过 R、L、C 元件，分别产生电流为 i_R、i_L、i_C，相应的相量为 $\dot{I}_R$、$\dot{I}_L$、$\dot{I}_C$，每个元件的电压电流关系为 $\dot{I}_R = \dfrac{\dot{U}}{R}$，$\dot{I}_L = \dfrac{\dot{U}}{j\omega L}$，$\dot{I}_C = \dfrac{\dot{U}}{\dfrac{1}{j\omega C}}$，而端口总电流为 $i = i_R + i_L + i_C$，对应的相量形式为 $\dot{I} = \dot{I}_R + \dot{I}_L + \dot{I}_C$，所以有

$$\dot{I} = \left[\frac{1}{R} + j\left(-\frac{1}{\omega L} + \omega C \right) \right] \dot{U} = Y\dot{U} \qquad (2-1-44)$$

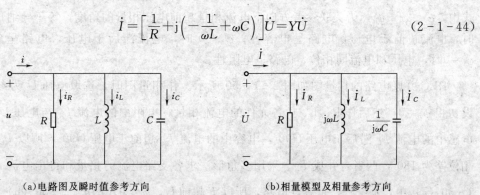

(a)电路图及瞬时值参考方向   (b)相量模型及相量参考方向

图 2-1-48 RLC 并联电路

此式也称为相量形式的欧姆定律，RLC 并联电路的相量模型如图 2-1-48（b）所示。式（2-1-44）中复数 Y 称为复导纳，等于端口电流相量与端口电压相量（它们为关联参考方向）的比值，单位为西［门子］(S)，即 $Y=\dfrac{\dot{I}}{\dot{U}}$。则有

$$Y=\frac{1}{R}+\mathrm{j}\left(-\frac{1}{\omega L}+\omega C\right)=G+\mathrm{j}(B_C-B_L)=G+\mathrm{j}B \qquad (2-1-45)$$

此为复导纳的代数形式，其实部 G 就是该电路的电导，虚部 $B=B_C-B_L$，称为电纳，单位为西［门子］(S)。根据复数运算可以证明 $ZY=1$，即 Z 和 Y 互为倒数。

复导纳也可以用极坐标形式表示

$$Y=|Y|\angle\varphi' \qquad (2-1-46)$$

式中

$$\begin{cases}|Y|=\sqrt{G^2+B^2}\\[2mm]\varphi'=\arctan\left(\dfrac{B}{G}\right)=\arctan\left(\dfrac{B_C-B_L}{G}\right)\end{cases}$$

以及

$$\begin{cases}G=|Y|\cos\varphi'\\ B=|Y|\sin\varphi'\end{cases}$$

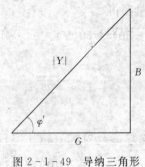

图 2-1-49　导纳三角形

$|Y|$ 称为复导纳模，总为正，单位为西［门子］(S)；φ' 是复导纳的辐角称为导纳角，可能为正，可能为负，也可能为零，取决于 B 的取值。当 $B_C>B_L$ 时，$B>0$，$\varphi'>0$，电路是电容性的；当 $B_C<B_L$ 时，$B<0$，$\varphi'<0$，电路是电感性的；当 $B_C=B_L$ 时，$B=0$，$\varphi'=0$，电路是电阻性的。G、B、$|Y|$ 和 φ' 之间的关系可用导纳三角形表示，如图 2-1-49 所示。

复导纳用极坐标形式表示后，式（2-1-44）可改写为

$$\dot{I}=Y\dot{U}=|Y|\angle\varphi'\ U\angle\psi_u=|Y|U\angle(\varphi'+\psi_u)=\dot{I}\angle\psi_i$$

其瞬时值表达式为

$$i=\sqrt{2}|Y|U\sin(\omega t+\psi_u+\varphi')=\sqrt{2}I\sin(\omega t+\psi_i) \qquad (2-1-47)$$

式中，$\varphi'=\psi_i-\psi_u$，为关联参考方向下电流相量超前电压相量的角度，等于导纳角。$\varphi'>0$ 时，电流超前于电压，电路呈电容性；$\varphi'<0$ 时，电流滞后于电压，电路呈电感性；$\varphi'=0$ 时，电压和电流同相位，电路呈电阻性。

RLC 并联电路的相量图如图 2-1-50 所示。作相量图时，选取电压 $\dot{U}$ 为参考相量，设初相 $\psi_u=0$，然后作 R、L、C 各元件的电流相量，电阻中的电流 $\dot{I}_R$ 与电压 $\dot{U}$ 同相位，电感中的电流 $\dot{I}_L$ 滞后于电压 $\dot{U}$ 90°，电容中的电流 $\dot{I}_C$ 超前于电压 $\dot{U}$ 90°，所以 $\dot{I}_L$ 与 $\dot{I}_C$ 的相位差为 180°，两者合并成 $\dot{I}_B$。采用多角形法求各支路电流的相量和得出电流 $\dot{I}$。图 2-1-50（a）中，$I_C>I_L$，是容性电路，所以 $\dot{I}$ 超前 $\dot{U}$，$\varphi'>0$；图 2-1-50（b）中，$I_C<I_L$，是感性电路，所以 $\dot{I}$ 滞后 $\dot{U}$，$\varphi'<0$；图 2-1-50（c）中，$I_C=I_L$，是电阻性电路，

所以 $\dot{U}$ 和 $\dot{I}$ 同相位，$\varphi'=0$。

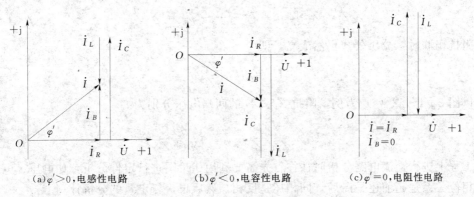

(a)$\varphi'>0$,电感性电路　　(b)$\varphi'<0$,电容性电路　　(c)$\varphi'=0$,电阻性电路

图 2-1-50　RLC 并联电路相量图

图 2-1-50 中，将 $\dot{I}_L$ 和 $\dot{I}_C$ 合并成 $\dot{I}_B$ 后，则有

$$\dot{I}=\dot{I}_R+\dot{I}_L+\dot{I}_C=\dot{I}_R+\dot{I}_B \tag{2-1-48}$$

或

$$Y\dot{U}=G\dot{U}+jB\dot{U} \tag{2-1-49}$$

可见，电流 I_R、I_B 和 I 组成一直角三角形，称为电流三角形。由式（2-1-48）看出，将导纳三角形的各条边乘以 U，即可得到电流三角形。因此，两个三角形是相似的，如图 2-1-51 所示。

二、阻抗的串并联

1. 阻抗串联

图 2-1-52（a）所示是两个阻抗串联的电路，由 KVL 得

$\dot{U}=\dot{U}_1+\dot{U}_2=Z_1\dot{I}+Z_2\dot{I}=(Z_1+Z_2)\dot{I}=Z\dot{I}$。

所以，其等效复阻抗为

$$Z=Z_1+Z_2$$

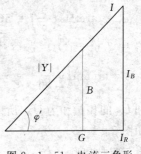

图 2-1-51　电流三角形和导纳三角形

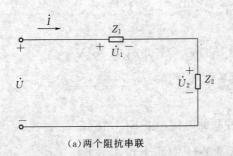

(a)两个阻抗串联

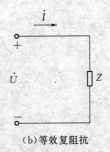

(b)等效复阻抗

图 2-1-52　两个阻抗串联

如图 2-1-52（b）所示。由于 $U\neq U_1+U_2$，即 $|Z|I\neq|Z_1|I+|Z_2|I$，所以 $|Z|\neq|Z_1|+|Z_2|$。由此可见，等效复阻抗等于各个串联复阻抗之和，而阻抗的幅值却不

满足这一关系。当有 n 个阻抗 Z_1、…、Z_k、…、Z_n 串联时，等效复阻抗为

$$Z = Z_1 + \cdots + Z_k + \cdots + \dot{Z}_n = \sum_{k=1}^{n} Z_k \qquad (2-1-50)$$

阻抗串联时，分压公式仍然成立，即

$$\dot{U}_k = Z_k \dot{I} = \frac{Z_k}{Z} \dot{U} \qquad (2-1-51)$$

以图 2-1-52（a）为例，阻抗 Z_1、Z_2 的两端电压分别为

$$\dot{U}_1 = \frac{Z_1 \dot{U}}{Z_1 + Z_2}, \quad \dot{U}_2 = \frac{Z_2 \dot{U}}{Z_1 + Z_2}$$

工程上进行交流电路分析时往往首先需要利用相量图进行定性分析，如电压、电流相量的相位关系是超前还是滞后，同相还是反相，然后再进行定量的分析计算。

【例 2-1-12】 如图 2-1-52（a）所示电路，$Z_1 = (6+j9)\Omega$，$Z_2 = (2.66-j4)\Omega$，电源电压 $\dot{U} = 220 \angle 30° \text{V}$，计算电路中的电流和各阻抗上的电压，并画出相量图。

解： 先作出近似的相量图。选电流相量为参考相量，并设其初相为零，其他相量就根据与参考相量的关系作出。

本题中，$Z_1 = (6+j9)\Omega$ 是感性元件，其阻抗角 $\varphi_1 = \arctan\left(\dfrac{9}{6}\right) = 56.3°$，$\dot{U}_1$ 超前 $\dot{I}\,56.3°$；$Z_2 = (2.66-j4)\Omega$ 是容性元件，其阻抗角 $\varphi_2 = -\arctan\left(\dfrac{4}{2.66}\right) = -56.4°$，$\dot{U}_2$ 滞后 $\dot{I}$。$\dot{U}_1$

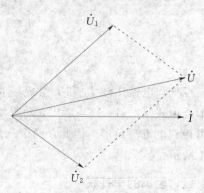

图 2-1-53　相量图

和 $\dot{U}_2$ 的相量和为 $\dot{U}$，所以可作出近似的相量图，如图 2-1-53 所示。

由于阻抗串联，有

$$Z = Z_1 + Z_2 = (6+j9+2.66-j4)\Omega = (8.66+j5)\Omega = 10 \angle 30° \,\Omega$$

所以

$$\dot{I} = \frac{\dot{U}}{Z} = \frac{220 \angle 30°}{10 \angle 30°} \text{A} = 22\text{A}$$

各阻抗上的电压分别为

$$\dot{U}_1 = Z_1 \dot{I} = 22(6+j9)\text{V} = 237.97 \angle 56.3° \text{V}$$

$$\dot{U}_2 = Z_2 \dot{I} = 22(2.66-j4)\text{V} = 105.68 \angle -56.4° \text{V}$$

2. 阻抗并联

图 2-1-54（a）所示是两个阻抗并联的电路，由 KCL 得

$$\dot{I} = \dot{I}_1 + \dot{I}_2 = Y_1 \dot{U} + Y_2 \dot{U} = (Y_1 + Y_2)\dot{U} = Y\dot{U}$$

所以，其等效复导纳为

$$Y = Y_1 + Y_2$$

如图 2-1-54（b）所示。由于 $I \neq I_1 + I_2$，即 $|Y|U \neq |Y_1|U + |Y_2|U$，所以 $|Y| \neq$

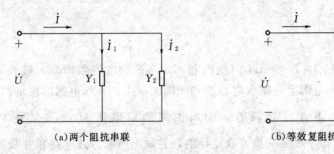

(a)两个阻抗串联　　　　　(b)等效复阻抗

图 2-1-54　两个阻抗并联

$|Y_1|+|Y_2|$。由此可见，等效复导纳等于各个并联复导纳之和，而复导纳的幅值却不满足这一关系。当有 n 个复导纳 Y_1、$\cdots$、Y_k、$\cdots$、Y_n 并联时，等效复导纳为

$$Y = Y_1 + \cdots + Y_k + \cdots + Y_n = \sum_{k=1}^{n} Y_k \qquad (2-1-52)$$

阻抗并联时，分流公式仍然成立，即

$$\dot{I}_k = Y_k \dot{U} = \frac{Y_k}{Y} \dot{I} \qquad (2-1-53)$$

以图 2-1-54 (a) 为例，流过复导纳 Y_1、Y_2 的电流分别为

$$\dot{I}_1 = \frac{Y_1 \dot{I}}{Y_1 + Y_2} = \frac{Z_2}{Z_1 + Z_2} \dot{I}, \quad \dot{I}_2 = \frac{Y_2 \dot{I}}{Y_1 + Y_2} = \frac{Z_1}{Z_1 + Z_2} \dot{I}$$

【例 2-1-13】 图 2-1-55 (a) 所示，已知 $Z_1 = (3+j4)\Omega$，$Z_2 = (8-j6)\Omega$，电源电压 $\dot{U} = 220\angle 10^\circ$ V，试求电流 $\dot{I}_1$、$\dot{I}_2$ 和 $\dot{I}$，以及 $\dot{U}$ 超前 $\dot{I}$ 的角度。

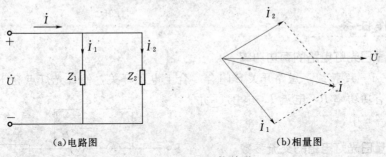

(a)电路图　　　　　(b)相量图

图 2-1-55　阻抗并联

解：先作出近似的相量图，选取电压 $\dot{U}$ 为参考相量，并设其初相为零。因为 $Z_1 = (3+j4)\Omega = 5\angle 53^\circ \Omega$，所以 $\dot{I}_1$ 滞后于 $\dot{U}$ 53°；$Z_2 = (8-j6)\Omega = 10\angle -37^\circ \Omega$，所以 $\dot{I}_2$ 超前于 $\dot{U}$ 37°。$\dot{I}_1$ 和 $\dot{I}_2$ 的相量和等于 $\dot{I}$，所以可作出近似的相量图，如图 2-1-55 (b) 所示。

$$\dot{I}_1 = \frac{\dot{U}}{Z_1} = \frac{220\angle 10^\circ}{5\angle 53^\circ} = 44\angle -43^\circ \ (A)$$

$$\dot{I}_2 = \frac{\dot{U}}{Z_2} = \frac{220\angle 10^\circ}{10\angle -37^\circ} = 22\angle 47^\circ \ (A)$$

$$\dot{I} = \dot{I}_1 + \dot{I}_2 = (44\angle -43^\circ + 22\angle 47^\circ) = [(32.2-j30)+(15+j16.1)]$$

$$= (47.2-j13.9) = 49.2\angle -16.4^\circ \ (A)$$

优化训练

2.1.4.1　$R=15\Omega$，$L=4\text{mH}$ 的线圈和 $C=5\mu\text{F}$ 的电容器串联，接到 $\omega=5000\text{s}^{-1}$、$U=100\text{V}$ 的正弦交流电源上，试求电容器和线圈的电压，并作电路的相量图。

2.1.4.2　已知不含独立源的一端口网络端口电压 $\dot{U}=48\angle70°\text{V}$，端口电流 $\dot{I}=8\angle100°\text{A}$，试求其等效阻抗和等效复导纳，并画出串联等效电路和并联等效电路。

2.1.4.3　已知阻抗 $Z_1=2\Omega$ 和 $Z_2=2+\text{j}3\Omega$ 串连接到电压为 $\dot{U}=10\angle0°\text{V}$ 的电源上，试求电路电流 $\dot{I}$ 和各阻抗的电压 $\dot{U}_1$ 和 $\dot{U}_2$，并分别用 $\dot{I}$ 和 $\dot{U}$ 为参考相量作电路相量图。

2.1.4.4　求图 2-1-56（a）、（b）中未知电压表的读数。

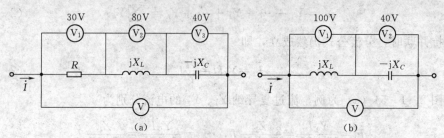

图 2-1-56　训练 2.1.4.4 图

任务五　测量日光灯电路的有功功率及其交流参数

 工作任务

一、测量日光灯电路的有功功率

按图 2-1-57 接线，短路开关 S 闭合。合上电源开关，使日光灯点亮工作。测量日光灯电路的有功功率 P，电流 I，电压 U 并记入表 2-1-6 中。

二、测量日光灯电路的交流参数

日光灯电路的交流参数可用下列计算公式求得

$$Z=\frac{U}{I}, \quad R=\frac{P}{I^2}$$

$$X_L=\sqrt{Z^2-R^2}, \quad L=\frac{X_L}{\omega}, \quad \cos\varphi=\frac{P}{UI}$$

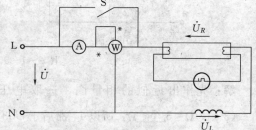

图 2-1-57　测量日光灯电路有功功率接线图

表 2-1-6　　　　日光灯电路交流参数测试数据表

测　量　值					计　算　值				
U (V)	I (A)	P (W)	U_L (V)	U_R (V)	Z (Ω)	R (Ω)	X_L (Ω)	L (H)	$\cos\varphi$
220V									

一、有功功率表及其使用

电动系功率表是用来测量交流电路有功功率的电工仪表，又称功率表，用 W 表示。电动系功率表具有两组线圈，一组与负载串联，反映流过负载的电流，称为电流线圈；另一组与负载并联，反映负载两端的电压，称为电压线圈。电动系功率表测量原理如图 2-1-58（b）所示。根据国家标准规定，在测量线路中，用一个圆加一条水平粗实线来表示电流线圈，用一条竖直细实线来表示电压线圈。

(a)外形图　　　　(b)测量原理图

图 2-1-58　电动系功率表

由图 2-1-58（b）可见，通过电流线圈的电流 I_1 等于被测电路负载电流的有效值，即 $I_1=I$，而电压线圈中的 I_2 可由欧姆定律确定，即 $I_2=\dfrac{U}{Z}$，Z 为电压线圈的总阻抗。由于附加电阻 R_{fj} 总是比较大，如果工作频率不太高，则电压线圈的感抗可以忽略不计。因此，可以近似认为电压线圈电流与负载电压同相，且 $I_2=\dfrac{U}{R}$，R 为电压线圈电阻和附加电阻 R_{fj} 的总和。因此，测量机构指针偏转角为

$$\alpha=KI_1I_2\cos\varphi=KI\frac{U}{R}\cos\varphi=K_PP$$

即偏转角与负载功率 $P=UI\cos\varphi$ 成正比。所以，电动系功率表的标度尺刻度是均匀的。

便携式电动系功率表一般是多量限的，通常有两个电流量限，两个或三个电压量限。电压量限是改变电压线圈串联不同的附加分压电阻来实现的，如图 2-1-59 所示；电流量限是改变电流线圈的串联或并联来实现的，如图 2-1-60 所示，*表示公共端钮。功率表的量限是选择不同的电流和电压量限组合来实现的。

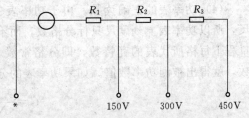

图 2-1-59　多量限功率表的电压支路接线图

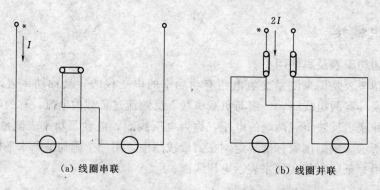

(a) 线圈串联　　　　　　　　(b) 线圈并联

图 2-1-60　用连接片改变功率表电流量程接线图

电动系功率表在使用时的注意事项：

（1）必须保证被测电路的电压、电流不超过功率表的电压量限、电流量限。

（2）功率表接线必须遵循"发电机端"原则，即标有"＊"的电流端必须接至电源一端，另一电流端则接至负载，电流线圈是串联接入电路中的；标有"＊"的电压端则可接至电流端的任意一端，另一端则跨接至负载的另一端，电压支路是并联接入电路的，如图 2-1-61 所示。

（3）功率表接法的选择。当负载电阻远大于电流线圈的电阻时，宜采用"前接法"；当负载电阻远小于电压支路的电阻时，宜采用"后接法"。两者接线如图 2-1-61 所示。在功率表接线正确的情况下，如果指针反偏，是由于负载端实际含有电源向外输出功率的缘故。发生这种现象时应换接电流线圈的两个端钮，但决不能换接电压端钮。

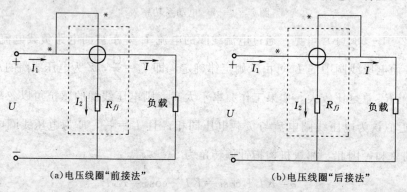

(a) 电压线圈"前接法"　　　　　　　(b) 电压线圈"后接法"

图 2-1-61　电动系功率表的"前接法"与"后接法"接线图

（4）功率表的正确读数。由于功率表一般都是多量程的，而且共用一条或几条标度尺，所以功率表上刻度尺只标分格数，而不标瓦特数。一般功率表的说明书上会给出不同量程下每格所代表的瓦特数，即分格常数。测量时，读取指针偏转格数后再乘以分格常数，就得出被测功率数值。如果功率表的分格常数没有给出，则按下式计算

$$C=\frac{U_m I_m}{N}(\text{W/格}) \qquad (2-1-54)$$

式中　U_m——所使用功率表的电压量限；

　　　I_m——所使用功率表的电流量限；

N——功率表标尺的满刻度的格数。

二、单相交流电路中的功率与功率因数

在分析单一参数正弦交流电路时已经知道：电阻元件是消耗能量的元件，其平均功率（即有功功率）为 $P=UI=I^2R$；电感元件和电容元件是储能元件，它们不消耗能量，而是与电源进行能量交换，交换的规模即为无功功率 $Q_L=UI=I^2X_L$ 或 $Q_C=UI=I^2X_C$。那么，在由不只一种元件构成的交流电路中，功率又如何计算呢？

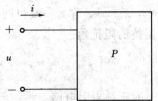

图 2-1-62　无源一端口网络

设无源一端口网络的电压、电流参考方向相关联，如图 2-1-62 所示，为了分析方便，取电路电流为参考正弦量，并设 $\psi_i=0$，$\psi_u=\varphi$，即

$$\begin{cases} u(t)=\sqrt{2}U\sin(\omega t+\varphi) \\ i(t)=\sqrt{2}I\sin\omega t \end{cases}$$

式中，φ 是关联参考方向下电压超前电流的相位，即该无源一端口网络等效阻抗的阻抗角。则瞬时功率为

$$\begin{aligned} p &=ui=\sqrt{2}UI\sin(\omega t+\varphi)\sqrt{2}I\sin\omega t=UI\cos\varphi-UI\cos(2\omega t+\varphi) \\ &=UI\cos\varphi(1-\cos2\omega t)+UI\sin\varphi\sin2\omega t=p_a+p_r \end{aligned} \tag{2-1-55}$$

式（2-1-55）表明，瞬时功率是由有功分量 p_a 和无功分量 p_r 组成的，其中有功分量 $p_a=UI\cos\varphi(1-\cos2\omega t)$ 与电阻元件的瞬时功率相似，以两倍于电流频率变化，但总是正值，它是电路接受能量的瞬时功率，其波形如图 2-1-63（a）所示；无功分量 $p_r=UI\sin\varphi\sin2\omega t$ 与电感和电容元件的瞬时功率相似，是一个以两倍于电流频率变化的正弦函数，是电路与外部交换能量的瞬时功率，它的最大值为 $UI\sin\varphi$，其波形如图 2-1-63（b）所示。

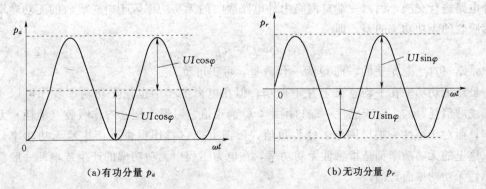

（a）有功分量 p_a　　　　　（b）无功分量 p_r

图 2-1-63　一端口网络瞬时功率的有功分量 p_a 和无功分量 p_r 波形图

1. 有功功率

有功功率为瞬时功率在一个周期内的平均功率，也称平均功率，用 P 表示，单位为 W。即

$$P = \frac{1}{T}\int_0^T p\,\mathrm{d}t = \frac{1}{T}\int_0^T [UI\cos\varphi - UI\cos(2\omega t + \varphi)]\mathrm{d}t = UI\cos\varphi$$

定义

$$\lambda = \cos\varphi \qquad\qquad (2-1-56)$$

式中，$\lambda = \cos\varphi$ 称为一端口网络的功率因数，φ 称为功率因数角，它等于一端口网络的等效阻抗的阻抗角。

得

$$P = UI\cos\varphi = UI\lambda \qquad\qquad (2-1-57)$$

对于纯电阻电路 $\varphi = 0$，$\cos\varphi = 1$，则其有功功率为 $P = UI$。所以说电阻总是消耗电能的，其平均功率的表达式和直流电路中功率的表达式相同。

对于纯电感电路 $\varphi = 90°$，$\cos\varphi = 0$，则其有功功率为 $P = 0$。对于纯电容电路 $\varphi = -90°$，$\cos\varphi = 0$，则其有功功率为 $P = 0$。因此，理想电感元件和理想电容元件不消耗电能，其平均功率为 0。

有功功率反映了电路实际消耗的功率，实际上也就是电路中所有电阻消耗的功率之和。

2. 无功功率

一端口网络不仅从外电路吸收有功功率，而且还与外电路进行能量交换。能量交换的规模显然与一端口网络瞬时功率无功分量 p_r 的最大值 $UI\sin\varphi$ 有关，见图 $2-1-63$（b）所示。因此定义一端口网络吸收的无功功率为

$$Q = UI\sin\varphi \qquad\qquad (2-1-58)$$

对单个电感元件，$\varphi = 90°$，$\sin\varphi = 1$，则其无功功率为 $Q_L = U_L I_L > 0$；对单个电容元件，$\varphi = -90°$，$\sin\varphi = 1$，则其无功功率为 $Q_C = -U_C I_C < 0$。这与前面得出的结论是一致的。

若一端口网络中既有电感又有电容，则它们首先在网络内部进行能量交换，其差额再与外电路进行交换，因而一端口网络由外电路吸收的无功功率等于电感吸收的无功功率与电容吸收的无功功率的差，即

$$Q = Q_L - Q_C \qquad\qquad (2-1-59)$$

式中，Q_L 和 Q_C 总是正的，而 Q 为一代数量，可正可负。

虽然无功功率在平均意义上并不做功，但在电力工程中也把无功功率看作可以"产生"或"消耗"的。对于感性一端口网络，Q 为正值，习惯上把它看作吸收（消耗）无功功率；而对于容性一端口网络，Q 为负值，习惯上把它看作提供（产生）无功功率。显然，这里的无功功率都是指感性无功功率，在电力工程中无功功率的产生或消耗一般都是对感性无功功率而言的。

3. 视在功率

变压器、电动机等交流电气设备的容量由它们的额定电压和额定电流决定，所以引入视在功率的概念。对于一个一端口网络，定义其端口电压、端口电流有效值的乘积为视在功率，即

$$S = UI \qquad\qquad (2-1-60)$$

视在功率的单位为 V·A，工程上常用的是 kV·A 和 MV·A。

视在功率与有功功率、无功功率的关系可由式（2-1-57）和式（2-1-58）推出

$$P^2 + Q^2 = (UI\cos\varphi)^2 + (UI\sin\varphi)^2 = (UI)^2 = S^2$$

所以

$$S = \sqrt{P^2 + Q^2} \qquad\qquad (2-1-61)$$

因此，P、Q 和 S 也构成一个直角三角形，如图 2-1-64 所示，此三角形称为功率三角形，它与阻抗三角形、电压三角形和电流三角形也是相似的。由功率三角形可得出下列关系

$$\begin{cases} \tan\varphi = \dfrac{Q}{P}, \ \cos\varphi = \dfrac{P}{S} = \lambda \\ Q = P\tan\varphi, \ P = S\cos\varphi = \lambda S \end{cases} \qquad (2-1-62)$$

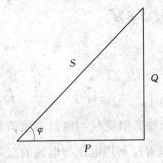

图 2-1-64 功率三角形

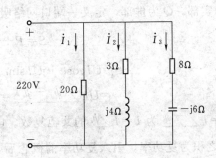

图 2-1-65 例 2-1-14 图

【例 2-1-14】 求图 2-1-65 所示电路中各支路的有功功率、无功功率、视在功率以及总的有功功率、无功功率、视在功率和功率因数。

解：（1）第一条支路。取 $\dot{U} = 220 \angle 0° $ V，有

$$\dot{I}_1 = \frac{220 \angle 0°}{20} = 11 \angle 0° \ (\text{A})$$

$$P_1 = UI_1\cos\varphi_1 = 220 \times 11 \times 1 \text{W} = 2.42\text{kW}$$

$$Q_1 = 0$$

$$S_1 = UI_1 = 220 \times 11 \text{V·A} = 2.42\text{kV·A}$$

（2）第二条支路。

$$\dot{I}_2 = \frac{220 \angle 0°}{3+j4} = \frac{220 \angle 0°}{5 \angle 53.1°} = 44 \angle -53.1° \ (\text{A})$$

$$P_2 = UI_2\cos\varphi_2 = 220 \times 44 \times \cos 53.1° \text{W} = 5.81\text{kW}$$

$$Q_2 = UI_2\sin\varphi_2 = 220 \times 44 \times \sin 53.1° \text{var} = 7.74\text{kvar}$$

$$S_2 = UI_2 = 220 \times 44 \text{V·A} = 9.68\text{kV·A}$$

（3）第三条支路。

$$\dot{I}_3 = \frac{220 \angle 0°}{8-j6} = \frac{220 \angle 0°}{10 \angle -36.9°} = 22 \angle 36.9° \ (\text{A})$$

$$P_3 = UI_3\cos\varphi_3 = 220 \times 22 \times \cos(-36.9°) \text{W} = 3.87\text{kW}$$

$$Q_3 = UI_3 \sin\varphi_3 = 220 \times 22 \times \sin(-36.9°)\text{var} = -2.9\text{kvar}$$

$$S_3 = UI_3 = 220 \times 22\text{V} \cdot \text{A} = 4.84\text{kV} \cdot \text{A}$$

（4）由以上计算可得。

$$P = P_1 + P_2 + P_3 = 2.42 + 5.81 + 3.87 = 12.1(\text{kW})$$

$$Q = Q_1 + Q_2 + Q_3 = 0 + 7.74 - 2.9 = 4.84(\text{kvar})$$

$$S = \sqrt{P^2 + Q^2} = \sqrt{12.1^2 + 4.84^2} = 13.0(\text{kV} \cdot \text{A})$$

$$\varphi = \arctan\frac{Q}{P} = \arctan\frac{4.84}{12.1} = 21.8°$$

$$\lambda = \cos\varphi = \cos 21.8° = 0.93$$

4. 复功率

一端口网络的电压 $\dot{U}$、电流 $\dot{I}$ 为关联参考方向，吸收的有功功率为 P，无功功率为 Q。取 P 为实部，Q 为虚部，定义一端口网络吸收的复功率为

$$\tilde{S} \overset{\text{def}}{=} P + jQ \tag{2-1-63}$$

则

$$\tilde{S} = UI\cos\varphi + jUI\sin\varphi = UIe^{j\varphi} = UI \angle \varphi$$

$$= UI \angle (\psi_u - \psi_i) = U \angle \psi_u \ I \angle -\psi_i = \dot{U}\dot{I}^* \tag{2-1-64}$$

式中，$\dot{I}^* = I \angle -\psi_i$ 为 $\dot{I} = I \angle \psi_i$ 的共轭复数。电压有效值相量 $\dot{U}$ 与电流有效值相量的共轭复数 $\dot{I}^*$ 之积为复功率。引入复功率的概念后，可以直接利用电压与电流的有效值相量计算有功功率和无功功率。

复功率与复阻抗相似，它们都是一个计算用的复数量，并不代表正弦量，因此也不能作为相量对待。

对于正弦交流电路，由于有功功率 P 和无功功率 Q 都是平衡的，所以复功率也应平衡，即在整个电路中某些支路吸收的复功率应等于其他支路发出的复功率。此结论可用来校验电路计算结果。整个电路的视在功率一般不平衡。

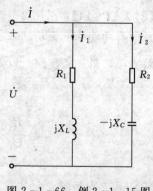

图 2-1-66 例 2-1-15 图

【例 2-1-15】 在图 2-1-66 中，$R_1 = 100\Omega$，$X_L = 200\Omega$，$R_2 = 200\Omega$，$X_C = 300\Omega$，$\dot{U} = 220 \angle 30°$ V，试求电路的总电流 $\dot{I}$ 和电路总的有功功率、无功功率、视在功率及复功率。

解： $\dot{I}_1 = \dfrac{\dot{U}}{R_1 + jX_L} = \dfrac{220 \angle 30°}{100 + j200} = \dfrac{220 \angle 30°}{223.6 \angle 63.4°} = 0.98 \angle -33.4°(\text{A})$

$$\dot{I}_2 = \frac{\dot{U}}{R_2 - jX_C} = \frac{220 \angle 30°}{200 - j300} = \frac{220 \angle 30°}{360.6 \angle -56.3°} = 0.61 \angle 86.3°(\text{A})$$

$$\dot{I} = \dot{I}_1 + \dot{I}_2 = 0.98 \angle -33.4° + 0.61 \angle 86.3° = 0.86 \angle 4.7°(\text{A})$$

$$\tilde{S} = \dot{U}\dot{I}^* = 220 \angle 30° \times 0.86 \angle -4.7° = 189.2 \angle 25.3° = (171 + j81)(\text{VA})$$

所以电路总的有功功率、无功功率、视在功率及复功率分别为

$$P=171\text{W},\ Q=82\text{var},\ S=189.2\text{V} \cdot \text{A},\ \tilde{S}=189.2 \angle 25.3° \text{VA}$$

拓展知识

一、用相量法分析正弦交流电路

综前所述，只要把正弦交流电路用相量模型表示，就可以像分析计算直流电路那样，来分析计算正弦交流电路，这种方法称为相量法。其一般步骤如下：

（1）作出相量模型，将电路中的电压、电流都写成相量形式，每个元件或无源二端网络都用复阻抗或复导纳表示。

（2）应用学习情境一所介绍的定律、定理和分析方法进行计算，得出正弦量的相量值。

（3）根据需要，写成正弦量的解析式或计算出其他量。

【例 2 - 1 - 16】 如图 2 - 1 - 67 （a）所示电路，已知 $C=200\mu\text{F}$，$R_2=2\Omega$，$R_3=3\Omega$，$L=4\text{mH}$，$u_{s1}=20\sqrt{2}\sin10^3t\text{V}$，$u_{s2}=50\sqrt{2}\sin(10^3t-20°)\text{V}$。（1）作出电路的相量模型；（2）利用网孔电流法列出网孔电压方程；（3）用结点电位法求各支路电流。

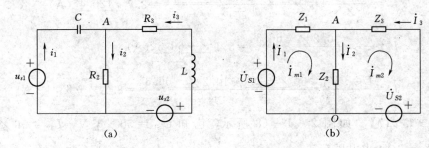

图 2 - 1 - 67 例 2 - 1 - 16 图

解：（1）作出电路的相量模型。

作出图 2 - 1 - 67 （a）的相量模型如图 2 - 1 - 67 （b）所示。其中 $Z_1=-\text{j}\dfrac{1}{\omega C}$

$=-\text{j}\dfrac{1}{1000\times200\times10^{-6}}=-\text{j}5\Omega$，$Z_2=2\Omega$，$Z_3=R_3+\text{j}\omega L=3+\text{j}1000\times4\times10^{-3}=3+\text{j}4\Omega$，

$\dot{U}_{S1}=20 \angle 0° \text{V}$，$\dot{U}_{S2}=50 \angle -20° \text{V}$。

（2）用网孔电流法列网孔电压方程。

选择两个网孔的网孔电流参考方向如图 2－1－67（b）所示，列网孔电压方程如下

$$\begin{cases} (Z_1+Z_2)\dot{I}_{m1}-Z_2\dot{I}_{m2}=\dot{U}_{S1} \\ -Z_2\dot{I}_{m1}+(Z_2+Z_3)\dot{I}_{m2}=-\dot{U}_{S2} \end{cases}$$

代入数据得

$$\begin{cases} (2-\text{j}5)\dot{I}_{m1}-2\dot{I}_{m2}=20 \angle 0° \\ -2\dot{I}_{m1}+(5+\text{j}4)\dot{I}_{m2}=-50 \angle -20° \end{cases}$$

（3）用结点电位法求各支路电流。

如图 2-1-67（b）所示，取 O 为参考结点，将两个电压源支路用电流源支路代替，对结点 A 列结点电流方程

$$\dot{V}_A\left(\frac{1}{Z_1}+\frac{1}{Z_2}+\frac{1}{Z_3}\right)=\frac{\dot{U}_{S1}}{Z_1}+\frac{\dot{U}_{S2}}{Z_3}$$

代入数据得

$$\dot{V}_A\left(\frac{1}{-j5}+\frac{1}{2}+\frac{1}{3+j4}\right)=\frac{20\ \angle 0^\circ}{-j5}+\frac{50\ \angle -20^\circ}{3+j4}$$

解得

$$\dot{V}_A=\frac{\dfrac{20\ \angle 0^\circ}{-j5}+\dfrac{50\ \angle -20^\circ}{3+j4}}{\dfrac{1}{-j5}+\dfrac{1}{2}+\dfrac{1}{3+j4}}$$

$$=\frac{4\ \angle 90^\circ+10\ \angle -73.13^\circ}{0.2\ \angle 90^\circ+0.5+0.2\ \angle -53.13^\circ}=10.2\ \angle -66.3^\circ(\text{V})$$

各支路电流为

$$\dot{I}_1=\frac{\dot{U}_{S1}-\dot{V}_A}{Z_1}=\frac{20\ \angle 0^\circ-10.2\ \angle -66.3^\circ}{-j5}=3.7\ \angle 120.4^\circ(\text{A})$$

$$\dot{I}_2=\frac{\dot{V}_A}{Z_2}=\frac{10.2\ \angle -66.3^\circ}{2}=5.1\ \angle -66.3^\circ(\text{A})$$

$$\dot{I}_3=\frac{\dot{U}_{S2}-\dot{V}_A}{Z_3}=\frac{50\ \angle -20^\circ-10.2\ \angle -66.3^\circ}{3+j4}=8.7\ \angle -63.4^\circ(\text{A})$$

【例 2-1-17】　如图 2-1-68 所示，已知 $\dot{U}_{S1}=50\ \angle 0^\circ$ V，$\dot{I}_{S2}=10\angle 30^\circ$ A，$X_L=5\Omega,X_C=3\Omega$，求电压 $\dot{U}_C$。

　　解：（1）用叠加定理求解。先计算电压源单独作用的情况，电流源开路，如图 2-1-69（a）所示

$$\dot{U}_C'=\frac{\dot{U}_{S1}}{jX_L-jX_C}\times(-jX_C)$$

$$=\frac{50\ \angle 0^\circ}{j5-j3}\times(-j3)=-75(\text{V})$$

再计算电流源单独作用的情况，电压源短路，如图 2-1-69（b）所示

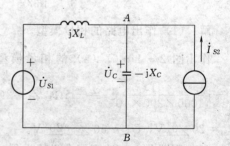

图 2-1-68　例 2-1-17 图

$$\dot{U}_C''=\dot{I}_{S2}\times\frac{jX_L(-jX_C)}{jX_L-jX_C}=10\ \angle 30^\circ\times\frac{j5(-j3)}{j5-j3}=75\ \angle -60^\circ(\text{V})$$

所以有

$$\dot{U}_C=\dot{U}_C'+\dot{U}_C''=-75+75\ \angle -60^\circ=-75+37.5-j64.9=75\ \angle -120^\circ(\text{V})$$

（2）用戴维宁定理求解。对于端口 AB，断开电容，求开路电压，如图 2-1-70（a）所示

162

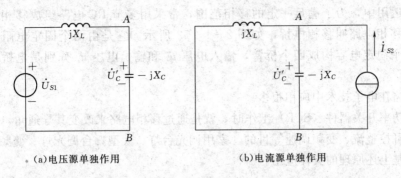

(a)电压源单独作用　　　　　　　　(b)电流源单独作用

图 2-1-69 叠加定理等效电路图

$$\dot{U}_{OC}=\mathrm{j}X_L\dot{I}_{S2}+\dot{U}_{S1}=\mathrm{j}5\times10\angle30°+50\angle0°=50\angle60°(\mathrm{V})$$

端口 AB 的输入阻抗即等效阻抗（除源）为

$$Z_0=\mathrm{j}X_L=\mathrm{j}5\Omega$$

因而得等效电路如图 2-1-70（b）所示，得

$$\dot{U}_C=\frac{\dot{U}_{OC}}{Z_0-\mathrm{j}X_C}(-\mathrm{j}X_C)=\frac{50\angle60°}{\mathrm{j}5-\mathrm{j}3}\times(-\mathrm{j}3)=75\angle-120°(\mathrm{V})$$

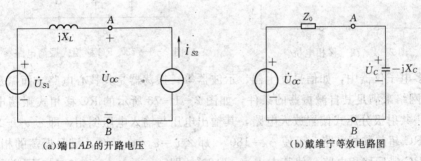

(a)端口 AB 的开路电压　　　　　　　(b)戴维宁等效电路图

图 2-1-70 戴维宁等效电路图

二、移相电路及应用

电路除用作传输和转换电能外，另一种重要作用是把施加给电路的信号（如输入电压）进行处理。移相电路就是完成这种信号处理功能的电路之一。常见的移相电路大多数用电阻元件和电容元件串联构成，称其为 RC 移相电路，如图 2-1-71 所示。它的输入电压是串联电路的总电压 u_1，输出电压 u_2 也可以从电容上取出。

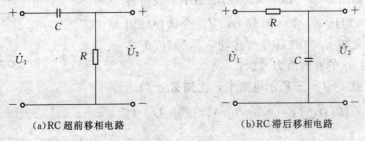

(a)RC 超前移相电路　　　　　　　(b)RC 滞后移相电路

图 2-1-71 RC 移相电路

在实际运用中，为了满足一定的移相范围，常采用多节 RC 电路组成移相网络；另一类常见的移相电路叫移相电桥，如图 2-1-72 所示。它是由两个固定电阻、一个可变电阻和一个固定电容构成四个桥臂，输入电压 u_1 和输出电压 u_2 分别是电桥对角线的电压。

移相电路在电子技术中应用很多。

半导体功率开关器件（SCR）工作时，就是通过移相电路来改变其导通角，从而达到交流调压、可控整流、变频调速等目的。家用调光台灯、大型舞台调光灯、变频空调、工业控制等都是上述原理的具体应用。

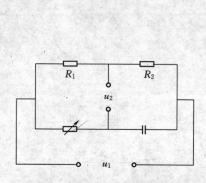

图 2-1-72 移相电桥

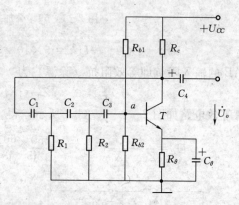

图 2-1-73 RC 移相式振荡电路

在许多电子仪器中，如信号发生器、示波器等，振荡器是其核心电路，而振荡器就是通过移相网络来满足其自激振荡的条件，如图 2-1-73 所示的 RC 移相式振荡电路，放大电路为一共射极分压式偏置放大电路，其输出电压与输入电压倒相，即 $\varphi_a = -180°$。图中用三节 RC 超前移相电路，可使 $\varphi_f = 180°$，那么 $\dot\varphi = \varphi_a + \varphi_f = 0°$，满足振荡的相位条件。若用三节 RC 滞后移相电路，使其中 $\varphi_f = -180°$，即 $\varphi = \varphi_a + \varphi_f = -360°$，同样可满足振荡的相位条件。调整放大倍数即可满足振荡的幅值条件。

在广播电视、雷达、通信、濒临合成、信号跟踪、自动控制、时钟同步等领域中，也都广泛采用各种移相电路。

 优化训练

2.1.5.1 如图 2-1-74 所示移相电路中，设电容 $C = 0.2\mu F$，输入电压 $u_1 = \sqrt{2}\sin(100\pi t)$ V，今欲使输出电压 u_2 的相位角较 u_1 向滞后方向移动 60°，问应配多大电阻 R？这时 u_2 的有效值为多少？

2.1.5.2 图 2-1-75 所示电路中，已知 $Z_1 = (1+j2)\Omega$，$Z_2 = (3+j4)\Omega$，$\dot I_1 = 0.6\angle 0°$ A，试求 $\dot U$、$\dot I_2$ 和 $\dot I$。

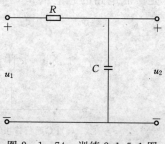

图 2-1-74 训练 2.1.5.1 图

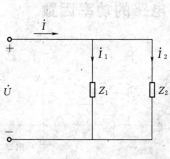

图 2-1-75 训练 2.1.5.2 图

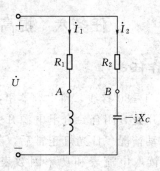

图 2-1-76 训练 2.1.5.3 图

2.1.5.3 图 2-1-76 所示正弦电流电路中，已知 $R_1 = \sqrt{3}X_L$，$R_2 = \sqrt{3}X_C$，电压 $\dot{U} = 100 \angle 0° V$，试求 $\dot{U}_{AB}$。

2.1.5.4 某一线圈具有电阻 20Ω 和电感 0.4H，加 220V 正弦电压，频率为 50Hz，求线圈的视在功率、有功功率、无功功率和功率因数。

2.1.5.5 电压为 220V 的线路上接有功率因数为 0.5 的日光灯 600W 和功率因数为 0.65 的电风扇 800W。试求线路的总有功功率、无功功率、视在功率、功率因数以及总电流。

2.1.5.6 如图 2-1-77 所示正弦交流电路，已知 $R_1 = 15\Omega$，$X_L = 40\Omega$，$R_2 = 40\Omega$，$X_C = 20\Omega$ 电源电压 $U = 220V$，试求电路的总电流 $\dot{I}$ 和电路总的有功功率、无功功率、视在功率及复功率。

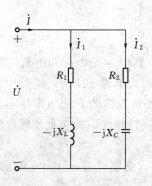

图 2-1-77 训练 2.1.5.6 图

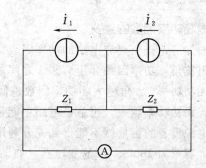

图 2-1-78 训练 2.1.5.7 图

2.1.5.7 已知图 2-1-78 所示电路中，$\dot{I}_1 = 1A$，$\dot{I}_2 = j2A$，$Z_1 = (0.866 + j0.5)\Omega$，$Z_2 = -j1\Omega$，电流表的阻抗可以忽略。试用电源等效变换方法求电流表的读数。

2.1.5.8 求图 2-1-79 所示电路的戴维宁等效电路。

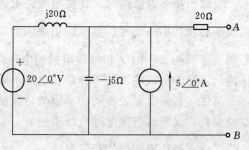

图 2-1-79 训练 2.1.5.8 图

任务六　提高日光灯电路的功率因数

 工作任务

按图 2-1-80 接线，将电容器组各开关断开，短路开关 S 闭合。合上电源开关、观察日光灯启动情况。日光灯正常后，断开短路开关 S，读取电流表和功率因数表数值，记录于表 2-1-10 中。注意：应记下超前或滞后，若 $\cos\varphi < 0.5$ 不能读时，记录为 $\cos\varphi < 0.5$。然后分别接通电容器组上的相应开关（C 值由 1μF 开始逐渐增大至 10μF），读取每次 C 值下电流表、功率因数表数值，记录于表 2-1-7 中。

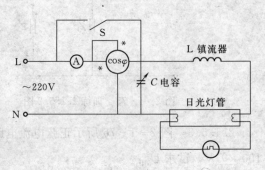

图 2-1-80　提高日光灯电路的功率因数接线图

表 2-1-7　　　　　　　　　提高日光灯电路的功率因数数据表

$C(\mu F)$	0	1	2	3	4	5	6	7	8	9	10
$I(A)$											
$\cos\varphi$											

 知识链接

一、提高功率因数的意义

由前面知道，正弦交流电路的功率因数 $\lambda = \cos\varphi$，其中 φ 是电压和电流之间的相位差或负载的阻抗角，功率因数介于 0 和 1 之间。当功率因数不等于 1 时，电路中发生能量交换，出现无功功率，φ 角越大，功率因数越低，电源设备发出的有功功率越小，而无功功率就越大。无功功率越大，也就是电路中能量交换的规模越大，被负载所吸收的有功功率就越小，电源设备的容量就不能得到充分利用。

例如：容量为 1000kVA 的变压器，如果 $\cos\varphi = 1$，则能够发出 1000kW 的有功功率；如果 $\cos\varphi = 0.7$，则只能够发出 700kW 的有功功率。

负载的功率因数过低，在供电线路上将引起较大的能量损耗和电压降。当电源电压和输出的有功功率一定时，负载的功率因数越低，流过线路的电流 $I = \dfrac{P}{U\cos\varphi}$ 越大，导线电阻的功率损耗 $\Delta P = I^2 r$ 和导线阻抗的电压降 $\Delta U = Ir$ 越大。线路电压降增大，引起负载电压降低，影响负载的正常工作，如电灯不够亮，电动机转速降低等。

总之，提高电源设备的功率因数，能使电源设备的容量得到合理的利用，能减少输电线路损耗，又能改善供电的电压质量。

二、提高功率因数的方法

电力负载中，绝大部分是感性负载，如电动机、照明用的日光灯、控制电路中的接触器等都是感性负载。感性负载的电流滞后于电压 φ 角，φ 角总不为零，所以 $\cos\varphi$ 总是小于 1，也就是负载本身总需要一定的无功功率。提高功率因数，也就是如何才能减少电源与负载之间能量的交换，又要使感性负载能获得所需的无功功率，常用的方法是采用电容器和负载并联，其电路图和相量图如图 2-1-81 所示。

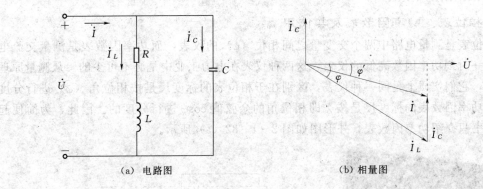

(a) 电路图　　　　　　　　　(b) 相量图

图 2-1-81　感性负载并联电容提高功率因数

图 2-1-81 (b) 中，感性负载的电流 $\dot{I}_L$ 滞后于电源电压 $\dot{U}$ 的相位 φ，在电源电压不变的情况下，并入电容 C，并不会影响感性负载电流的大小和相位，但总电流由原来的 $\dot{I}_L$ 变成了 $\dot{I}$，即 $\dot{I}=\dot{I}_L+\dot{I}_C$，且 $\dot{I}$ 与电源电压相位差由原来的 φ 减小为 φ'，$\cos\varphi'>\cos\varphi$，功率因数提高了。据此，可导出所需并联电容 C 的计算公式为

$$C=\frac{P}{\omega U^2}(\tan\varphi-\tan\varphi') \qquad (2-1-65)$$

需要注意的是：这里所讨论的提高功率因数是指提高电源或电网的功率因数，而某个感性负载的功率因数并没有变。另外，并联电容器后，电路中的有功功率也不变，因为电容器是不消耗电能的。

感性负载并联电容器以后，感性负载所需的无功功率，大部分或全部是就地供给（由电容器供给），能量的交换主要或完全发生在感性负载与电容器之间，减小了电源与负载之间的能量交换，因而电源容量能得到充分利用。其次，由相量图看出，并联电容器后线路电流也减小了，从而减小了线路的功率损耗。

【例 2-1-18】　一感性负载与工频 220V 的电源相接，其功率因数为 0.7，消耗功率为 4kW，若要把功率因数提高到 0.9，应加接什么元件？其元件值如何？

解：应并联电容器，如图 2-1-81 (a) 所示，并联电容器前感性负载的功率因数角为 φ，并联电容器后电路的功率因数角为 φ'。

并联电容器前感性负载的无功功率为

$$Q=P\tan\varphi=4\times10^3\times1.02\mathrm{var}=4.08\mathrm{kvar}$$

补偿后的无功功率为

$$Q'=P\tan\varphi'=4\times10^3\times0.484\mathrm{var}=1.936\mathrm{kvar}$$

电容发出的无功功率为

$$P\tan\varphi'=P\tan\varphi+Q_C，而\ Q_C=-U^2\omega C$$

所以
$$C=\frac{P}{\omega U^2}(\tan\varphi-\tan\varphi')=\frac{1}{220^2\times314}(4080-1936)\text{F}=141\mu\text{F}$$

 拓展知识

■ 相位表、功率因数表及其使用 ■

相位表是测量电路中两个交变量之间相位（φ）的仪表，而功率因数表是测量交流电路中某一时刻功率因数高低的仪表，这两种仪表在电力工业中是必不可少的。从测量原理上来说，它们实质上是同一种仪表，区别在于相位表的标度尺是按相位角（φ）进行分度的，而功率因数表的标度尺是按 λ 即相位角的余弦值 $\cos\varphi$ 进行分度的。因此，为简便起见，本书只介绍功率因数表，外形图如图 2-1-82（a）所示。

 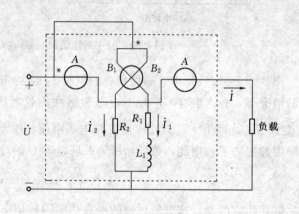

(a)外形图　　　　　　　　(b)测量原理图

图 2-1-82　单相功率因数表

功率因数表分为单相和三相两种，从结构上可分为电动式和整流式等。电动系功率因数表多采用比率型结构，图 2-1-82（b）为单相功率因数表测量原理图。由图可见，单相功率因数表是由两个固定的电流线圈 A 和两个电压线圈 B_1、B_2 组成的。电流线圈 A 中的电流 I 产生磁场，两个电压线圈中的电流 I_1、I_2 受电磁力的作用产生两个方向相反的力矩。可以证明：当两个电压线圈产生的力矩平衡时，有

$$\frac{\cos\alpha}{\cos(\gamma-\alpha)}=\frac{I_2\cos\varphi}{I_1\cos(\beta-\varphi)}$$

式中　α——指针的偏转角；

γ——电压线圈 B_1、B_2 的夹角；

β——I_1 滞后 U 的相位角；

φ——U 与 I 的相位差角。

若电压两支路阻抗相等，则有 $I_1=I_2$；选择合适的 R_1、L_1，使得 $\beta=\gamma$，则有

$$\alpha=\varphi$$

可见，指针偏转角 α 就等于电路的相位角。若仪表标尺按 φ 值刻度则分度是均匀的，若按

cosφ 刻度，则分度是不均匀的。偏转角 α 的方向与负载的性质即 φ 值正负有关，通常 φ＝0或 cosφ＝1 置于标尺中心。若指针向右偏转，说明负载是电感性的，电流滞后于电压，其相位差和功率因数值为正值；若指针向左偏转，说明负载是电容性的，电流朝前于电压，其相位差和功率因数值为负值。

电动系单相功率因数表（相位表）在使用时的注意事项：

（1）电动系功率因数表没有产生反作用力矩的游丝，因此仪表未接入电路前，指针可停留在任意位置上。

（2）选择功率因数表时，应注意电流和电压的量程。务必注意不能低于负载的电流和电压。

（3）单相功率因数表的接线与单相功率表相似。单相功率因数表的接线与单相功率表类似，也有四个接线端子，其中两个电流端子，两个电压端子（当电流、电压量程不只一个时，则端子更多一些，接线时要注意选用），在电流端子和电压端子上也标有"发电机端"，它们的接线方法与功率表完全一样，也要遵循"发电机端"原则。接线方式也有两种，即电压线圈前接法和电压线圈后接法。

（4）功率因数表必须在规定的频率范围内使用。

 优化训练

2.1.6.1　提高功率因数的意义是什么？负载并联电容后负载的功率因数提高了吗？

2.1.6.2　画出相量图分析并联电容器如何改善日光灯的功率因数，并指出在增加并联电容器的过程中总电流和有功功率如何变化？一个负载的工频电压为 220V，功率为 10kW，功率因数为 0.6，欲将功率因数提高为 0.88，试求所需并联的电容。

2.1.6.3　功率为 60W，功率因数为 0.5 的日光灯负载与功率为 100W 的白炽灯各 30 只并联在 220V 的工频正弦电源上。如果要把电路的功率因数提高到 0.9，应并联多大电容？

2.1.6.4　有一单相异步电动机，其输入功率为 1.21kW，接在 220V 的工频交流电源上，通入电动机的电流为 11A，试计算电动机的功率因数。如果要把电路的功率因数提高到 0.92，应该给电动机并联多大的电容器？并联电容器后，电动机的功率因数、电动机中的电流、线路电流及电路的有功功率和无功功率有无改变？

综合实训二　电气照明电路的设计与安装

一、实训目标

（1）会正确运用电路知识设计电气照明电路。

（2）会正确安装所设计的电气照明电路，训练动手操作能力。

（3）通过制定评价标准，学会科学的评价方法，合理、客观地评价自己和他人。

（4）培养良好沟通能力、良好团队合作能力和创新精神。

二、实训器材

材料一：实训工作台（模拟二室一厅）、总开关、电能表、断路器、各种开关、插座

（空调、热水器专用插座与一般插座）、连接导线、万用表与螺丝刀、剥线钳、斜口钳等。

材料二：室内主要家电有空调 2～3 台；电视机 2 台；影碟机 1 台；音响 1 台；冰箱 1 台；热水器 1 台；消毒碗柜 1 台；洗衣机 1 台；饮水机 1 台；微波炉 1 台；吊扇若干台。

三、实训内容——二室一厅电气照明电路的设计与安装

（一）实训准备

1. **房屋参考平面图**

房屋参考平面图如图 2-1-83 所示。

2. 设计要求

（1）客厅设置：

1）花灯一盏。

2）餐厅灯一盏。

3）吊扇一把。

4）走廊灯一盏（需在客厅和主人房两地均可控制）。

5）电源插座若干。

6）空调插座一个。

（2）主人房设置：

1）日光灯（或壁灯、吸顶灯）一盏。

2）调光灯一盏。

3）电源插座若干。

4）空调插座一个。

（3）卧室设置：

1）日光灯（或壁灯、吸顶灯）一盏。

2）调光灯一盏。

3）电源插座若干。

4）空调插座一个。

（4）厨房设置：

1）防水防尘灯一盏。

2）电源插座若干。

（5）卫生间设置：

1）防水防尘灯一盏。

2）电源插座若干。

3）热水器插座一个。

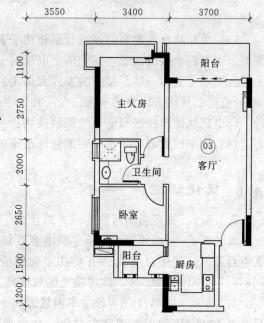

图 2-1-83　房屋参考平面图

（二）实训步骤

1. 设计绘图

（1）绘制线路原理图。四人一组，每组按照设计要求用 A4 纸分别绘制出客厅、主人房、卧室、厨房和卫生间的线路原理图。

（2）绘制电气照明平面图：

1）每组用 A4 纸绘制电气照明平面图。

2）画房屋平面（外墙、门窗、房间、楼梯等）。

3）画配电箱、开关及电力设备。

4）画各种照明灯具、插座、吊扇等。

5）画进户线及各电气设备、开关、灯具间的连接线。

6）对线路、设备等附加文字说明。

（3）分析思考：

1）如何设计才能使主人房与客厅之间的连接线最少？最少需要几根？

2）如何实现两处控制一盏灯？需要几根线？

3）能否将火线先接灯头，再串开关到零线？

4）空调、热水器插座为什么要单独走一路线？

2. 安装电路

（1）检查所需元器件的好坏。

（2）根据设计安装电路。

（3）注意事项：

1）火线进开关，零线接灯头。

2）火线用有颜色的导线，零线用黑线，保护地线用黄绿相间线。

3）接线工艺要求：横平竖直，拐弯成直角。

3. 通电运行

老师检查后通电运行。

四、实训评价

实训评价前每小组分工合作制作好 PPT，对总体设计思路、电气照明平面图、功能、材料、报价及特色等方面进行汇报。

1. 电气照明电路性能测试与故障排除

本项由教师进行评价，占 50 分，如表 2-1-8 所示。

表 2-1-8　　　　　　　　教师评价表

实训内容	性能测试	故障分析与排除	所占分值（50分）
总体设计及安装工艺			25
花灯的控制			5
吊扇的控制			5
走廊灯的控制			5
调光灯的控制			5
插座的测量			5

2. 电气照明电路设计安装评价表

本项由学生进行自评和互评，占 50 分，如表 2-1-9 所示。

表 2-1-9　　　　　　　　　　　学 生 评 价 表

评 价 内 容		所占分值（50 分）
电路及安装工艺	电灯能亮，照明效果好	10
	能用开关较好地控制电路	10
	节约材料	5
装饰效果及性价比	整体效果简洁、舒适	5
	物品搭配合理、色彩协调	5
	性价比高	5
	是否有特色	5
小组合作	小组分工合作好	5

项目二　谐振电路的分析及应用

项目教学目标

1. 职业技能目标

（1）会仿真 RLC 串联谐振电路并能完成电路的测试。

（2）会仿真并联谐振电路并能完成电路的测试。

2. 职业知识目标

理解串联谐振和并联谐振的概念，掌握串联谐振与并联谐振的条件、特性及应用。

3. 素质目标

（1）具有认真仔细的学习态度、工作态度和严格的组织纪律。

（2）具有规范意识、安全生产意识和敬业爱岗精神。

（3）具有独立学习能力、拓展知识能力以及承受压力能力。

（4）具有良好沟通能力、良好团队合作能力和创新精神。

任务一　RLC 串联谐振电路及其测量

 工作任务

一、构建 RLC 串联谐振仿真电路

运用 MATLAB 软件的 simulink 功能，按照图 2-2-1 构建 RLC 串联谐振仿真电路。

二、RLC 串联谐振电路仿真测量

保持元件参数以及电压源不变，改变电源频率。电压 $U_m = 10V$，调节频率以 2MHz 为中心在 1～3MHz 之间改变，得 RLC 串联谐振时电流与电压仿真波形分别如图2-2-2、图 2-2-3 所示。

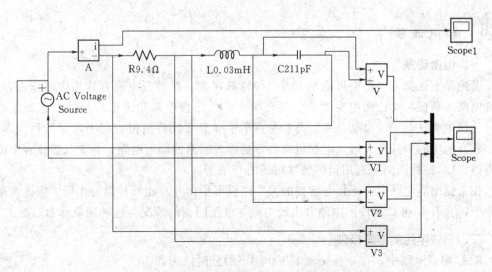

图 2 - 2 - 1　RLC 串联谐振仿真电路

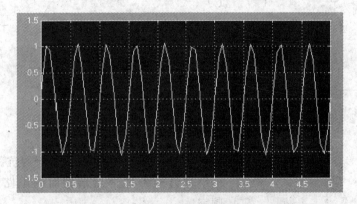

图 2 - 2 - 2　RLC 串联谐振电路电流仿真波形

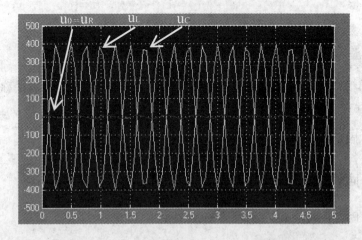

图 2 - 2 - 3　RLC 串联谐振电路电压仿真波形

思考：在这个仿真实验过程中发现什么样的规律？

知识链接

一、谐振现象

谐振是正弦交流电路中可能发生的一种特殊现象，对谐振电路有其相应的分析方法。研究电路的谐振，要让强电类专业学生理解在电力工程中避免过电压与过电流现象的出现，让弱电类（电子、自动化控制类）专业学生理解并且将谐振应用于实际工程技术中，例如收音机中的中频放大器，电视机或收音机输入回路的调谐电路，各类仪器仪表中的滤波电路、LC 振荡回路，利用谐振特性制成的 Q 表等。

在正弦交流电路中，感抗与容抗的大小随频率变化并有相互补偿的作用，因此在某一频率下，含有 L 和 C 元件的电路会出现电流与电压同相的情况，这种现象称为谐振。

二、串联电路的谐振条件

RLC 串联电路中，在正弦交流电压作用下的复阻抗为

$$Z=R+\mathrm{j}\left(\omega L-\frac{1}{\omega C}\right)=R+\mathrm{j}(X_L-X_C)=|Z|\angle\varphi$$

其中

$$\varphi=\arctan\frac{X_L-X_C}{X_R}$$

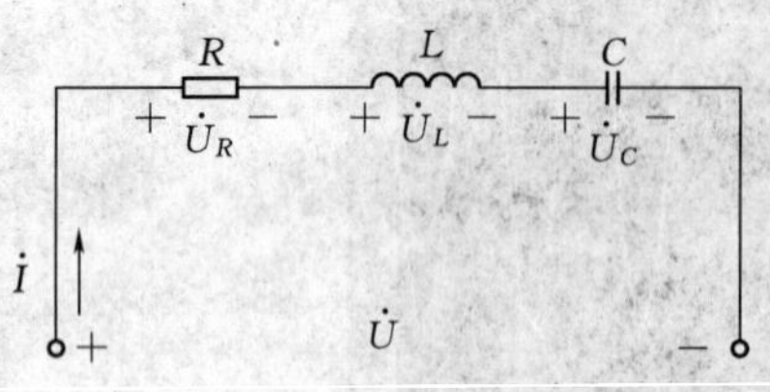

若电源电压与电流同相位，则 $\varphi=0$，电路发生串联谐振，则有 $X_L-X_C=0$，即

$$\omega L-\frac{1}{\omega C}=0 \qquad\qquad (2-2-1)$$

即串联谐振的条件是：感抗等于容抗。

由串联谐振条件得出谐振时的电路角频率、电路频率

$$\omega_0=\frac{1}{\sqrt{LC}} \qquad\qquad (2-2-2)$$

$$f_0=\frac{1}{2\pi\sqrt{LC}} \qquad\qquad (2-2-3)$$

图 2-2-4　RLC 串联电路

谐振的发生既与电路参数有关也与角频率有关。避免电路谐振的方法称为失谐，实现电路谐振的方法称为调谐。失谐与调谐可以从三个方面考虑实现：

（1）L、C 固定，调节 ω，得 $\omega_0=\dfrac{1}{\sqrt{LC}}$。

（2）L、ω 固定，调节 C，得 $C=\dfrac{1}{\omega_0^2 L}$。

（3）C、ω 固定，调节 L，得 $L=\dfrac{1}{\omega_0^2 C}$。

三、串联谐振的基本特征

（1）串联谐振时，由于 $X=0$，$|Z|=\sqrt{R^2+X^2}=R$，电路中阻抗最小且为纯电阻

R。即

$$Z_0 = R \qquad (2-2-4)$$

（2）串联谐振时，由于 $X=0$，感抗与容抗相等并等于电路的特性阻抗，即

$$\omega_0 L = \frac{1}{\omega_0 C} = \sqrt{\frac{L}{C}} = \rho \qquad (2-2-5)$$

特性阻抗 ρ 仅与电路参数有关。

（3）若串联谐振电路中的电压一定，由于阻抗最小，因此电流达到最大，且与电压同相位，即

$$\dot{I} = \frac{\dot{U}_s}{Z_0} = \frac{\dot{U}_s}{R} \qquad (2-2-6)$$

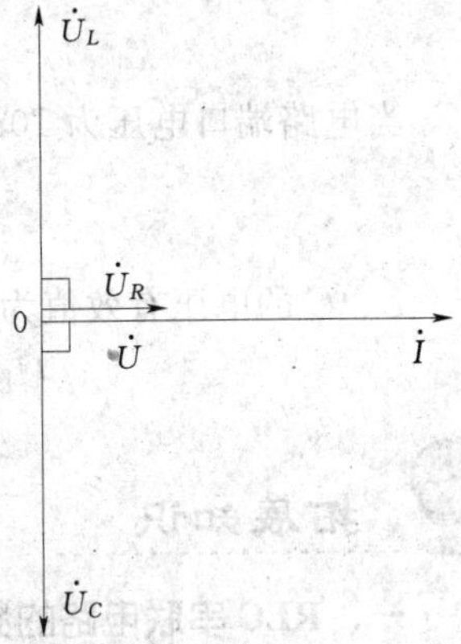

谐振时电流值最大。$\dot{U}_L$、$\dot{U}_C$ 大小相等，方向相反。

（4）串联谐振时，在 L 和 C 两端出现过电压现象，即 $U_{L0} = U_{C0} = QU_s$。

定义串联谐振的品质因数 Q 值等于感抗 $\omega_0 L$ 与回路总电阻 R 的比值。

$$Q = \frac{\omega_0 L}{R} = \frac{1}{\omega_0 CR} = \frac{\rho}{R} \qquad (2-2-7)$$

品质因数 Q 反映电路选择性能好坏的指标，仅与电路参数有关。

$$\begin{cases} U_{L0} = U_{C0} = I\omega_0 L = \dfrac{U_s}{R}\omega_0 L = \dfrac{\omega_0 L}{R}U_s = QU_s \\[2mm] U_{R0} = U_s \end{cases} \qquad (2-2-8)$$

图 2-2-5 串联谐振的相量图

可见，当 $Q>1$ 时，$U_{L0} = U_{C0} = QU_s$，出现部分电压大于总电压现象，串联谐振也称"电压谐振"。

（5）串联谐振时，电路的无功功率为零，电源提供的电能全部消耗在电阻上。

LC 串联部分对外电路而言，可以用短路表示，如图 2-2-6 所示。

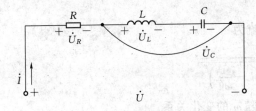

图 2-2-6 串联谐振时 LC 相当于短路

【例 2-2-1】 试求 $R=20\Omega$，$L=250\mu H$，$C=10pF$，串联电路的谐振频率、特性阻抗和品质因数。若端口正弦交流电压的有效值为 10mV，试求谐振时电流、电感电压和电容电压的有效值。

解： 电路谐振频率为

$$f_0 = \frac{1}{2\pi \sqrt{LC}} = \frac{1}{2\pi \sqrt{250 \times 10^{-6} \times 10 \times 10^{-12}}}$$
$$= 3.185 \times 10^6 \,(\text{Hz})$$

特性阻抗为

$$\rho = \sqrt{\frac{L}{C}} = \sqrt{\frac{250 \times 10^{-6}}{10 \times 10^{-12}}} = 5 \times 10^3 \,(\Omega)$$

品质因数为

$$Q = \frac{\rho}{R} = \frac{5 \times 10^3}{20} = 250$$

当电路端口电压为 10mV 时，谐振电流为

$$I_0 = \frac{U}{R} = \frac{10 \times 10^{-3}}{20} = 0.5 \text{(mA)}$$

L、C 的电压有效值为

$$U_{L0} = U_{C0} = QU = 250 \times 10 \times 10^{-3} = 2.5 \text{(V)}$$

 拓展知识

一、RLC 串联电路的频率特性

1. 幅频特性

理解和讨论 RLC 串联电路的频率特性具有重要意义，由 $Z = R + \mathrm{j}\left(\omega L - \dfrac{1}{\omega C}\right)$ 得

$$|Z(\omega)| = \sqrt{R^2 + (X_L - X_C)^2} = \sqrt{R^2 + \left(\omega L - \frac{1}{\omega C}\right)^2}$$

当 $\omega = 0$，$|Z(\omega)| \to +\infty$；

当 $\omega < \omega_0$，$\omega \to \omega_0$，$|Z(\omega)| \downarrow$；

当 $\omega = \omega_0$，$|Z(\omega_0)| = R = |Z(\omega)|_{\min}$；

当 $\omega > \omega_0$，$\omega \to \infty$，$|Z(\omega)| \to \infty$。

所以 RLC 串联电路频率特性曲线如图 2-2-7 所示。

2. RLC 串联电路的电流幅频特性

当外部施加激励的电压一定时，电路的电流为

$$I = \frac{U}{\sqrt{R^2 + \left(\omega L - \frac{1}{\omega C}\right)^2}}$$

如图 2-2-8 所示，$I \sim \omega$ 谐振曲线反映 I 随 ω 的变化关系。

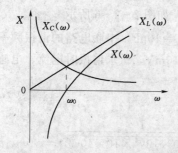

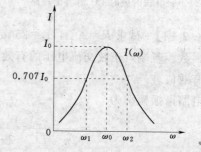

图 2-2-7　RLC 串联电路频率特性曲线　　　图 2-2-8　$I \sim \omega$ 谐振曲线

3. RLC 串联电路的选择性

根据

$$I(\omega) = \frac{U}{\sqrt{R^2 + \left(\omega L - \frac{1}{\omega C}\right)^2}}$$

$$= \frac{I(\omega_0)}{\sqrt{1 + \frac{1}{R^2}\left(\frac{\omega_0 L \omega}{\omega_0} - \frac{\omega_0}{\omega_0 C \omega}\right)^2}}$$

$$= \frac{I(\omega_0)}{\sqrt{1 + Q^2\left(\eta - \frac{1}{\eta}\right)^2}}$$

定义电流抑制比 $\dfrac{I(\omega)}{I(\omega_0)} = \dfrac{1}{\sqrt{1 + Q^2\left(\eta - \dfrac{1}{\eta}\right)^2}}$ 其中，$\eta = \dfrac{\omega}{\omega_0}$。

如图 2-2-9 所示，电流谐振曲线反映 RLC 电路的选择性。从图 2-2-9 可以理解：谐振电路的品质因数 Q 可以用来反映谐振电路选择性能的好坏，Q 值越大，电路的选择性越好，反之则差。但注意区别：线圈的品质因数 Q_L 值是线圈的感抗 ωL 与线圈的铜耗电阻 R 之比值，其感抗 ωL 中的 ω 可以是任意的理论值。

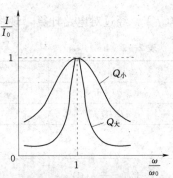

图 2-2-9 电流谐振曲线的选择性

二、串联谐振电路的应用

串联谐振电路在电子技术中的应用是很广泛的。例如，收音机的调谐回路、电视机的中频抑制回路、Q 表的原理等。

1. 收音机的调谐回路

收音机天线的调谐电路如图 2-2-10 所示，线圈绕在磁棒上，两端与可变电容 C 相接。调节 C，可以使调谐电路对某个电台信号发生谐振，以便收听此台的广播。

图 2-2-10 的等效电路如图 2-2-11 所示。R 和 L 分别为线圈的等效电阻和等效电感，e_1、e_2、e_3 表示三个电台发出的电磁波在天线中感应出的电动势，它们的频率不同，其大小也有差别。

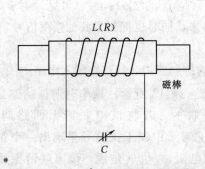

图 2-2-10 收音机天线的调谐电路

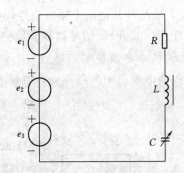

图 2-2-11 等效谐振回路

根据叠加原理，可以把图 2-2-11 分解为三个电路来处理，如图 2-2-12 所示。

若设这三个电台的信号均在服务区内，即近似地视为其信号强弱相同。为了具体起见，设感应电动势的有效值 $E = 10\mu\text{V}$，三个电台的信号频率分别为 640kHz、820kHz、1200kHz，若电路谐振于 820kHz，而电路的参数 $R = 20\Omega$，$L = 2.5 \times 10^{-4}\text{H}$，$C = 150 \times$

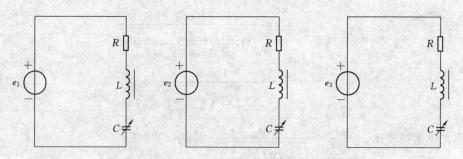

图 $2-2-12$　调谐回路的分解电路

10^{-12}F。经过对电路计算，现将有关电路数据列在表 $2-2-1$ 中比较。

表 $2-2-1$　　　　　　　　　　　　　电 路 计 算 数 据 表

$f(\mathrm{kHz})$	640	820	1200
$\omega=2\pi f(\mathrm{rad/s})$	$\omega_1=4.0\times10^6$	$\omega_0=5.15\times10^6$	$\omega_2=7.55\times10^6$
$\omega L(\Omega)$	1000	1290	1890
$\dfrac{1}{\omega C}(\Omega)$	1660	1290	885
$X=\left(\omega L-\dfrac{1}{\omega C}\right)(\Omega)$	-660	0	1005
$Z=\sqrt{R^2+X^2}(\Omega)$	662	20	1005
$I=\dfrac{E}{Z}=\dfrac{10}{Z}(\mu\mathrm{V})$	$I_1=0.015$	$I_0=0.5$	$I_2=0.01$
$\dfrac{I}{I_0}$	$\dfrac{I_1}{I_0}=3\%$	$\dfrac{I_0}{I_0}=100\%$	$\dfrac{I_2}{I_0}=2\%$

从表中可见，对于 820kHz 信号，由于电路的品质因数 $Q=\dfrac{\omega_0 L}{R}=\dfrac{1290}{20}=64.5$，而且电流 I_0 大大地超过其他两个频率信号，后者只是 I_0 的 $2\%\sim3\%$。可见，由于串联谐振电路的选频作用，820kHz 信号被显著地突现出来，同时也抑制了其他频率信号。

2. 电视机的中频抑制回路

为了提高电视机中的高频头对中频干扰的抑制能力，往往在输入电路中接入中频抑制

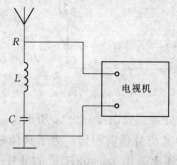

图 $2-2-13$　中频抑制回路

回路，如图 $2-2-13$ 所示。该串联谐振回路是与电视机的输入端并联的，若将该串联谐振回路调谐于中频 38MHz，则它对于中频干扰信号呈现出一个很小的阻抗（等于线圈的电阻），也就是说，该串联谐振回路将吸收中频干扰信号，不让它进入电视机。同时该串联谐振回路对于远离谐振点的电视信号呈现的阻抗很大，不会影响电视机的正常工作。

3. Q 表的原理

Q 表是在高频范围内测量 Q 值、电感和电容等参数

的重要仪器。它的原理是在串联谐振回路中，当 $Q \geqslant 10$ 时，认为 U_C 的最大值（$U_C = QU_S$）出现在 ω_0 处。Q 表的原理线路图如图 $2-2-14$ 所示。高频信号发生器产生高频正弦信号，它的频率可变，输出电压也可以调节，以保证串联谐振回路的输入电压 U_S 为规定的数值，每次测量前，应先调节 U_S，使电压表指示到规定的数值。

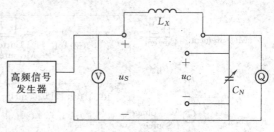

图 $2-2-14$　Q 表的原理

测量时，将被测线圈接在 L_X 接线柱上，调节标准电容 C_N，使电路达到谐振，这时 C_N 的端电压（$U_C = QU_S$）为最大。如果将 U_C 的电压转换成 Q 的数值刻度，即 $Q = \dfrac{U_C}{U_S}$，那么在测量时就可以用电压表直接指示出被测线圈的 Q 值。

优化训练

2.2.1.1　在含有 R、L、C 元件电路中，出现总电压、电流同相位的现象称为_____。这种现象如果发生在串联电路中，则电路中阻抗_____，电压一定时电流_____，且在电感和电容两端将出现_____；谐振发生时，电路中的角频率 $\omega_0 =$ _____，$f_0 =$ _____。串联谐振电路的特性阻抗 $\rho =$ _____，品质因数 $Q =$ _____。

2.2.1.2　谐振电路的品质因数越_____，电路的_____越好，但是如果无限制地加大品质因数，将会造成_____变窄，致使接收信号产生失真。

2.2.1.3　已知串联谐振电路参数为 $R = 10\Omega$，$L = 0.26\text{mH}$，$C = 279\text{pF}$，外加电压 $U = 10\text{mV}$。求电路在谐振时的电流、品质因数及电感和电容上的电压。

2.2.1.4　已知一串联谐振电路的线圈参数为 $R = 1\Omega$，$L = 4\text{mH}$，接在角频率 $\omega = 2500\text{rad/s}$ 的 20V 电压源上，求电容 C 为何值时电路发生谐振？求谐振电流 I_0、电容两端电压 U_C、线圈两端电压 U_{RL} 及品质因数 Q。

任务二　并联谐振电路及其测量

工作任务

一、构建并联谐振仿真电路

运用 MATLAB 软件的 simulink 功能，按照图 $2-2-15$ 构建 RL 串联与 C 并联的仿真电路。

二、并联谐振电路仿真测量

保持元件参数以及电压源不变，改变电源频率。电压 $U_m = 10\text{V}$，调节电源频率以 2MHz 为中心在 $1 \sim 3\text{MHz}$ 之间改变，得并联谐振电路电压与电流仿真波形分别如图 $2-2-16$、图 $2-2-17$ 所示。

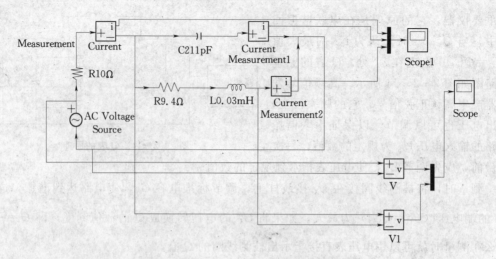

图 2-2-15　RL 串联与 C 并联仿真电路

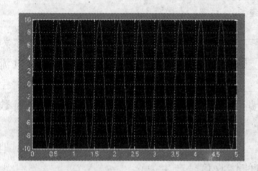

图 2-2-16　并联谐振电路电压仿真波形

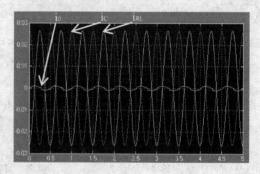

图 2-2-17　并联谐振电路电流仿真波形

思考：在这个仿真实验过程中发现什么样的规律？

 知识链接
- - - - - - - - - - - - - - -

一、并联电路的谐振条件

当串联谐振的电阻较大时，会使串联谐振电路的品质因数大大降低，影响谐振电路的选择性。所以要考虑采用并联谐振电路，如图 2-2-18（a）所示。

RL 串联再与 C 并联的电路中，在正弦交流电压作用下的复导纳为

$$Y = \frac{1}{R + j\omega L} + j\omega C$$

$$= \frac{R}{R^2 + (\omega L)^2} + j\left[-\frac{R}{R^2 + (\omega L)^2} + \omega C\right]$$

$$= G + j(-B_L + B_C)$$

$$= G + jB = |Y|\angle\varphi'$$

式中

$$\varphi' = \arctan\frac{B}{G}, \quad |Y| = \sqrt{G^2 + B^2}$$

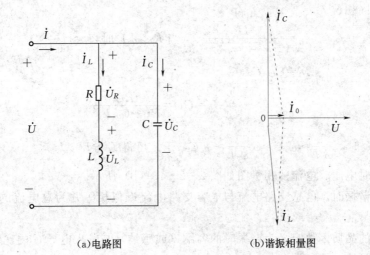

(a)电路图 (b)谐振相量图

图 2-2-18 并联谐振图

若电源电压与电流同相位，则 $\varphi'=0$，电路发生并联谐振，则有 $-B_L+B_C=0$，即

$-\dfrac{R}{R^2+(\omega L)^2}+\omega C=0$，即并联谐振的条件是：感纳等于容纳。

由并联谐振条件得出并联谐振的角频率

$$\omega_0=\sqrt{\dfrac{1}{LC}-\dfrac{R^2}{L^2}}=\dfrac{1}{\sqrt{LC}}\sqrt{1-\dfrac{CR^2}{L}} \qquad (2-2-9)$$

若电阻很小，$R\ll\omega_0 L$，则谐振的条件简化为

$$\omega_0 L\approx\dfrac{1}{\omega_0 C}\quad 即 \quad \omega_0\approx\dfrac{1}{\sqrt{LC}} \qquad (2-2-10)$$

由谐振条件导出谐振时的电路频率

$$f_0\approx\dfrac{1}{2\pi\sqrt{LC}} \qquad (2-2-11)$$

此时并联谐振的频率仅与 L、C 有关。即：在小损耗条件下，并联谐振电路的谐振频率与串联谐振电路的谐振频率的计算公式相同。

二、并联电路的基本特征

(1) 并联谐振时，电路中阻抗最大，电路呈高阻抗特性。由于 $B=0$，$Z_0=\dfrac{1}{G}=\dfrac{L}{RC}$，当 $R\rightarrow0$ 时，$Z_0=\infty$。

(2) 并联谐振时，谐振特性阻抗

$$\rho=\omega_0 L=\dfrac{1}{\omega_0 C}=\sqrt{\dfrac{L}{C}} \qquad (2-2-12)$$

(3) 并联谐振时，若并联电路中的端电压一定时，由于电路呈高阻抗，电路总电流最

小，且与电压同相位。

$$I_L=\frac{U}{\sqrt{R^2+(\omega_0L)^2}}\quad(当R\ll\omega_0L时,I_L\approx\frac{U}{\omega_0L})$$

$$I_C=U\omega_0C$$

总电流
$$I_0=GU=\frac{RU}{R^2+(\omega_0L)^2}$$

当$R\ll\omega_0L$时，$\frac{1}{\omega_0L}\approx\omega_0C\gg G\frac{1}{\omega_0L}\approx\omega_0C$，于是可得$I_L\approx I_C\gg I_0$。

并联谐振时电压、电流的相量图如图2-2-18（b）所示。

（4）并联谐振时，电感支路电流与电容支路电流近似相等并为总电流的Q倍，即$I_L\approx I_C=QI_0$。

并联谐振的品质因数定义为谐振时的容纳（或感纳）与输入电导G的比值，即

$$Q=\frac{\omega_0C}{G}=\frac{\omega_0L}{R}=\frac{1}{R}\sqrt{\frac{L}{C}}=\frac{\rho}{R}\qquad(2-2-13)$$

品质因数Q反映电路选择性能好坏的指标，也仅与电路参数有关。

谐振时支路电流与Q值的关系可推导如下：

$$Q=\frac{\omega_0C}{G}=\frac{\omega_0CU}{GU}=\frac{I_C}{I_0}$$

由此可得

$$I_L\approx I_C=QI_0\qquad(2-2-14)$$

可见，当$Q>1$时，出现部分电流大于总电流现象，并联谐振也称"电流谐振"。

（5）若电源为电流源，则并联谐振时，由于谐振阻抗最大，故回路端电压最大。

当$R=0$，如果发生并联谐振，则LC并联部分对外电路而言，可以用开路表示，如图2-2-19所示。

【例2-2-2】RL串联再与C并联的电路中，已知$R=10\Omega$，$L=0.127\text{mH}$，$C=200\text{pF}$，谐振时总电流$I_0=0.1\text{mA}$，求：（1）品质因数Q；（2）谐振频率f_0与谐振阻抗Z_0；（3）电感支路与电容支路的谐振电流I_L、I_C。

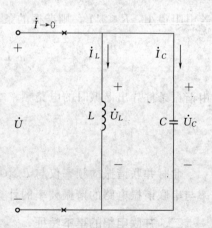

图2-2-19　LC并联谐振时相当于开路

解：品质因数为

$$Q=\frac{\rho}{R}=\frac{1}{R}\sqrt{\frac{L}{C}}=\frac{1}{10}\sqrt{\frac{0.127\times10^{-3}}{200\times10^{-12}}}\approx80$$

谐振频率为

$$f_0\approx\frac{1}{2\pi\sqrt{LC}}=\frac{1}{2\pi\sqrt{0.127\times10^{-3}\times200\times10^{-12}}}=10^6(\text{Hz})$$

谐振阻抗为

$$Z_0 = \frac{L}{RC} = Q^2 R = 80^2 \times 10 = 64000\Omega = 64\mathrm{k}\Omega$$

$$I_L \approx I_C = Q I_0 = 80 \times 0.1 = 8(\mathrm{mA})$$

 拓展知识

一、并联谐振的应用

电感三点式和电容三点式正弦波振荡电路是并联谐振电路的典型应用，图 2 - 2 - 20 （a）、（b）所示为电感三点式和电容三点式振荡电路的等效电路。

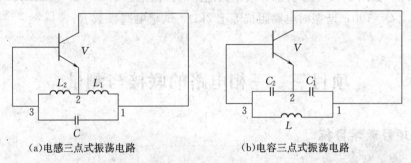

(a)电感三点式振荡电路　　　　　(b)电容三点式振荡电路

图 2 - 2 - 20　三点式振荡电路的等效电路

电感三点式振荡电路的振荡频率为

$$f_0 = \frac{1}{2\pi \sqrt{LC}} = \frac{1}{2\pi \sqrt{(L_1 + L_2)C}}$$

电容三点式振荡电路的振荡频率为

$$f_0 = \frac{1}{2\pi \sqrt{LC}} = \frac{1}{2\pi \sqrt{L \dfrac{C_1 C_2}{C_1 + C_2}}}$$

二、电力系统对谐振的防护

在电力系统中，电网中能量的转化与传递所产生的电网电压升高，称内过电压，内过电压对供电系统的危害是很大的。常见的内过电压有：切、合空载变压器的过电压；切、合空载线路的过电压；电弧接地过电压；铁磁谐振过电压等。其中，铁磁谐振过电压事故最频繁的发生在 3～330kV 电网中，严重威胁电网的安全运行。因此电力系统必须对谐振过电压加以防护。

如图 2 - 2 - 21 所示为 LC 串联谐振电路，若 L、C 为定值，该电路的固有谐振频率为 $f_0 = \dfrac{1}{2\pi \sqrt{LC}}$，当外加电源的频率 f 与固有谐振频率 f_0 相等时，电路中就会出现电压谐振现象，产生谐振过电压。

复杂的电感电容电路则有一系列固有谐振频率，

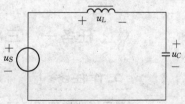

图 2 - 2 - 21　LC 串联谐振电路

而非正弦电源则含有一系列谐波。只要电路的固有谐波频率之一与电源谐振频率之一相等，就会出现谐振。

因此，电网的等效电路参数设计要避开电源的谐振频率，以防止谐振过电压发生。

 优化训练

2.2.2.1　有一个 $R=13.7\Omega$，$L=0.25\text{mH}$ 的电感线圈，与 $C=100\text{pF}$ 的电容器分别接成串联和并联谐振电路，求谐振频率和两种谐振情况下电路呈现的阻抗。

2.2.2.2　如图 2-2-22 所示并联谐振电路的谐振角频率 $\omega_0=5\times10^6\text{rad/s}$，$Q=100$，谐振时电路阻抗等于 $2\text{k}\Omega$，试求电路参数 R、L 和 C。

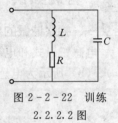

图 2-2-22　训练 2.2.2.2 图

项目三　三相电路的联接与测量

项目教学目标

1. 职业技能目标
(1) 会制作三相负载的星形联接电路和三角形联接电路并进行测量。
(2) 会测量三相交流电路的功率和电能。

2. 职业知识目标
(1) 掌握对称三相正弦量的解析式、波形图、相量表达式及相量图。
(2) 掌握三相对称星形联接电源线电压与相电压的关系。
(3) 掌握三相对称三角形联接负载接线电流与相电流的关系。
(4) 掌握对称三相电路的分析计算。
(5) 理解不对称三相电路的概念和计算方法，理解"对称分量法"的应用。
(6) 掌握对称三相电路功率的计算。

3. 素质目标
(1) 具有认真仔细的学习态度、工作态度和严格的组织纪律。
(2) 具有规范意识、安全生产意识和敬业爱岗精神。
(3) 具有独立学习能力、拓展知识能力以及承受压力能力。
(4) 具有良好沟通能力、良好团队合作能力和创新精神。

任务一　三相对称交流电源的联接与测量

 工作任务

一、测量星形联接三相电源的电压

按图 2-3-1 将三相对称电源接成星形，测量各相电压和线电压，记入表 2-3-

1 中。

表 2 - 3 - 1 　　　　　　三相对称电源星形联接测量的各电压值

名　称		电　压　值
相电压	A 相	
	B 相	
	C 相	
线电压	AB 相间电压	
	BC 相间电压	
	CA 相间电压	

由测量结果可知，三相对称电源星形联接时，线电压和相电压有效值之间的关系是：_____。

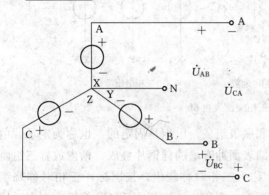　　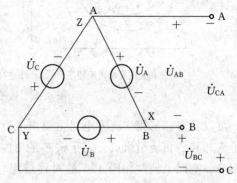

图 2 - 3 - 1　三相对称电源的星形联接　　　图 2 - 3 - 2　三相对称电源的三角形联接

二、测量三角形联接三相电源的电压

按图 2 - 3 - 2 将三相对称电源联接成三角形，测量各相电压和线电压，记入表 2 - 3 - 2 中。

表 2 - 3 - 2 　　　　　　三相对称电源三角形联接测量的各电压值

名　称		电　压　值
相电压	A 相	
	B 相	
	C 相	
线电压	AB 相间电压	
	BC 相间电压	
	CA 相间电压	

由测量结果可知，三相对称电源三角形联接时，线电压和相电压有效值之间的关系是：_____。

知识链接

一、三相对称交流电源

目前，电力系统普遍采用由三相交流电源组成的供电系统，称为三相交流电路。与前面介绍的单相交流电路相比，三相交流供电系统在电能的产生、输送、分配以及应用方面都具有显著的优点。

三相交流电源通常都是由三相交流发电机产生的。图 2-3-3（a）所示为三相交流发电机的原理图。

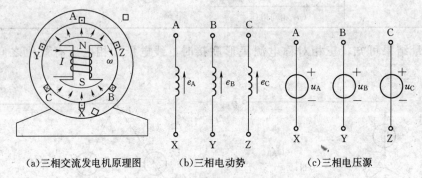

(a)三相交流发电机原理图　　　(b)三相电动势　　　(c)三相电压源

图 2-3-3　三相交流发电机

可以看出，三相交流发电机主要由电枢和磁极组成。电枢是固定的，也称为定子，由定子铁芯和三相绕组组成。定子铁芯是用内圆表面冲有槽的硅钢片叠成，槽内放置三组匝数相等、空间上彼此相隔 120°的对称绕组，称为三相对称绕组。按国标，三相对称绕组分别用 U1U2、V1V2 和 W1W2 标注，而按惯例，则称为 AX、BY 和 CZ 绕组，本书采用习惯用法，其中 A、B、C 是绕组的始端，X、Y、Z 是绕组的末端。

发电机的磁极是旋转的，也称转子。转子铁芯上绕有励磁绕组，通有直流电产生磁场。发电机转子由原动机（如水轮机、汽轮机、柴油机等）带动，按顺时针方向匀速旋转，每相绕组依次切割磁力线，产生频率相同、幅值相等的正弦波电动势，分别用 e_A、e_B、e_C 表示，参考方向由线圈的末端指向始端，如图 2-3-3（b）所示。

分析三相交流电路时，往往用电压源表示三相电压，如图 2-3-3（c）所示，A、B、C 端为正极性，而 X、Y、Z 端为负极性。每个电压源称为（电源的）一相（phase），依次称为 A 相、B 相、C 相，其电压分别记为 u_A、u_B、u_C。

由于结构上采取的措施，一般发电机产生的三相电动势和三相电压总是近乎对称的，而且也尽量做到是正弦的，因此，它们是频率相同、有效值相等而相位上互差 120°的三相正弦量，称为三相对称交流电源。

以 u_A 为参考量，对称三相正弦电压的瞬时值表达式为

$$\begin{cases} u_A = \sqrt{2}U\sin\omega t \\ u_B = \sqrt{2}U\sin(\omega t - 120°) \\ u_C = \sqrt{2}U\sin(\omega t + 120°) \end{cases} \qquad (2-3-1)$$

波形如图 2-3-4（a）所示，它们的相量表达式为

$$\begin{cases} \dot{U}_A = U \underline{/0^\circ} \\ \dot{U}_B = U \underline{/-120^\circ} = \alpha^2 \dot{U}_A \\ \dot{U}_C = U \underline{/120^\circ} = \alpha \dot{U}_A \end{cases} \qquad (2-3-2)$$

式中，$\alpha = 1 \underline{/120^\circ} = e^{j120^\circ} = -\dfrac{1}{2} + j\dfrac{\sqrt{3}}{2}$，$\alpha^2 = 1 \underline{/240^\circ} = 1 \underline{/-120^\circ} = e^{-j120^\circ} = -\dfrac{1}{2} - j\dfrac{\sqrt{3}}{2}$。

图 2-3-4（b）是它们的相量图。画三相电路的相量图时，习惯上把参考相量画在垂直方向，如图 2-3-4（c）所示。

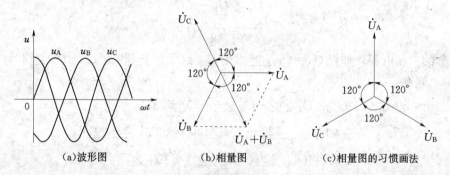

(a)波形图　　　　　(b)相量图　　　　(c)相量图的习惯画法

图 2-3-4　对称三相正弦电压

由于 $1 + \alpha + \alpha^2 = 0$，则得对称三相正弦电压相量和为零，如下式

$$\dot{U}_A + \dot{U}_B + \dot{U}_C = \dot{U}_A + \alpha^2 \dot{U}_A + \alpha \dot{U}_A = 0$$

由式（2-3-1）可以证明，对称三相正弦电压的瞬时值之和恒等于零，即

$$u_A + u_B + u_C = 0$$

三相电源中，各电压达到最大值或零值的先后顺序是不同的，这种达到最大值或零值的先后顺序称为三相电源的相序。上述三相电源的相序是 A—B—C—A，称为正序；如果三相电源的相序为 C—B—A—C 或 A—C—B—A，则称为负序。无特别说明时，三相电源均指正序对称三相电源。工业中交流发电机的三相引出线及配电装置的三相母线上涂以黄、绿、红三种颜色，分别表示 A、B、C 三相。

当三相电源的相序改变时，将改变三相电动机的旋转方向。因此，常用改变相序的方法控制电动机的正反转。

二、三相电源的星形联接（Y 形联接）

如上所述，发电机产生的三相对称电动势大小相等、频率相同、相位互差 120°，若将它们输出，在三相对称绕组端得到三相对称交流电源电压 u_A、u_B、u_C，称为三相对称电压。若将三相电源电压分别和负载相连，形成三个互不相干的单相供电系统，则根本不能体现三相电源的优越性。故实际中在三相电源内将三相绕组联接成星形或三角形。如图 2-3-1和图 2-3-2 所示，这就是三相供电制。

图 2-3-1 所示为三相电源的星形联接，三相绕组的末端 X、Y、Z 联接在一点 N，称为电源的中点，从中点引出的导线称为中线，当中点接地时，中线又称为地线或零线。

从三相绕组的始端 A、B、C 引出的三条导线称为端线或相线，俗称火线。按这样的接法输出供电，称为三相四线制。这种供电系统可输出两种电压等级，一种是每根相线与中性线之间的电压，称为相电压，用下标字母的次序表示参考方向，分别记为 $\dot{U}_{AN}$、$\dot{U}_{BN}$、$\dot{U}_{CN}$，简记为 $\dot{U}_A$、$\dot{U}_B$、$\dot{U}_C$；另一种是任意两根相线间的电压，称为线电压，仍用下标字母的次序表示参考方向，分别记为 $\dot{U}_{AB}$、$\dot{U}_{BC}$、$\dot{U}_{CA}$。

根据 KVL，线电压和相电压有如下关系

$$\begin{cases} \dot{U}_{AB}=\dot{U}_A-\dot{U}_B \\ \dot{U}_{BC}=\dot{U}_B-\dot{U}_C \\ \dot{U}_{CA}=\dot{U}_C-\dot{U}_A \end{cases}$$

对于对称的三相电源，如设 $\dot{U}_A=U_P\angle 0°$，则 $\dot{U}_B=U_P\angle-120°$，$\dot{U}_C=U_P\angle 120°$（下标 P 表示相），则有

$$\dot{U}_{AB}=U_P\angle 0°-U_P\angle-120°=\sqrt{3}U_P\angle 30°$$

$$\dot{U}_{BC}=U_P\angle-120°-U_P\angle 120°=\sqrt{3}U_P\angle-90°$$

$$\dot{U}_{CA}=U_P\angle 120°-U_P\angle 0°=\sqrt{3}U_P\angle 150°$$

上式也可写成

$$\begin{cases} \dot{U}_{AB}=\sqrt{3}\dot{U}_A\angle 30° \\ \dot{U}_{BC}=\sqrt{3}\dot{U}_B\angle 30° \\ \dot{U}_{CA}=\sqrt{3}\dot{U}_C\angle 30° \end{cases} \qquad (2-3-3)$$

可见，对称三相电源星形联接时，线电压也是对称的，线电压的有效值是相电压的 $\sqrt{3}$ 倍，即 $U_L=\sqrt{3}U_P$（下标 L 表示线），而线电压超前于先行相的相电压 30°，如 $\dot{U}_{AB}$ 超前 $\dot{U}_A$ 的角度为 30°，而 $\dot{U}_A$ 超前于 $\dot{U}_B$。另外，各线电压之间的相位差也是 120°。

线电压和相电压的关系也可用相量图求出。图 2-3-5 给出了相量图的两种画法，其中图 2-3-5（a）是根据相量加法画出的，图 2-3-5（b）是根据相量减法画出的，结果一致。

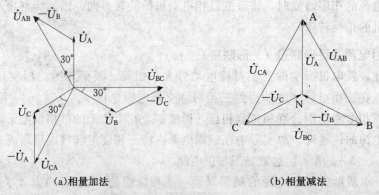

（a）相量加法　　　　　　　　　　　（b）相量减法

图 2-3-5　星形联接三相对称电源线电压和相电压相量图

通常使用的低压供电系统中相电压为 220V，线电压为 380V，记为 380/220V 三相四线制供电系统。

三、三相电源的三角形联接（Δ 联接）

如图 2-3-2 所示，将对称三相电源的三相绕组首尾相联接成三角形，再从三个接点处分别引出端线，就构成了三相电源的三角形联接。显然，这时线电压等于相电压，包括大小和相位。这种没有中线，只有三根相线的供电方式叫做三相三线制，它只提供一种电压等级。

由图 2-3-2 可见，三相电源三角形联接接线正确时，在三角形闭合回路中总的电压为零，即

$$\dot{U}_A + \dot{U}_B + \dot{U}_C = U_P(\angle 0° + \angle -120° + \angle 120°) = 0$$

这样才能保证电源在没有输出时，电源内部没有环形电流。

注意无论三相电源是星形联接还是三角形联接，绝不允许三相绕组中的一相绕组首末端接反。

在星形联接中，若一相绕组首末端接反，则三相输出的相电压在相位上就不会有 120° 的相位差，也就是出现相位上严重不对称，且三个线电压也出现大小不等，相位差不等的严重不对称现象。

在三角形联接中，若一相绕组（例如 A 相）接反，则三相绕组闭合回路中的电压为

$$-\dot{U}_A + \dot{U}_B + \dot{U}_C = U_P(\angle 180° + \angle -120° + \angle 120°) = -2\dot{U}_A$$

由于电源阻抗很小，这样必然在三角形回路内产生很大的环形电流，将严重损坏电源装置，这在实际中是决不允许的。因此，三相电源作三角形联接时，预留一个开口，用电压表测量开口电压，如果电压近于零或很小，再闭合开口，否则，要查找是哪一相接反了。

拓展知识

■ 三相交流发电机工作原理 ■

三相交流发电机的工作原理是利用导线切割磁力线感应出电动势的电磁感应原理，将原动机的机械能转变为电能输出。同步发电机由定子和转子两部分组成。定子是发出电能的电枢，转子是磁极。定子由定子铁芯、三相对称绕组（电枢绕组）及机座和端盖等组成。转子由转子铁芯、励磁绕组、转轴、护环和中心环等组成。

转子的励磁绕组通入直流电流，产生接近于正弦分布磁场（称为转子磁场），其有效励磁磁通与静止的电枢绕组相交链。原动机拖动转子旋转时，转子磁场随同一起旋转，磁力线顺序切割定子的每相绕组，在三相定子绕组内感应出三相交流电动势。发电机带对称负载运行时，三相电枢电流合成产生一个同步转速的旋转磁场。定子磁场和转子磁场相互作用，会产生制动转矩，从汽轮机输入的机械转矩克服此制动转矩而作功，发电机可发出有功功率和无功功率。所以，调整有功功率就得调节汽轮机的进汽量。转子磁场的强弱直接影响定子绕组的电压，所以，调整发电机端电压或调整发电机的无功功率必须调节转子

电流。

供给发电机转子直流建立转子励磁的系统称为发电机励磁系统。大型发电机励磁方式分为它励励磁系统和自并激励磁系统。它励励磁是由一台与发电机同轴的交流发电机产生交流电，经整流变成直流电，给发电机转子励磁。自并激励磁是将来自发电机机端的交流电经变压器降压，再整流变成直流电，作为发电机转子的励磁。

发电机的有功功率和无功功率几何相加之和称为视在功率。有功功率和视在功率之比称为发电机的功率因数，发电机的额定功率因数一般为 0.85。

优化训练

2.3.1.1　已知对称三相正弦电压中 $\dot{U}_A = U\angle 60°\text{V}$，（1）写出 $\dot{U}_B$、$\dot{U}_C$ 的相量表达式；（2）写出 u_A、u_B、u_C 的瞬时值解析式；（3）画出 $\dot{U}_A$、$\dot{U}_B$、$\dot{U}_C$ 的相量图。

2.3.1.2　什么是正序？什么是负序？试写出三相负序电压的相量表达式并画出相量图。

2.3.1.3　有人说："任何三相电路中，线电压相量之和恒为零，即 $\dot{U}_{AB} + \dot{U}_{BC} + \dot{U}_{CA} = 0$。"你认为对吗？试说明理由。

2.3.1.4　已知三相电源为正序，且 $\dot{U}_A = U\angle 0°\text{V}$，如果三相电源作星形联接，但把 B 相电源首末端错误倒接，会造成什么后果？试画出电压相量图加以说明。

2.3.1.5　对称三相电源作星形联接时，线电压与相电压之间有什么关系？如果三相电源为负序，则线电压与相电压之间有什么关系？

2.3.1.6　三相电源作三角形联接时，如果联接错误会在电源内部产生很大的环形电流，有烧毁电源的危险。有哪种简单方法可用来判断联接是否正确？试说明理由。

2.3.1.7　三相电源每相电压为 380V，每相线圈的阻抗为（0.5＋j1）Ω，现将它作三角形联接。（1）如有一相接反，试求电源回路的电流；（2）如有两相接反，试求电源回路的电流。

任务二　三相负载的星形联接与测量

工作任务

一、测量三相对称负载为星形 Y_0 联接时的电压和电流

按图 2-3-6（a）将三相对称负载接成星形 Y_0，纯电阻负载时每相负载取 40W 的照明灯，感性负载时每相负载 $Z_A = Z_B = Z_C = (200 + j150)\Omega$，电源线电压为 380V，将测量的电压和电流记入表 2-3-3 中。

二、测量三相对称负载为星形 Y 联接时的电压和电流

按图 2-3-6（b）将三相对称负载接成星形 Y 联接，纯电阻负载时每相负载取 40W 的照明灯，感性负载时每相负载 $Z_A = Z_B = Z_C = (200 + j150)\Omega$，电源线电压为 380V，将测量的电压和电流记入表 2-3-3 中。

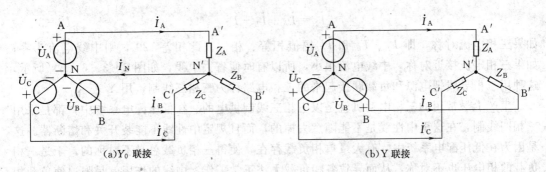

(a)Y_0 联接　　　　　　　　　　　　　　　　(b)Y 联接

图 2-3-6　星形联接三相对称负载

表 2-3-3　　　　　　　　　星形联接三相对称负载的测量数据表

负载情况	测量数据	线电流（A）	线电压（V）	相电压（V）	中线电流（A）	中点电压 $U_{N'N}$（V）
纯电阻	Y_0 接					
	Y 接					
感性	Y_0 接					
	Y 接					

由测量结果可知，三相对称负载星形联接时，线电压和相电压有效值之间的关系是：_____。中线的作用是_____。

 知识链接

一、三相对称星形联接负载的特点

用电器按其对供电电源的要求，可分为单相负载和三相负载。工作时只需单相电源供电的用电器称为单相负载，如照明灯、电视机、电冰箱等；需要三相电源供电才能正常工作的电器称为三相负载，如三相异步电动机等。

三相负载由三部分组成，其中的每一部分称为一相负载。当三相的负载都具有相同参数时，即阻抗值和阻抗角都相同，此时三相负载称为对称三相负载，否则称为不对称三相负载。与三相电源一样，三相负载的联接方式也分为星形联接和三角形联接。

三相负载的星形联接如图 2-3-6 所示，将三相负载的一端联接在一起就构成星形联接，如果各相负载是有极性的（如各负载间存在着磁耦合），则必须同三相电源一样按各相末端（或各相首端）相连接成中性点，否则将造成不对称；如果各相负载没有极性，则可以任意联接成星形。星形联接负载 A'B'C' 向外接至三相电源的端线，而将负载中点 N' 连接到三相电源的中点 N，如图 2-3-6 (a) 所示，这种用四根导线把电源和负载联接起来的三相电路称为三相四线制，以 Y_0 表示。

三相负载星形联接时，每相负载承受的电压称为负载的相电压，通过每相负载的电流称为负载的相电流，其参考方向与负载的相电压参考方向一致。流过各端线的电流称为线电流，其参考方向从电源端流向负载端。流过中线的电流为中线电流，其参考方向从负载中点 N' 流向电源中点 N。在三相四线制中，有

$$\dot{I}_N = \dot{I}_A + \dot{I}_B + \dot{I}_C \qquad (2-3-4)$$

如果三相电流对称，即 $\dot{I}_A$、$\dot{I}_B$ 和 $\dot{I}_C$ 幅值相等、相位彼此相差 $120°$，则中线电流为零；如果三相电流接近对称，中线电流很小，所以有时便省去中线，如图 $2-3-6$（b）所示，这种用三根导线把电源和负载联接起来的三相电路称为三相三线制，用 Y 表示。

生产上最常用的三相电动机就是以三相三线制供电的。在低压配电系统中，都是采用三相四线制，在这里中性线是不能随意去掉的，而且规定中性线不能装开关和熔断器。这是因为在低压配电系统中，有大量单相负载存在，使得三相负载总是不对称的，于是三相负载的相电压也不对称，从而导致各相负载无法正常工作，中线的作用就是强迫使负载相电压保持对称。

从图 $2-3-6$ 可以看出，三相负载星形联接时有以下特点：

（1）忽略输电线上的阻抗压降，负载的相电压就等于电源的相电压，只要三相电源是对称的，三相负载的相电压就对称，且负载的相电压是线电压的 $\frac{1}{\sqrt{3}}$ 倍，而线电压的相位超前于先行相的相电压 $30°$。

（2）线电流等于相电流。

（3）三相负载对称时，中性线电流为零，此时中线存在与否对系统工作没有影响。

二、三相对称星形联接负载的分析

学习情境二项目一讨论的有关正弦交流电路的基本理论、基本定律和分析方法对三相正弦交流电路完全适用。但在分析对称三相电路时，要利用对称三相电路的一些特点简化三相电路的分析计算。

对称三相电路就是以一组（或多组）对称三相电源通过对称的传输线接到一组（或多组）对称三相负载组成的电路。现以图 $2-3-7$（a）所示对称三相电路为例说明其特点和分析计算方法。图中电源和负载都只有一组，电源电压 $\dot{U}_A$、$\dot{U}_B$ 和 $\dot{U}_C$ 对称，电源内阻抗 Z_0、线路阻抗 Z_L 和负载阻抗 Z 均三相相等，中线阻抗为 Z_N。因此，这是一组对称三相四线制 $Y_0 - Y_0$ 电路，它只有两个结点，因而运用弥尔曼定理计算较为方便。以电源中点 N 为参考结点，负载中点 N′ 为独立结点，有

$$\dot{U}_{N'N} = \frac{\dfrac{1}{Z_0 + Z_L + Z}(\dot{U}_A + \dot{U}_B + \dot{U}_C)}{\dfrac{3}{Z_0 + Z_L + Z} + \dfrac{1}{Z_N}} \qquad (2-3-5)$$

因为 $\dot{U}_A + \dot{U}_B + \dot{U}_C = 0$，所以 $\dot{U}_{N'N} = 0$，即 N′ 和 N 电位相同，因此各相电流（等于线电流）分别为

$$\begin{cases} \dot{I}_A = \dfrac{\dot{U}_A - \dot{U}_{N'N}}{Z_0 + Z_L + Z} = \dfrac{\dot{U}_A}{Z_0 + Z_L + Z} \\[3mm] \dot{I}_B = \dfrac{\dot{U}_B - \dot{U}_{N'N}}{Z_0 + Z_L + Z} = \dfrac{\dot{U}_B}{Z_0 + Z_L + Z} \\[3mm] \dot{I}_C = \dfrac{\dot{U}_C - \dot{U}_{N'N}}{Z_0 + Z_L + Z} = \dfrac{\dot{U}_C}{Z_0 + Z_L + Z} \end{cases} \qquad (2-3-6)$$

可见，三相电流是对称的。因此中线电流 $\dot{I}_\mathrm{N}$ 为零，即

$$\dot{I}_\mathrm{N} = \dot{I}_\mathrm{A} + \dot{I}_\mathrm{B} + \dot{I}_\mathrm{C} = 0$$

负载的相电压分别为

$$\begin{cases} \dot{U}_{\mathrm{A'N'}} = Z\dot{I}_\mathrm{A} \\ \dot{U}_{\mathrm{B'N'}} = Z\dot{I}_\mathrm{B} \\ \dot{U}_{\mathrm{C'N'}} = Z\dot{I}_\mathrm{C} \end{cases} \tag{2-3-7}$$

可见，负载的相电压是对称的，负载的线电压也是对称的。

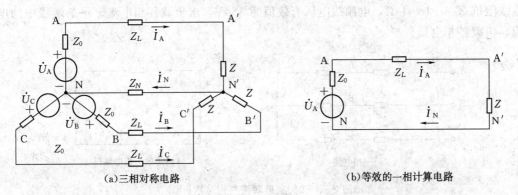

(a)三相对称电路　　　　　(b)等效的一相计算电路

图 2-3-7　对称三相四线制 $\mathrm{Y_0-Y_0}$ 联接电路

由此可总结出对称的 $\mathrm{Y_0-Y_0}$ 联接三相电路的特点：

（1）中线不起作用。因为 $\dot{U}_{\mathrm{N'N}}=0$，$\dot{I}_\mathrm{N}=0$，所以对称三相电路中，无论是否有中线，也不管中线阻抗为何值，中线均不起作用。

（2）对称的 $\mathrm{Y_0-Y_0}$ 联接三相电路中，每相电流、电压仅由该相的电源和阻抗决定，各相之间彼此不相关，形成了各相的独立性。

（3）三相的电流、电压都是和电源电压同相序的对称量。

根据这些特点，对于对称三相电路，只要分析计算其中一相的电流、电压，其他两相可根据对称性直接写出，而不必再计算。这就是对称的 $\mathrm{Y_0-Y_0}$ 联接三相电路归结为一相的计算方法。在分析计算时，可只画出等效的一相计算电路（如 A 相），见图 2-3-7（b）。画法很简单，就是只画出一相的电路，然后用理想导线将 N' 和 N 联接起来，即一相等效电路中不包括中线阻抗 Z_N。

三相电路归结为一相的计算方法，可以推广到其他联接方式的对称三相电路中去，因为可以根据星形和三角形的等效变换，最后将对称三相电路化成 $\mathrm{Y_0-Y_0}$ 联接三相电路来处理。

【例 2-3-1】 图 2-3-8 所示电路中，加在星形联接负载上的三相电压对称，其线电压为 380V，三相负载 $Z_\mathrm{A}=Z_\mathrm{B}=Z_\mathrm{C}=(17.3+\mathrm{j}10)\Omega$，求各相电流和中线电流。

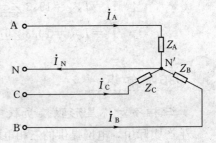

图 2-3-8　星形联接三相对称负载

解：由于三相电压对称，每相负载电压为$U_P = \dfrac{U_L}{\sqrt{3}} = \dfrac{380}{\sqrt{3}} = 220$（V）

设$\dot{U}_A = 220 \angle 0°$（V），则 A 相电流为$\dot{I}_A = \dfrac{\dot{U}_A}{Z_A} = \dfrac{220 \angle 0°}{17.3 + \text{j}10} = 11 \angle -30°$（A）

根据对称关系可得

$$\dot{I}_B = 11 \angle -150°\text{（A）}, \dot{I}_C = 11 \angle 90°\text{（A）}$$

因为该电路为三相对称 $Y_0 - Y_0$ 联接电路，所以中线电流为零。

【例 2-3-2】　图 2-3-9（a）所示对称三相电路中，每相负载阻抗$Z = (6 + \text{j}8)\,\Omega$，端线阻抗$Z_L = (1 + \text{j}1)\,\Omega$，电源线电压有效值为 380V，求负载各相电流、每条端线中的电流、负载各相电压。

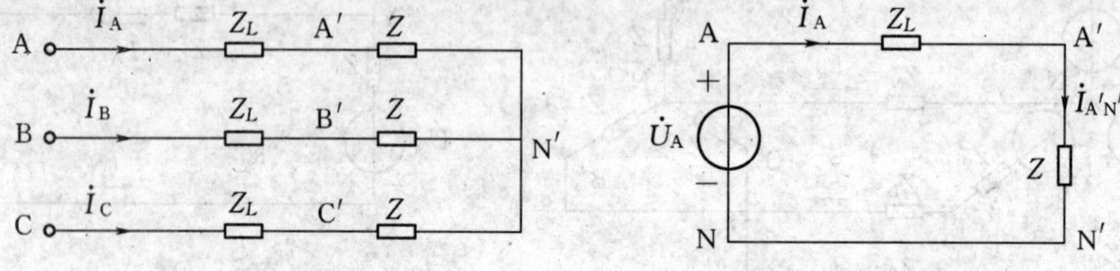

（a）三相电路　　　　　（b）等效一相电路

图 2-3-9　星形联接三相对称负载

解：由已知$U_L = 380$V，得$U_P = \dfrac{U_L}{\sqrt{3}} = \dfrac{380}{\sqrt{3}} = 220$（V），画出 A 相的等效电路，如图 2-3-9（b）所示。

设$\dot{U}_A = 220 \angle 0°$（V），则 A 相电流为

$$\dot{I}_{A'N'} = \frac{\dot{U}_A}{Z_L + Z} = \frac{220 \angle 0°}{(1 + \text{j}1) + (6 + \text{j}8)} = \frac{220 \angle 0°}{11.4 \angle 52.1°} = 19.3 \angle -52.1°\text{（A）}$$

A 相负载相电压为

$$\dot{U}_{A'N'} = \dot{I}_{A'N'} Z = 19.3 \angle -52.1° \times (6 + \text{j}8) = 192 \angle 1°\text{（V）}$$

因为负载是 Y 接，所以线电流等于相电流，即

$$\dot{I}_A = \dot{I}_{A'N'} = 19.3 \angle -52.1°\text{（A）}$$

根据对称性可得

$$\dot{I}_B = \dot{I}_{B'N'} = 19.3 \angle -172.1°\text{（A）}\qquad \dot{U}_{B'N'} = 192 \angle -119°\text{（V）}$$

$$\dot{I}_C = \dot{I}_{C'N'} = 19.3 \angle 67.9°\text{（A）}\qquad \dot{U}_{C'N'} = 192 \angle 121°\text{（V）}$$

拓展知识

■ 三相不对称星形联接负载电路 ■

生产实际中，电网提供的三相电源可以近似地认为是对称的，三相负载可能不对称，而且不对称的三相负载往往出现在低压配电网中，一般采用星形联接。对于不对称的星形

联接负载，常采用中点电压法来分析计算，即先用弥尔曼定理求出负载的中点电压，然后再求各相负载的电压和电流。

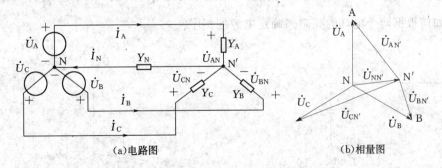

(a)电路图　　　　　　　　(b)相量图

图2-3-10 不对称星形联接负载

如图2-3-10（a），三相电源对称，而三相负载不对称，其复导纳分别为Y_A、Y_B、Y_C，中线复导纳为Y_N。运用弥尔曼定理求得负载中点N'的电压为

$$\dot{U}_{N'N}=\frac{Y_A\dot{U}_A+Y_B\dot{U}_B+Y_C\dot{U}_C}{Y_A+Y_B+Y_C+Y_N} \tag{2-3-8}$$

负载各相电压为

$$\begin{cases}\dot{U}_{AN'}=\dot{U}_A-\dot{U}_{N'N}\\[6pt]\dot{U}_{BN'}=\dot{U}_B-\dot{U}_{N'N}\\[6pt]\dot{U}_{CN'}=\dot{U}_C-\dot{U}_{N'N}\end{cases} \tag{2-3-9}$$

负载各相电流为

$$\begin{cases}\dot{I}_A=Y_A\dot{U}_{AN'}\\[6pt]\dot{I}_B=Y_B\dot{U}_{BN'}\\[6pt]\dot{I}_C=Y_C\dot{U}_{CN'}\end{cases} \tag{2-3-10}$$

中线电流为

$$\dot{I}_N=Y_N\dot{U}_{N'N} \tag{2-3-11}$$

由式（2-3-11）可见，若星形联接负载不对称时，如果没有中线或中线阻抗较大，就出现了中点电压，即$\dot{U}_{N'N}\neq0$，这样的现象称为中点位移，中点位移的相量图如图2-3-10（b）所示。中点位移使三相负载电压不对称，导致负载不能正常工作。当负载变化时，中点电压也变化，各相负载电压也跟着变化。

实际三相电路中，如果是对称电路，由于中线不起作用，一般不装设。对于不对称星形连接负载，如果装设中线，且中线阻抗很小，就能迫使中点电压很小（$Y_N\approx\infty$时，$\dot{U}_{N'N}=0$），从而使负载电压近似等于电源线电压的$\dfrac{1}{\sqrt{3}}$，并且几乎不随负载的变化而变化。

所以三相星形联接照明负载都装设中线。照明负载接近对称，中线电流比较小，所以中线一般比端线要细。一旦中线断开，电路便不能正常工作，所以三相四线制电路中，中线要有足够的机械强度，同时总中线上不应装熔断器。

【例2-3-3】 图2-3-11所示是一个相序测定器，它是一个简单的星形联接的不对称电路，其中A相接入电容，B、C相接入瓦数相同的电灯。设$\dfrac{1}{\omega C}=R=\dfrac{1}{G}$，电源是对称电压，如何根据两个电灯的亮暗来确定电源的相序？

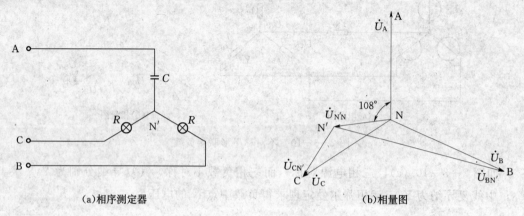

(a)相序测定器　　　　　　　　　　　(b)相量图

图2-3-11　例2-3-3图

解： 根据式（2-3-8），中点电压为

$$\dot{U}_{N'N}=\frac{\mathrm{j}\omega C\dot{U}_A+G\dot{U}_B+G\dot{U}_C}{\mathrm{j}\omega C+2G}$$

设电源电压是正相序，即$\dot{U}_A=U_P\angle 0°$，$\dot{U}_B=U_P\angle -120°$，$\dot{U}_C=U_P\angle 120°$，并代入给定的参数，得

$$\dot{U}_{N'N}=\frac{\mathrm{j}U_P\angle 0°+U_P\angle -120°+U_P\angle 120°}{\mathrm{j}+2}$$

$$=(-0.2+\mathrm{j}0.6)U_P=0.63U_P\angle 108°$$

由式（2-3-9）得B相电灯承受的电压为

$$\dot{U}_{BN'}=\dot{U}_B-\dot{U}_{N'N}=U_P\angle -120°-(-0.2+\mathrm{j}0.6)U_P$$

$$=1.5U_P\angle -102°$$

所以

$$U_{BN'}=1.5U_P$$

类似地，得C相电灯承受的电压为

$$\dot{U}_{CN'}=\dot{U}_C-\dot{U}_{N'N}=U_P\angle 120°-(-0.2+\mathrm{j}0.6)U_P$$

$$=0.4U_P\angle -138°$$

所以

$$U_{CN'}=0.4U_P$$

相量图如图2-3-11（b）所示，图中$U_{BN'}>U_{CN'}$。

根据上述结果可以判断：若电源电压是正相序，电容器所在那一相若定为A相，则B相的电灯比较亮，C相的电灯较暗。所以根据电灯的亮暗可以测定电源电压的相序，这就是相序测定器的工作原理。

 优化训练

2.3.2.1　当三相负载星形联接时，必须接中线吗？

2.3.2.2　当三相负载星形联接时，线电流一定等于相电流吗？

2.3.2.3　线电压为 380V 的三相四线制电路中，对称 Y 联接负载每相阻抗 $Z = (150+j200)\Omega$。（1）试求负载的各相电流和中线电流，并作相量图；（2）如中线断开，各相负载的电压、电流变为多少？

2.3.2.4　三相电路在什么情况下产生负载中点位移？中点位移对负载相电压有什么影响？

2.3.2.5　$R_A = R_B = 5\Omega$，$R_C = 35\Omega$ 的 Y 联接电阻负载接到 $U_L = 380V$ 的对称三相电压源，试求各相电流。

任务三　三相负载的三角形联接与测量

 工作任务

▨ 测量三角形联接三相对称负载的电压和电流 ▨

按图 2-3-12（a）将三相对称负载接成三角形，纯电阻负载时每相负载取 40W 的照明灯，感性负载时每相负载 $Z_A = Z_B = Z_C = (200+j150)\Omega$，电源线电压为 380V，将测量的电压和电流记入表 2-3-4 中。

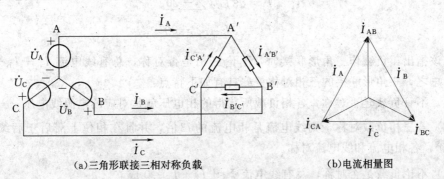

（a）三角形联接三相对称负载　　　　　（b）电流相量图

图 2-3-12　三角形联接三相对称负载

表 2-3-4　　　　　三角形联接三相对称负载的测量数据表

负载情况＼测量数据	线电流（A）	相电流（A）	线电压（V）	相电压（V）
纯电阻				
感性				

由测量结果可知，三相对称负载三角形联接时，线电流和相电流有效值之间的关系是：_____。

知识链接

一、三相对称三角形联接负载的特点

当三相负载联接成三角形时，则称为三角形联接负载，如图 2-3-12（a）所示。如果各相负载是有极性的，则必须同三相电源一样，按负载的始、末端依次相联。由图 2-3-12（a）可见，各负载的相电压就是线电压，不论负载对称与否，其相电压总是对称的。但相电流与线电流不同，根据基尔霍夫定律有

$$\begin{cases} \dot{I}_A = \dot{I}_{A'B'} - \dot{I}_{C'A'} \\ \dot{I}_B = \dot{I}_{B'C'} - \dot{I}_{A'B'} \\ \dot{I}_C = \dot{I}_{C'A'} - \dot{I}_{B'C'} \end{cases} \tag{2-3-12}$$

如果三相电流是对称的，并设 $\dot{I}_{A'B'} = I_P \angle 0°$，$\dot{I}_{B'C'} = I_P \angle -120°$，$\dot{I}_{C'A'} = I_P \angle 120°$，其相量图如图 2-3-12（b）所示。

由相量图看出，在三角形联接中，若相电流是对称的，则线电流也是对称的，且线电流的有效值等于相电流的 $\sqrt{3}$ 倍，即

$$I_L = \sqrt{3} I_P \tag{2-3-13}$$

而线电流的相位滞后于后续相的相电流 30°，即

$$\begin{cases} \dot{I}_A = \sqrt{3} \dot{I}_{A'B'} \angle -30° \\ \dot{I}_B = \sqrt{3} \dot{I}_{B'C'} \angle -30° \\ \dot{I}_C = \sqrt{3} \dot{I}_{C'A'} \angle -30° \end{cases} \tag{2-3-14}$$

应该指出，负载作三角形联接时，不论三相是否对称，总有线电流 $\dot{I}_A + \dot{I}_B + \dot{I}_C = 0$ 成立。总之，三角形联接的三相对称负载具有如下特点：

（1）不管负载是否对称，各相负载所获得的相电压就是对应的电源线电压。

（2）若三相负载对称，则线电流是相电流的 $\sqrt{3}$ 倍，并且在相位上滞后于后续相的相电流 30°，各相电流和线电流对称。

（3）不论负载是否对称，总有线电流 $\dot{I}_A + \dot{I}_B + \dot{I}_C = 0$ 成立。

二、三相对称三角形联接负载的分析

如图 2-3-12（a）所示，如果不考虑端线阻抗，各相负载都直接接在电源的线电压上，负载的相电压与电源的线电压相等。若三相负载对称，则相电流和线电流均对称，此时只需计算其中一相电流，其他两相的相电流、线电流可根据对称性得出；若三相负载不对称，则需分别求出三相电流 $\dot{I}_{A'B'}$、$\dot{I}_{B'C'}$、$\dot{I}_{C'A'}$，再按式（2-3-12）求线电流。

如果考虑端线阻抗，则需将三角形联接负载等效变换为星形联接，按星形联接计算端线电流，负载电流可按式（2-3-12）计算。

三相电动机的绕组可以接成星形，也可以接成三角形，在电动机铭牌上都有标示，

如：Y/△，380/220，表示该电动机在电源线电压为 380V 时，作 Y 接法；当电源线电压为 220V 时，作 △ 接法。可见，该电动机额定相电压是 220V。

在实际问题中，如果只给定电源线电压，则不论电源是三角接还是星接，为了分析方便，可以把电源假想为星形联接，按星形联接电路进行分析计算。

【例 2-3-4】 有一台三相交流异步电动机，每相的等效电阻为 $R=29\Omega$，等效感抗为 $X_L=21.8\Omega$。电动机绕组为三角形联接，电源线电压为 380V。求电动机的线电流和相电流的大小。

解： 由题意知三相异步电动机为三相对称负载，已知每相等效电阻和感抗，则

每相等效阻抗：$|Z_P|=\sqrt{R^2+X_L^2}=\sqrt{29^2+21.8^2}=36.3(\Omega)$

相电流：
$$I_P=\frac{U_L}{|Z_P|}=\frac{380}{36.3}=10.5(A)$$

线电流：
$$I_L=\sqrt{3}I_P=\sqrt{3}\times10.5=18.1(A)$$

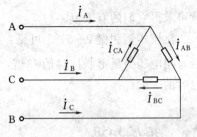

图 2-3-13 例 2-3-4 图

【例 2-3-5】 将例 2-3-1 中的负载改为三角形联接，接到同样电源上，如图 2-3-13 所示，试求：(1) 负载对称时各相电流和线电流；(2) BC 相负载断开后的各相电流和线电流。

解： (1) 为了与例 2-3-1 比较，仍设 $\dot{U}_A=220\angle0°$ V，则

$$\dot{U}_{AB}=\sqrt{3}\dot{U}_A\angle30°=380\angle30°(V)$$

$$\dot{U}_{BC}=\sqrt{3}\dot{U}_B\angle30°=\sqrt{3}\times220\angle-120°\times\angle30°=380\angle-90°(V)$$

$$\dot{U}_{CA}=\sqrt{3}\dot{U}_C\angle30°=\sqrt{3}\times220\angle120°\times\angle30°=380\angle150°(V)$$

三角形联接负载承受线电压，各相电流用 $\dot{I}_{AB}$、$\dot{I}_{BC}$、$\dot{I}_{CA}$ 表示，则

$$\dot{I}_{AB}=\frac{\dot{U}_{AB}}{Z_{AB}}=\frac{380\angle30°}{17.3+j10}=19\angle0°(A)$$

$$\dot{I}_{BC}=\frac{\dot{U}_{BC}}{Z_{BC}}=\frac{380\angle-90°}{17.3+j10}=19\angle-120°(A)$$

$$\dot{I}_{CA}=\frac{\dot{U}_{CA}}{Z_{CA}}=\frac{380\angle150°}{17.3+j10}=19\angle120°(A)$$

各线电流为

$$\dot{I}_A=\sqrt{3}\dot{I}_{AB}\angle-30°=\sqrt{3}\times19\angle-30°=32.9\angle-30°(A)$$

$$\dot{I}_B=\sqrt{3}\dot{I}_{BC}\angle-30°=\sqrt{3}\times19\angle-120°\times\angle-30°=32.9\angle-150°(A)$$

$$\dot{I}_C=\sqrt{3}\dot{I}_{CA}\angle-30°=\sqrt{3}\times19\angle120°\times\angle-30°=32.9\angle90°(A)$$

(2) 如 BC 相负载断开，则 $\dot{I}_{BC}=0$，而 $\dot{I}_{AB}$、$\dot{I}_{CA}$ 不变，所以

$$\dot{I}_A = \dot{I}_{AB} - \dot{I}_{CA} = \sqrt{3}\dot{I}_{AB}\angle -30° = 32.9\angle -30° (\text{A})$$

$$\dot{I}_B = \dot{I}_{BC} - \dot{I}_{AB} = -\dot{I}_{AB} = 19\angle 180° (\text{A})$$

$$\dot{I}_C = \dot{I}_{CA} - \dot{I}_{BC} = \dot{I}_{CA} = 19\angle 120° (\text{A})$$

可见，$\dot{I}_A$ 并不改变，而 $\dot{I}_B$、$\dot{I}_C$ 将发生变化。

由本例可见，三角形联接负载承受线电压，端线阻抗为零（或很小）时，负载的电压不受负载不对称和负载变动的影响。对称的三角形联接负载的相电流对称，线电流也对称，按

$$I_P = \frac{U_L}{Z} = \frac{380}{20} = 19 (\text{A})$$

$$I_L = \sqrt{3}I_P = \sqrt{3} \times 19 = 32.9 (\text{A})$$

就可求得它们的有效值。

比较本例和例 2-3-1 可见：电源电压不变时，对称负载由星形联接改为三角形联接后，相电压为星形联接时的 $\sqrt{3}$ 倍，相电流也为星形联接时的 $\sqrt{3}$ 倍，而线电流则为星形联接时的 3 倍。

 拓展知识

■ 对称分量法 ■

分析三相不对称电路时常用对称分量法，即对于任意一组同频率的不对称三相正弦量都可以分解为正序、负序和零序三相对称正弦量，从而将不对称三相电路化为正序、负序和零序三组对称电路，把计算结果叠加，就可求出实际不对称三相电路的未知量。

选择 A 相作为基准相，不对称三相正弦量与其三组对称分量（正序分量、负序分量和零序分量）之间的关系（以电流为例）为

$$\begin{cases} \dot{I}_A = \dot{I}_{A1} + \dot{I}_{A2} + \dot{I}_{A0} = \dot{I}_{A1} + \dot{I}_{A2} + \dot{I}_{A0} \\ \dot{I}_B = \dot{I}_{B1} + \dot{I}_{B2} + \dot{I}_{B0} = a^2\dot{I}_{A1} + a\dot{I}_{A2} + \dot{I}_{A0} \\ \dot{I}_C = \dot{I}_{C0} + \dot{I}_{C1} + \dot{I}_{C2} = a\dot{I}_{A1} + a^2\dot{I}_{A2} + \dot{I}_{A0} \end{cases}$$

式中，运算子 $a = 1\angle 120°$，$a^2 = 1\angle -120°$，且有 $1 + a + a^2 = 0$，$a^3 = 1$；$\dot{I}_{A1}$、$\dot{I}_{A2}$、$\dot{I}_{A0}$ 分别为 A 相电流的正序、负序和零序分量，并且有

$$\begin{cases} \dot{I}_{B1} = a^2\dot{I}_{A1} \\ \dot{I}_{B2} = a\dot{I}_{A2} \\ \dot{I}_{B0} = \dot{I}_{C0} = \dot{I}_{A0} \\ \dot{I}_{C1} = a\dot{I}_{A1} \\ \dot{I}_{C2} = a^2\dot{I}_{A2} \end{cases}$$

由上式可以画出三组对称分量如图2-3-14所示。

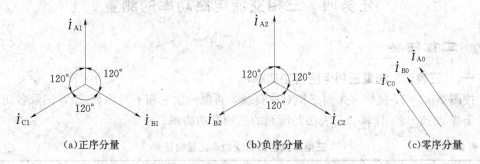

(a)正序分量　　　　　　　(b)负序分量　　　　　　(c)零序分量

图2-3-14 不对称三相正弦量的对称分量

由此看到，正序分量的相序与正常对称运行下的相序相同，而负序分量的相序则与正序相反，零序分量则三相同相位。

 优化训练

2.3.3.1 试证明三相三线制中，不论负载是否对称，都有 $\dot{U}_{AB}+\dot{U}_{BC}+\dot{U}_{CA}=0$ 和 $\dot{I}_A+\dot{I}_B+\dot{I}_C=0$。

2.3.3.2 电源电压不变，三相对称负载由星形联接改为三角形联接后，线电流为星形联接时的多少倍？为什么？

2.3.3.3 每相阻抗 $Z=(200+j150)\Omega$ 的对称三角形联接负载接到线电压为380V的三相电压源，试求相电流 $\dot{I}_{AB}$、$\dot{I}_{BC}$、$\dot{I}_{CA}$ 和线电流 $\dot{I}_A$、$\dot{I}_B$、$\dot{I}_C$，并作相量图。

2.3.3.4 某一对称三角形联接的负载与一对称三相正弦电源通过三条线路相联接。已知负载每相的阻抗为 $(9-j6)\Omega$，线路阻抗为 $j2\Omega$，电源线电压为380V，试求负载的相电流。

2.3.3.5 在图2-3-15中，设电源电压不变，三相对称负载△联接，(1)若开关 S_1 合上，S_2 打开时，电流表 A_1 的读数为12A，试求此时电流表 A_2、A_3 的读数；(2)开关 S_1 打开，S_2 合上时，试求电流表 A_2、A_3 的读数。

2.3.3.6 如图2-3-16所示电路中，三相对称负载的各线电压均为380V，电流为2A，功率因数为0.8，端线阻抗 $Z_L=(2+j4)\Omega$，试求电源的电压。

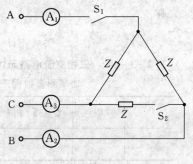　　　　　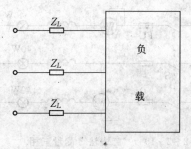

图2-3-15 训练2.3.3.5图　　　　　图2-3-16 训练2.3.3.6图

任务四　三相交流电路功率的测量

工作任务

一、"三表法"测量三相电路有功功率

按图 2-3-17 接线（先测三相对称负载，再测一次三相不对称负载），记录各功率表读数于表 2-3-5，计算"三表法"所测的三相有功功率。

表 2-3-5　　　　　　　　三相交流电路有功功率测量数据表

三表法	P_1	P_2	P_3	$P=P_1+P_2+P_3$(W)

二表法	P_1		P_2	$P=P_1+P_2$

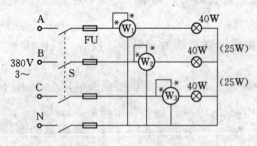

图 2-3-17　"三表法"测量三相
电路有功功率联线图

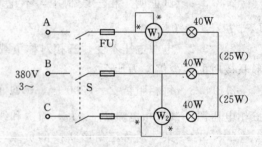

图 2-3-18　"二表法"测量三相
电路有功功率接线图

二、"二表法"测量三相电路有功功率

按图 2-3-18 接线（先测三相对称负载，再测一次三相不对称负载），记录各功率表读数于表 2-3-5，计算"二表法"所测的三相有功功率。读取 P_1 和 P_2 时应注意其正负，功率表按规定联接后，如指标正偏读数为正值；若指针反偏，选择开关至"一"号，而所读取的功率应是负值。

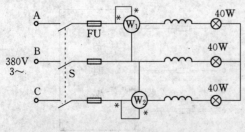

图 2-3-19　"二表法"测量三相
电路无功功率接线图

表 2-3-6　三相交流电路无功
功率测量数据表

P_1	P_2	$Q=\sqrt{3}\,\|P_2-P_1\|$

三、"二表法"测量三相电路无功功率

按图 2-3-19 接线，记录各功率表读数于表 2-3-6，计算"二表法"所测得的无功功率。

　知识链接

一、有功功率、无功功率和视在功率

1. 有功功率

有功功率又称平均功率。在三相电路中，三相负载吸收的总有功功率等于各相负载吸收的有功功率之和，即

$$P = P_A + P_B + P_C \qquad (2-3-15)$$
$$= U_A I_A \cos\varphi_A + U_B I_B \cos\varphi_B + U_C I_C \cos\varphi_C$$

式中　φ_A、φ_B、φ_C——A 相、B 相和 C 相在电压与电流为关联参考方向下的相电压与相电流之间的相位差，等于各相负载的阻抗角。

在对称三相电路中，各相负载吸收的有功功率相等，式（2-3-15）可写为

$$P = 3U_P I_P \cos\varphi \qquad (2-3-16)$$

式中　U_P——相电压；

　　I_P——相电流；

　　φ——相电压与相电流之间的相位差，等于负载的阻抗角。

因为对称三相电路中负载在任何一种接法的情况下，总有

$$3U_P I_P = \sqrt{3} U_L I_L$$

所以式（2-3-16）可写成

$$P = \sqrt{3} U_L I_L \cos\varphi \qquad (2-3-17)$$

式中　U_L——线电压；

　　I_L——线电流；

　　φ——线电压与线电流之间的相位差，等于负载的阻抗角。

分析计算对称三相电路的总有功功率，常用到式（2-3-17），因为它对 Y 联接或 △ 联接的负载都适用。同时，三相设备铭牌上标明的都是线电压和线电流，三相电路中容易测量出来的也是线电压和线电流。

2. 无功功率

在三相电路中，三相负载的总无功功率为

$$Q = Q_A + Q_B + Q_C \qquad (2-3-18)$$
$$= U_A I_A \sin\varphi_A + U_B I_B \sin\varphi_B + U_C I_C \sin\varphi_C$$

式中　φ_A、φ_B、φ_C——A 相、B 相和 C 相在电压与电流为关联参考方向下的相电压比相电流超前的相位差，等于各相负载的阻抗角。

在对称三相电路中，有

$$Q = 3U_P I_P \sin\varphi = \sqrt{3} U_L I_L \sin\varphi \qquad (2-3-19)$$

式中各符号意义同前。

3. 视在功率与功率因素

在三相电路中，三相负载的总视在功率为

$$S = \sqrt{P^2 + Q^2}$$

在对称三相电路中，有

$$S = 3U_P I_P = \sqrt{3} U_L I_L \tag{2-3-20}$$

三相负载的总功率因数为

$$\lambda = \frac{P}{S}$$

在三相对称情况下 $\lambda = \cos\varphi$，也就是一相负载的功率因数，φ 即为负载的阻抗角。

二、对称三相电路中的瞬时功率

对称三相电路中各相的瞬时功率可写为

$$p_A(t) = u_A(t) i_A(t)$$
$$= \sqrt{2} U_P \sin(\omega t) \times \sqrt{2} I_P \sin(\omega t - \varphi)$$
$$= U_P I_P [\cos\varphi - \cos(2\omega t - \varphi)]$$
$$p_B(t) = u_B(t) i_B(t)$$
$$= \sqrt{2} U_P \sin(\omega t - 120°) \times \sqrt{2} I_P \sin(\omega t - 120° - \varphi)$$
$$= U_P I_P [\cos\varphi - \cos(2\omega t - 240° - \varphi)]$$
$$p_C(t) = u_C(t) i_C(t)$$
$$= \sqrt{2} U_P \sin(\omega t - 240°) \times \sqrt{2} I_P \sin(\omega t - 240° - \varphi)$$
$$= U_P I_P [\cos\varphi - \cos(2\omega t - 480° - \varphi)]$$

它们的和为

$$p(t) = p_A(t) + p_B(t) + p_C(t) = 3U_P I_P \cos\varphi$$

此式表明，对称三相制的瞬时功率是一个常量，其值等于平均功率。

运行中的单相电动机因为瞬时功率时大时小，产生振动，功率越大，振动越剧烈。在对称三相电路中的三相电机，因为它的总瞬时功率不是时大时小，而是一个常量，运行中不会像单相电机那样剧烈振动。这是三相交流电与单相交流电相比的又一优点。

瞬时功率恒定的这种性质称为瞬时功率的平衡。瞬时功率平衡的电路称为平衡制电路，对称三相电路是平衡制电路。

【例 2-3-6】 一台 Y 联接三相电动机的总功率、线电压、线电流分别为 3.3 kW、380V、6.1A，试求它的功率因数和每相阻抗。

解：这台电动机的功率因数为

$$\lambda = \cos\varphi = \frac{P}{\sqrt{3} U_L I_L} = \frac{3.3 \times 10^3}{\sqrt{3} \times 380 \times 6.1} = 0.822$$

它每相的阻抗为

$$Z = |Z| \quad \angle\varphi = \frac{U_P}{I_P} \angle \arccos\lambda = \frac{U_L/\sqrt{3}}{I_L} \angle \arccos\lambda$$

$$= \frac{380/\sqrt{3}}{6.1} \angle \arccos 0.822 = 36 \angle 34.7° = (29.6 + j20.5)(\Omega)$$

【例 2 - 3 - 7】　有一三相负载，每相等效阻抗为（22＋j16）Ω，试求下列两种情况下的功率：（1）联接成星形联接于 $U_L＝380V$ 三相电源上；（2）联接成三角形接于 $U_L＝220V$ 三相电源上

解：（1）三相负载接成星形联接于 $U_L＝380V$ 时

$$U_P＝\frac{U_L}{\sqrt{3}}＝\frac{380}{\sqrt{3}}＝220(V)$$

$$I_P＝\frac{U_P}{|Z|}＝\frac{220}{\sqrt{22^2＋16^2}}＝8.1(A)＝I_L$$

$$P＝\sqrt{3}U_LI_L\cos\varphi＝\sqrt{3}\times380\times8.1\times\frac{22}{\sqrt{22^2＋16^2}}(W)＝4.3kW$$

（2）三相负载接成三角形联接于 $U_L＝220V$ 时

$$U_P＝U_L＝220(V)$$

$$I_P＝\frac{U_P}{|Z|}＝\frac{220}{\sqrt{22^2＋16^2}}＝8.1(A)$$

$$I_L＝\sqrt{3}I_P＝\sqrt{3}\times8.1＝14(A)$$

$$P＝\sqrt{3}U_LI_L\cos\varphi＝\sqrt{3}\times220\times14\times\frac{22}{\sqrt{22^2＋16^2}}(W)＝4.3kW$$

可见，在两种接法中，星形联接时线电压增大到 $\sqrt{3}$ 倍，三角形联接时线电流增大到 $\sqrt{3}$ 倍，而两种接法的相电压、相电流和三相功率都未改变。

三、三相电路功率的测量

对于三相四线制的星形联接电路，无论对称或不对称，一般可用三只功率表进行测量，如图 2 - 3 - 20 所示。功率表 W_1 的电流线圈流过的电流是 A 相的电流 i_A，电压线圈上的电压是 A 相的电压 u_A，因此功率表 W_1 指示的数字正好是 A 相的平均功率 P_A。同样地，功率表 W_2、W_3 的读数代表了 B 相和 C 相负载吸收的平均功率 P_B 和 P_C。因此，将三只功率表的读数相加，就得到了三相负载吸收的功率，即

$$P＝P_A＋P_B＋P_C$$

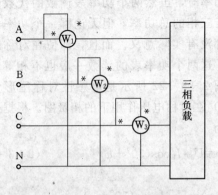
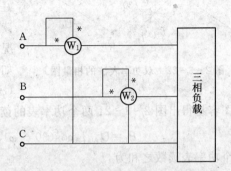

图 2 - 3 - 20　三功率表法接线图　　　图 2 - 3 - 21　双功率表法接线图

对于三相三线制的电路，无论它是否对称，则可用两只功率表测量，如图 2 - 3 - 21

所示。通常把这种测量方法称为双功率表法。两个功率表的电流线圈分别串入任意两相的端线中（图示为 A、B 相），电压线圈接到本相端线与第三条端线（图中是 C 相）之间，这时，两个功率表读数的代数和等于要测的三相功率。

以下证明双功率表法的正确性。无论负载如何联接，总可以用等效星形表示这些负载，因此三相瞬时功率可以写成

$$p = p_A + p_B + p_C = u_A i_A + u_B i_B + u_C i_C$$

因为三相三线制电路有

$$i_A + i_B + i_C = 0$$

所以

$$
\begin{aligned}
p &= u_A i_A + u_B i_B + u_C(-i_A - i_B) \\
&= (u_A - u_C)i_A + (u_B - u_C)i_B \\
&= u_{AC} i_A + u_{BC} i_B
\end{aligned}
$$

三相平均功率为上式在一个周期内的平均值，即

$$
\begin{aligned}
P &= \frac{1}{T}\int_0^T (u_{AC} i_A + u_{BC} i_B)\,\mathrm{d}t \\
&= \frac{1}{T}\int_0^T u_{AC} i_A\,\mathrm{d}t + \frac{1}{T}\int_0^T u_{BC} i_B\,\mathrm{d}t \\
&= U_{AC} I_A \cos\varphi_1 + U_{BC} I_B \cos\varphi_2
\end{aligned}
$$

式中 φ_1——电压相量 $\dot{U}_{AC}$ 与电流相量 $\dot{I}_A$ 之间的相位差；

φ_2——电压相量 $\dot{U}_{BC}$ 与电流相量 $\dot{I}_B$ 之间的相位差。

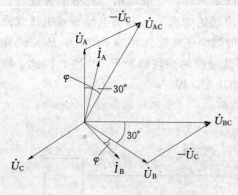

图 2-3-22 双功率表法的相量图

上式中的第一项就是图 2-3-21 中功率表 W_1 的读数 P_1，而第二项就是功率表 W_2 的读数 P_2。可见，两个功率表读数的代数和就是三相的总功率。

应当指出，当用双功率表法测量三相三线制的功率时，虽然两个功率表读数的代数和正好等于三相的总功率，但无论哪一个功率表的读数都没有实际意义。而且，即使在对称的情况下，这两个功率表的读数一般也不相等。例如，图 2-3-22 所示是电感性对称星形负载（$\varphi > 0$）在对称电压作用下的相量图。根据这个相量图容易得出图 2-3-21 两个功率表的读数为

$$P_1 = U_{AC} I_A \cos(30° - \varphi), \quad P_2 = U_{BC} I_B \cos(30° + \varphi) \qquad (2-3-21)$$

但两个功率表读数之和为

$$
\begin{aligned}
P_1 + P_2 &= U_{AC} I_A \cos(30° - \varphi) + U_{BC} I_B \cos(30° + \varphi) \qquad (2-3-22) \\
&= \sqrt{3} U_L I_L \cos\varphi = P
\end{aligned}
$$

拓展知识

一、单相电能表

电能表用来测量某一段时间内，发电机发出的电能或负载消耗的电能的仪表。测量交流电路的有功电能是一种感应式仪表。常用的电能表有单相有功电能表、三相三线有功电能表和三相四线有功电能表。

1. 单相电能表的构造与原理

单相电能表外形图如图 2-3-23 所示。

单相电能表主要由一个可转动的铝盘和分别绕在不同铁芯上的一个电压线圈和一个电流线圈所组成，其结构如图 2-3-24 所示，

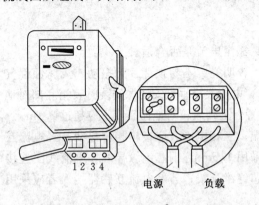

图 2-3-23 单相电能表的外形图 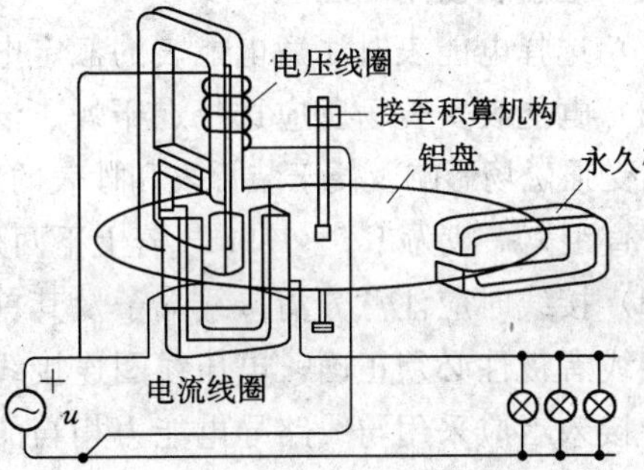 　　图 2-3-24 单相电能表的结构

当电能表接入电路后，电压线圈与电流线圈所产生两个相位不同的磁通形成了移动磁场，这个磁场在铝盘上感应出涡流。由于涡流与磁通作用的结果使铝盘产生一定方向的转动力矩，因而铝盘匀速转动于阻尼永久磁铁间隙中，通过铝盘轴上的蜗杆、蜗轮带动积算机构。由于转矩正比于负载上电压、电流以及它们相位差的余弦（功率因数）的乘积，因而积算机构的读数就是电路中消耗的有功电能。

2. 单相电能表的接线

单相电能表的接线如图 2-3-25 所示：电流线圈与负载串联，电压线圈与负载并联。各电能表的接线端子均按"从左向右"的顺序编号，国产电能表一般按火线"1 进 2 出"，零线"3 进 4 出"编号，即 1、3 端接电源侧，2、4 端接负载侧。

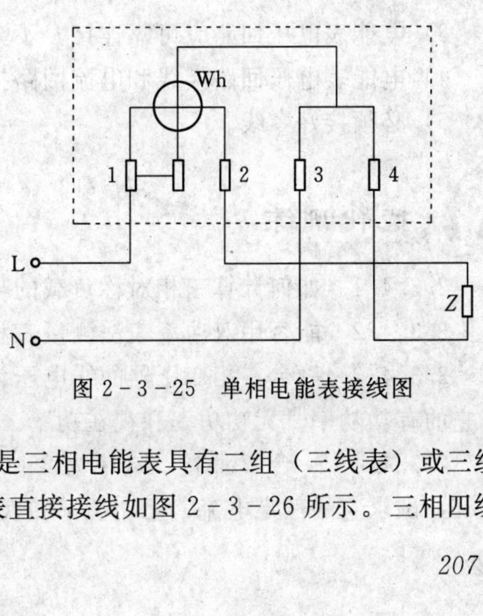

二、三相电能表

三相三线有功电能表、三相四线有功电能表的结构基本上与单相有功电能表相同，不同的是三相电能表具有二组（三线表）或三组（四线表）电压、电流线圈。三相四线有功电能表直接接线如图 2-3-26 所示。三相四线

图 2-3-25 单相电能表接线图

有功电能表经电流互感器的接线如图 2-3-27 所示。

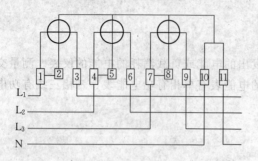 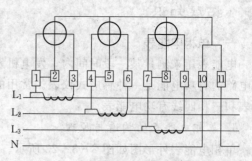

图 2-3-26　三相四线有功电能表的　　　　图 2-3-27　三相四线有功电能表经电流
　　直接接入时的接线图　　　　　　　　　　互感器接入时的接线图

三、电能表使用的注意事项

（1）选择电能表时注意电能表的额定电压、额定电流是否合适。

（2）电能表安装场所应选择在干燥、清洁、较明亮、不易损坏、无振动、无腐蚀性气体，不受强磁场影响及便于装拆表和抄表的地方。电能表应垂直安装，安装时表箱底部对地面的垂直距离一般为 1.7~1.9m，若上下两列布置、上列表箱对地面高度不应超过 2.1m。

（3）接线时应注意分清接线端子及其首尾端；三相电能表应按正相序接线；经电流互感器接线者极性必须正确；电压线圈连接线应采用 1.5mm² 铜芯绝缘导线，电流线圈连接线直接接入者应采用与线路导电能力相当的铜芯绝缘导线；若经电流互感器接入者应采用 2.5mm² 铜芯绝缘导线。

（4）凡经互感器接入的电能表，其读数要乘以互感器的变比才是实际读数值。

（5）三相四线有功电能表经电流互感器接入时，电流互感器二次绕组接地后与电能表的电流线圈并接，电压线圈直接进电源，接线时应注意：

1）电流互感器的二次绕组和外壳应当接地。

2）各只电流互感器二次绕组不能反接，三只电流互感器之间二次绕组相互也不能接错。

3）电能表电压回路应可靠连接，不允许断路。

4）电能表电压回路接线和电流回路接线的相位应保持一致，不能跳相或相互接错。

5）必须接好零线。

 优化训练

2.3.4.1　如何计算三相对称负载的功率？计算公式中 $\cos\varphi$ 中的 φ 表示什么？

2.3.4.2　能否用双功率表法测量三相四线制的功率？试说明理由。

2.3.4.3　一台三相变压器的线电压为 6600V，线电流为 20A，功率因数为 0.88。试求它的有功功率、无功功率和视在功率。

2.3.4.4　一台 Y 联接、功率为 25000kW 的发电机额定电压为 13.8kV，功率因数为 0.85，试求它的额定电流、无功功率和视在功率。

2.3.4.5　对称三相电路的线电压为 380V，负载每相 $Z=(12+j16)\Omega$，试求：

（1）星形联接负载时的线电流及吸收的有功功率；

（2）三角形联接负载时的线电流及吸收的有功功率。

2.3.4.6　单相电能表的接线原则是什么？

2.3.4.7　怎样选择电能表安装场所？

2.3.4.8　三相四线有功电能表经电流互感器接入时的接线应注意什么？

项目四　非正弦周期电流电路的分析与仿真

项目教学目标

1. 职业技能目标

（1）会用示波器观测非正弦周期信号的波形。

（2）会用 MATLAB 对非正弦周期信号进行仿真。

（3）能完成非正弦周期电流电路的测量。

（4）会治理电力系统的谐波。

2. 职业知识目标

（1）了解利用查表法进行谐波分析的方法。

（2）了解各次谐波的阻抗计算方法，能利用叠加定理进行非正弦周期电流电路的计算。

（3）掌握非正弦周期量有效值、平均值以及非正弦周期电流电路的平均功率的求解。

（4）了解电力系统谐波的产生、危害与治理。

3. 素质目标

（1）具有认真仔细的学习态度、工作态度和严格的组织纪律。

（2）具有规范意识、安全生产意识和敬业爱岗精神。

（3）具有独立学习能力、拓展知识能力以及承受压力能力。

（4）具有良好沟通能力、良好团队合作能力和创新精神。

任务一　非正弦周期信号的谐波分析与仿真

 工作任务

一、非正弦周期信号的谐波合成分析仿真电路

运用 MATLAB 软件的 simulink 功能，按照图 2-4-1 构建 RLC 串联负载电路，为试验非正弦周期信号的叠加，电源频率分别取直流、50Hz、150Hz、250Hz、350Hz；电压幅值分别取 $U_{DC}=100/2$V、$U_{AC1m}=2\times100/\pi$ V、$U_{AC3m}=100/3\pi$V、$U_{AC5m}=100/5\pi$ V、$U_{AC7m}=100/7\pi$ V；分别记录下列电压叠加波形的结果：

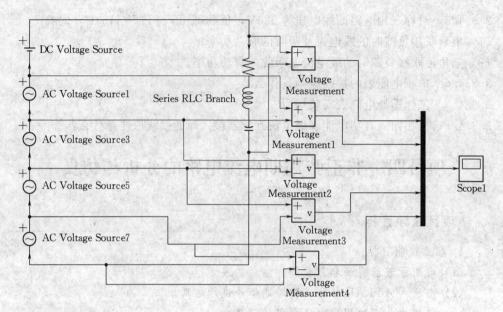

图 2-4-1　非正弦周期信号叠加的仿真电路

（a）直流＋基波；

（b）直流＋基波＋3 次谐波；

（c）直流＋基波＋3 次谐波＋5 次谐波；

（d）直流＋基波＋3 次谐波＋5 次谐波＋7 次谐波。

二、非正弦周期信号的谐波合成分析仿真波形

非正弦周期信号叠加合成的仿真波形如图 2-4-2 所示。非正弦周期信号叠加合成的理想方波波形如图 2-4-3 所示。

思考： 通过这种方式经过无限多次叠加后是否可以构成如下理想的方波波形？

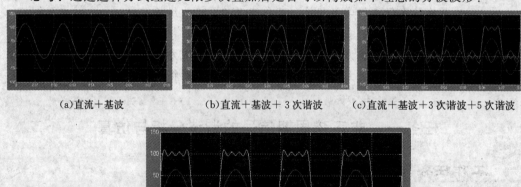

（a）直流＋基波　　　　　（b）直流＋基波＋3 次谐波　　　　（c）直流＋基波＋3 次谐波＋5 次谐波

（d）直流＋基波＋3 次谐波＋5 次谐波＋7 次谐波

图 2-4-2　非正弦周期信号叠加合成的仿真波形

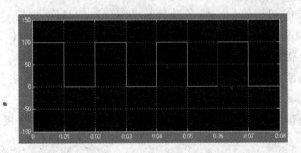

图 2 - 4 - 3　非正弦周期信号叠加合成的理想方波波形

 知识链接

一、周期函数分解为傅里叶级数

1. 非正弦周期函数的分解

按照傅里叶级数展开法，任何一个满足狄里赫利条件的非正弦周期函数都可以分解为一个恒定分量与无穷多个频率为非正弦周期信号频率的整数倍、不同幅值的正弦分量的和。

设 $f(t)$ 为满足狄里赫利条件的非正弦周期函数，其周期为 T，则其傅里叶级数是

$$f(t) = \frac{a_0}{2} + \sum_{k=1}^{\infty} [a_k \cos(k\omega t) + b_k \sin(k\omega t)] \qquad (2-4-1)$$

式中 $\omega = \frac{2\pi}{T}$，T 为 $f(t)$ 的周期，a_0、a_k、b_k 为傅里叶系数，它们的计算公式如下

$$\begin{cases} a_0 = \dfrac{2}{T} \displaystyle\int_0^T f(t)\,\mathrm{d}t \\[3mm] a_k = \dfrac{2}{T} \displaystyle\int_0^T f(t)\cos(k\omega t)\,\mathrm{d}t \\[3mm] b_k = \dfrac{2}{T} \displaystyle\int_0^T f(t)\sin(k\omega t)\,\mathrm{d}t \end{cases} \qquad (2-4-2)$$

若把式（2-4-1）中同频率的正弦项与余弦项合并，就得到傅里叶级数的另一种表达式

$$f(t) = A_0 + \sum_{k=1}^{\infty} A_{km} \sin(k\omega t + \psi_k) \qquad (2-4-3)$$

式中

$$\begin{cases} A_0 = \dfrac{a_0}{2} \\[3mm] A_{km} = \sqrt{a_k^2 + b_k^2} \\[3mm] \psi_k = \arctan\left(\dfrac{a_k}{b_k}\right) \end{cases} \qquad (2-4-4)$$

式（2-4-4）中 A_0 为常数项，它为非正弦周期函数一周期内的平均值，它与时间无关，称为直流分量（d. c. component）。$k=1$ 项表达式为 $A_{1m}\sin(\omega t + \psi_1)$，此项频率与原非正弦周期函数 $f(t)$ 的频率相同，称为 $f(t)$ 的基波（fundamental harmonic），A_1 为基

波的振幅，ψ_1 为基波的初相位。$k \geq 2$ 各项统称为 $f(t)$ 的高次谐波（high order harmonic），并根据分量的频率是基波的 k 倍，称为 k 次谐波，如 2 次谐波、3 次谐波。A_k 及 ψ_k 为 k 次谐波的振幅及初相位。

将一个非正弦周期函数分解为直流分量、基波及各次谐波分量之和，称为谐波分析。谐波分析可以利用式（2-4-1）或式（2-4-2）来进行，表 2-4-1 列出了电气电子工程中常见的几种典型信号的傅里叶级数展开式，在实际工程中可直接对照其波形查出展开式。

表 2-4-1 常见信号的傅里叶级数展开式

名称	$f(t)$ 的波形图	$f(t)$ 的傅里叶级数表达式	有效值	整流平均值
正弦波		$f(t) = A_m \sin\omega t$	$\dfrac{A_m}{\sqrt{2}}$	$\dfrac{2A_m}{\pi}$
全波整流波		$f(t) = \dfrac{4A_m}{\pi}\left(\dfrac{1}{2} + \dfrac{1}{1\times 3}\cos\omega t - \dfrac{1}{3\times 5}\cos 2\omega t + \dfrac{1}{5\times 7}\cos 3\omega t - \cdots\right)$	$\dfrac{A_m}{\sqrt{2}}$	$\dfrac{2A_m}{\pi}$
半波整流波		$f(t) = \dfrac{2A_m}{\pi}\left(\dfrac{1}{2} + \dfrac{\pi}{4}\cos\omega t + \dfrac{1}{1\times 3}\cos 2\omega t - \dfrac{1}{3\times 5}\cos 4\omega t + \dfrac{1}{5\times 7}\cos 6\omega t - \cdots\right)$	$\dfrac{A_m}{2}$	$\dfrac{A_m}{\pi}$
矩形波		$f(t) = \dfrac{4A_m}{\pi}\left(\sin\omega t + \dfrac{1}{3}\sin 3\omega t + \dfrac{1}{5}\sin 5\omega t + \cdots + \dfrac{1}{k}\sin k\omega t + \cdots\right)$ $k = 1, 3, 5, \cdots$	A_m	A_m
锯齿波		$f(t) = \dfrac{A_m}{2} - \dfrac{A_m}{\pi}\left(\sin\omega t + \dfrac{1}{2}\sin 2\omega t + \dfrac{1}{3}\sin 3\omega t + \cdots + \dfrac{1}{k}\sin k\omega t + \cdots\right)$ $k = 1, 2, 3, 4, \cdots$	$\dfrac{A_m}{\sqrt{3}}$	$\dfrac{A_m}{2}$
三角波		$f(t) = \dfrac{8A_m}{\pi^2}\left[\sin\omega t - \dfrac{1}{9}\sin 3\omega t + \dfrac{1}{25}\sin 5\omega t - \cdots + \dfrac{(-)^{\frac{k-1}{2}}}{k^2}\sin k\omega t + \cdots\right]$ $k = 1, 3, 5, \cdots$	$\dfrac{A_m}{\sqrt{3}}$	$\dfrac{A_m}{2}$
梯形波		$f(t) = \dfrac{4A_m}{\omega t_0 \pi}\left(\sin\omega t_0 \sin\omega t + \dfrac{1}{9}\sin 3\omega t_0 \sin 3\omega t + \dfrac{1}{25}\sin 5\omega t_0 \sin 5\omega t + \cdots + \dfrac{1}{k^2}\sin k\omega t_0 \sin k\omega t + \cdots\right)$ $k = 1, 3, 5, \cdots$	$A_m\sqrt{1 - \dfrac{4\omega t_0}{3\pi}}$	$A_m\left(1 - \dfrac{\omega t_0}{\pi}\right)$

2. 周期函数的对称性

周期函数具有某种对称性时，其傅里叶系数中不含某些谐波：

（1）奇函数。奇函数是 $f(t) = -f(-t)$ 的函数，它的波形对称于原点。表 2-4-1

中的矩形波、三角波、梯形波都是奇函数。奇函数的傅里叶级数中只含有正弦项，不含直流分量和余弦项，即 $a_0=0$、$a_k=0$。

（2）偶函数。偶函数是 $f(t)=f(-t)$ 的函数，它的波形对称于纵轴。表 2-4-1 中的全波整流波、半波整流波都是偶函数。偶函数的傅里叶级数中不含正弦项，即 $b_k=0$。

（3）奇谐波函数。奇谐波函数是 $f(t)=-f\left(t+\dfrac{T}{2}\right)$ 的函数，这种函数前半周的波形移动半个周期，与后半周的波形互为镜像，即对横轴对称，所以也叫镜像对称于横轴的函数。表 2-4-1 中的矩形波、三角波、梯形波都是奇谐波函数。奇谐波函数的傅里叶级数中不含直流分量和偶次谐波，只含奇次谐波。

【例 2-4-1】 试把振幅为 100V、$T=0.02s$ 的三角波电压分解为傅里叶级数（取到 5 次谐波为止）。

解：电压基波的角频率

$$\omega=\frac{2\pi}{T}=\frac{2\pi}{0.02}=100\pi(\text{rad/s})$$

选择它为奇函数，查表 2-4-1，得

$$u(t)=\frac{8U_m}{\pi^2}\left(\sin\omega t-\frac{1}{9}\sin3\omega t+\frac{1}{25}\sin5\omega t\right)$$

$$=\frac{8\times100}{\pi^2}\left(\sin100\pi t-\frac{1}{9}\sin3\times100\pi t+\frac{1}{25}\sin5\times100\pi t\right)$$

$$=(81.06\sin100\pi t-9\sin3\times100\pi t+3.24\sin5\times100\pi t)(\text{V})$$

这一级数收敛很快，可以只取前两项。

3. 周期信号的频谱

一个非正弦周期函数展开成傅里叶级数，这种数学表达方式虽然详尽，但却不够直观。若绘出其波形图，虽然直观却作图麻烦。为了能够既方便又直观地表示出一个非正弦周期波中包含哪些频率分量及各分量所占的比重如何，常常采用周期信号的频谱图直观反映各周期信号的分量，即用横坐标表示频率，纵坐标表示各周期信号分量的幅值，如图 2-4-4。

在前面的仿真电路中，可以确定其周期信号的频谱图如图 2-4-5。

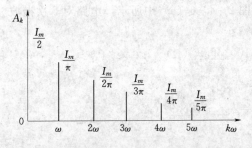

图 2-4-4 周期信号的频谱图

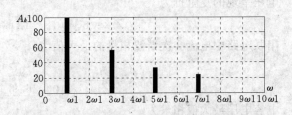

图 2-4-5 非正弦周期信号仿真电压频谱图

二、非正弦周期电流电路的分析计算

非正弦周期电流电路的分析计算方法是：利用傅里叶级数，首先将非正弦周期量分解为一系列不同频率的正弦量之和,然后分别计算各种频率正弦量单独作用下的分量,最后根据叠加定理将瞬时量叠加。

分析计算非正弦周期电流电路的一般步骤如下:

(1) 将激励分解为傅里叶级数。谐波取到第几项,视计算精度的要求而定。

(2) 分别求各次谐波单独作用下的响应。对直流分量,电感元件相当于短路,电容元件相当于开路,电路成为电阻性电路。对各次谐波,电路成为正弦交流电路(应用"相量法"计算)。注意电感元件、电容元件对不同频率的谐波的感抗、容抗不同。如基波的角频率为 ω,则电感 L 对基波的 $Z_{L(1)}=\mathrm{j}\omega L$,对 k 次谐波的 $Z_{L(k)}=\mathrm{j}k\omega L=kZ_{L(1)}$;电容 C 对基波的 $Z_{C(1)}=\dfrac{1}{\mathrm{j}\omega C}$,对 k 次谐波的 $Z_{C(k)}=\dfrac{1}{\mathrm{j}k\omega C}=\dfrac{1}{k}Z_{C(1)}$。

(3) 把各次谐波响应的瞬时值相加,得到总响应的解析式。(注意:不是相量相加。)

【例 2-4-2】 已知图 2-4-6 (a) 所示电路 $R=8\Omega$,5 次谐波的感抗和容抗分别为 $5\omega L=18\Omega$,$\dfrac{1}{5\omega C}=12\Omega$;电路的输入电压如图 2-4-6 (b) 所示,求电路中的响应 $i(t)$ 和 $u_C(t)$。

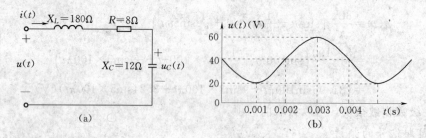

图 2-4-6 例 2-4-2 图

解: 由图 2-4-6 (b) 可写出非正弦电压的解析式为

$$u(t)=40+20\sin(5\times314t-90°)\,(\mathrm{V})$$

当零次谐波电压单独作用时,电感相当于短路,电容相当于开路,因此电流的零次谐波等于 0;而电容的端电压则等于电源电压的零次谐波,即

$$U_{C(0)}=U_{(0)}=40\,(\mathrm{V})$$

当 5 次谐波电压单独作用时,感抗和容抗如图 2-4-6 (a) 中所示,电路对 5 次谐波电压呈现的复阻抗为

$$Z_{(5)}=8+\mathrm{j}(18-12)=10\ \underline{/36.9°}\ (\Omega)$$

串联电路中电流 5 次谐波相量的最大值为

$$\dot{I}_{(5)m}=\frac{\dot{U}_{(5)m}}{Z_{(5)}}=\frac{20\ \underline{/-90°}}{10\ \underline{/36.9°}}=2\ \underline{/-126.9°}\ (\mathrm{A})$$

电容电压最大值相量为

$$\dot{U}_{C(5)m}=\dot{I}_{(5)m}\times(-\mathrm{j}X_C)$$
$$=2\ \underline{/-126.9°}\times12\ \underline{/-90°}$$
$$=24\ \underline{/143.1°}\ (\mathrm{V})$$

根据相量与正弦量的对应关系可得电流、电压 5 次谐波解析式分别为

$$i_{(5)} = 2\sin(5 \times 314t - 126.9°) \text{A}$$

$$u_{C(5)} = 24\sin(5 \times 314t + 143.1°) \text{V}$$

电路中电流及电容电压的瞬时表达式分别为各次电流瞬时值叠加，即

$$i(t) = 2\sin(31.4t - 126.9°) \text{A}$$

$$u_C(t) = 40 + 24\sin(5 \times 314t + 143.1°) \text{V}$$

【例 2-4-3】 如图 2-4-7 为一滤波电路，已知负载 $R = 1000\Omega$，$C = 60\mu\text{F}$，$L = 1\text{H}$，外加非正弦周期信号电压 $u(t) = 160 + 110\sin314t \text{V}$，试求通过电阻 R 中的电流。

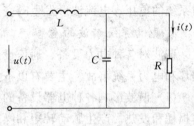

图 2-4-7 滤波器电路

解： 当电源电压的直流分量单独作用时，电感相当于短路，电容相当于开路，通过 R 的电流为

$$I_{(0)} = \frac{U_{(0)}}{R} = \frac{160}{1000} = 0.16 (\text{A})$$

当电源电压的基波单独作用时，并联部分的阻抗为

$$Z_{(1)R//C} = \frac{1000 \times \left(-j\dfrac{10^6}{314 \times 60}\right)}{1000 - j\dfrac{10^6}{314 \times 60}}$$

$$\approx 53\angle-87° = 2.8 - j52.9 (\Omega)$$

并联部分电压的最大值相量为

$$\dot{U}_{(1)mR//C} = \dot{U}_{(1)m}\frac{Z_{(1)R//C}}{Z_{(1)L} + Z_{(1)R//C}} = 110\angle0° \frac{53\angle-87°}{j314 \times 1 + 2.8 - j52.9} \approx 22.3\angle-176.3° (\text{V})$$

通过电阻 R 的一次谐波电流最大值相量为

$$\dot{I}_{(1)m} = \frac{\dot{U}_{(1)m(R//C)}}{R} = \frac{22.3\angle-176.3°}{1000} \approx 0.0223\angle-176.3° (\text{A})$$

将瞬时值叠加得到通过 R 中的电流为

$$i(t) = [0.16 + 0.0223\sin(314t - 176.3°)] \text{A}$$

 拓展知识

一、电力系统谐波的产生与危害

1. 电力系统谐波的产生

随着各种半导体变流装置在电力系统的大量应用，电力系统谐波的问题日益严重，对电力系统的安全、经济运行带来了很大的影响。各种复杂的、精密的、对电能质量敏感的用电设备对电能质量及其可靠性的要求越来越高。电力系统谐波补偿已经成为电力系统领域所面临的一个重大课题。随着电力电子的新理论、新技术、新材料的飞速发展，在谐波

治理方面取得了很大的进展。

电网中的谐波主要是由各种大量电力和用电变流设备以及其他非线性负载产生的。主要的谐波源可分为两大类：①含半导体非线性元件的谐波源；②含电弧和铁磁非线性设备的谐波源。前者如各种整流设备、交流调压装置、变流设备、直流拖动设备整流器、PWM 变频器等，后者如交流电弧炉、交流电焊机、日光灯和发电机、变压器及铁磁谐振设备等。家用电器设备分属上述两类谐波源，也是不可忽视的谐波源。这些设备都使得电力系统的电压、电流波形发生畸变，从而产生高次谐波。

2. 电力系统谐波的危害

谐波对各种电力设备、通信设备以及线路都会产生有害的影响，严重时会造成设备的损坏和电力系统事故。主要有以下几个方面：

（1）谐波影响各种电器设备的正常工作，对旋转电机（发电机和电动机）产生附加功率损耗和发热、产生脉动转矩和噪声，使变压器局部严重过热，使电容器、电缆等设备过热、绝缘老化、寿命缩短，以致损坏。

（2）谐波使公用电网中的元件产生附加的功率损耗，降低发电、输电以及用电设备的效率。

（3）电力系统谐波会导致继电保护和自动控制装置的误动或拒动；并使电气测量仪表的计量不准确。

（4）谐波会对邻近的通信系统产生干扰，轻者产生噪声，降低通信质量；重者导致信息丢失，使通信系统无法正常工作。

（5）谐波会引起公用电网中局部的并联谐振和串联谐振，从而使谐波放大，这就使前几个方面的危害大大增加，甚至引起严重的事故。

二、电力系统谐波的治理

1. 电力系统谐波的传统谐波抑制

传统的谐波抑制方法有两大类：一类是对产生谐波的谐波源装置本身进行改造的方法；另一类是设置谐波滤波装置的方法。

第一类方法主要有：增加整流相数；采用多重化接线方式；采用先进的控制技术如 PWM 技术；谐波消去优化法等；限制变流装置的容量；加入滤波环节等。尽管这些措施可以有效地减少高次谐波，但由于一些电力电子装置的工作机理所决定，必然要产生一定量的高次谐波。

第二类方法大量使用的是由交流电抗器、电容器和电阻器适当组合而成的所谓"LC 无源滤波器（Passive Power Filter）"。这种滤波器和谐波源并联，除了起滤波的作用，同时还兼顾无功补偿的需要。由于"LC 无源滤波器"结构简单、技术成熟、运行可靠、维护方便，得到了广泛的应用。

2. 传统谐波抑制方法的不足

在实际应用中，"LC 无源滤波器"存在下面问题：

（1）只能抑制按设计要求规定的谐波成分，有时由于高次谐波成分复杂，必须同时加入多个滤波电路，这会使整个无源滤波装置的容量和体积增大，损耗增加，同时成本增加。

（2）谐波电流过大时可能造成无源滤波器的过载，损坏设备。

（3）无源滤波器的滤波效果将随系统的运行情况而变化，特别是对电网阻抗和频率的变化十分敏感，实际的无源滤波器要达到理想的滤波效果是很难的。

（4）对特殊的谐波或系统阻抗和频率变化时，有可能因为与电源阻抗在电源侧发生并联谐振而产生"谐波电流放大"现象，从而使无源滤波装置无法正常工作，严重时会损害无源滤波器。

（5）可能与电力系统发生串联谐振，造成电压波形畸变而产生附加的谐波电流流进无源滤波器，影响滤波效果。

3. 有源滤波器治理谐波新技术

为克服"LC无源滤波器"缺点，新技术采用有源滤波器治理谐波，具有以下优点：

（1）实现了动态补偿。有源电力滤波器可对频率和幅值都变化的谐波进行补偿，对补偿对象有极快的响应。

（2）可同时对谐波、无功和负序电流进行补偿，也可单独补偿谐波、无功或负序电流，且补偿无功的程度可连续调节。

（3）在实际应用中，有源电力滤波器的储能元件容量很小。

（4）即使需要补偿的电流超过其额定值，也不会发生过载情况，并能在其额定容量内继续正常工作。

（5）受电网阻抗的影响较小，不易与电网阻抗发生谐振。

（6）能跟踪谐波频率的变化，补偿性能不受谐波频率的影响。

（7）既可对特定的谐波源和需要无功以及产生负序电流的负载进行补偿，也可以对多个谐波源和需要无功以及产生负序电流的负载进行补偿。

三、常见滤波器电路

1. 低通滤波器

低通滤波器通频带如图 2-4-8 所示。常用的低通滤波器电路结构如图 2-4-9 所示。

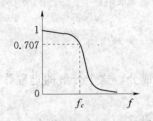
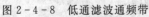
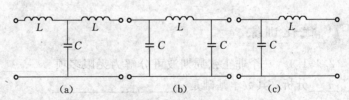

图 2-4-8　低通滤波通频带　　　　　图 2-4-9　低通滤波电路

2. 高通滤波器

高通滤波器通频带如图 2-4-10 所示。常用的高通滤波器电路结构如图 2-4-11 所示。

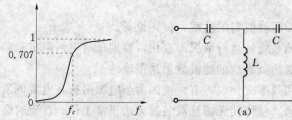

图 2-4-10　高通滤波通频带

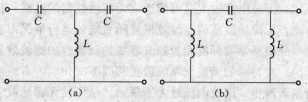

图 2-4-11　高通滤波电路

3. 带通滤波器

带通滤波器通频带如图 2-4-12 所示。常用的带通滤波器电路结构如图 2-4-13 所示。

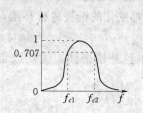

图 2-4-12　带通滤波通频带

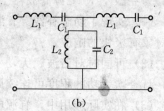

图 2-4-13　带通滤波电路

4. 带阻滤波器

带阻滤波器通频带如图 2-4-14 所示。常用的带阻滤波器电路如图 2-4-15 所示。

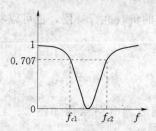

图 2-4-14　带阻滤波通频带

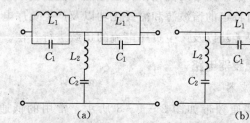

图 2-4-15　带阻滤波电路

 优化训练

2.4.1.1　一个非正弦周期波可分解为无限多项＿＿＿＿＿成分，这个分解的过程称为＿＿＿＿＿分析，其数学基础是＿＿＿＿＿＿＿＿＿＿。

2.4.1.2　写出如图 2-4-16 所示各波形的傅里叶级数展开式。

2.4.1.3　如图 2-4-17 所示电路中，$u(t)=(100+50\sqrt{2}\sin3\omega t)$V，已知：$R=10\,\Omega$，$\omega L=10/3\,\Omega$，$1/\omega C=60\,\Omega$，求电流 $i(t)$ 及电感两端电压 u_L 的谐波瞬时表达式。

2.4.1.4　如图 2-4-18 所示电路中，$u(t)=[10+40\sin(\omega t+30°)+9\sin3\omega t]$V，已知：$R=6\Omega$，$\omega L=2\Omega$，$1/\omega C=18\Omega$，求交流电流表、交流电压表及功率表的读数，并求 $i(t)$ 的谐波瞬时表达式。

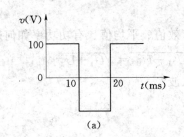

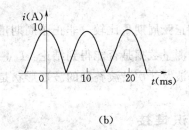

图 2-4-16　训练 2.4.1.2 图

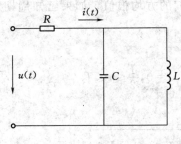

图 2-4-17　训练 2.4.1.3 图

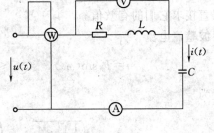

图 2-4-18　训练 2.4.1.4 图

任务二　非正弦周期量的有效值、平均值、有功功率及其测量

 工作任务

按图 2-4-19 接线，脉冲信号源频率调至 150Hz，输出电压 U_{BC} 在 0~5V 范围内取三点值；单相调压器电源为 50Hz，输出电压 U_{AB} 亦在 0~5V 范围取三点值，测量 U_{AC}，并将测量结果记录于表 2-4-2 中。各电压均用毫伏表测量。

把 A、B 端输入示波器观察非正弦波形。

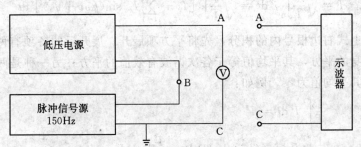

图 2-4-19　非正弦周期量测量实验图

表 2-4-2　　　　　　　　　　非正弦周期量测量数据表

U_{AB}(V)				
U_{BC}(V)				
U_{AC}(V)				

思考：

（1）与正弦周期量比较，非正弦周期量的有效值、平均值、有功功率如何确定呢？

（2）由测量数据是否能得到结论：$U_{AC} = \sqrt{U_{AB}^2 + U_{BC}^2} = \sqrt{U_1^2 + U_3^2}$？

（3）基波及 3 次谐波叠加的波形形状是什么波？

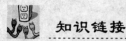 **知识链接**

一、非正弦周期量的有效值

由学习情境二知道，周期量的有效值等于它们的方均根值。如果已知周期量的解析式，可以直接求它们的有效值。

设半波整流电流

$$i = I_m \sin(\omega t), \quad 0 \leqslant t \leqslant \frac{T}{2}; \quad i = 0, \frac{T}{2} \leqslant t \leqslant T$$

其有效值为

$$I = \sqrt{\frac{1}{T} \int_0^T i^2 \mathrm{d}t} = \sqrt{\frac{1}{T} \int_0^{\frac{T}{2}} [I_m \sin(\omega t)]^2 \mathrm{d}t}$$

$$= \sqrt{\frac{1}{T} \int_0^{\frac{T}{2}} \frac{1}{2} I_m^2 [1 - \cos(2\omega t)] \mathrm{d}t} = \frac{I_m}{2}$$

如果已知周期量的傅里叶级数，则可由各次谐波的有效值计算其有效值。设

$$i = I_0 + \sum_{k=1}^{\infty} I_{km} \sin(k\omega t + \psi_k)$$

则其有效值

$$I = \sqrt{\frac{1}{T} \int_0^T i^2 \mathrm{d}t} = \sqrt{\frac{1}{T} \int_0^T \left[I_0 + \sum_{k=1}^{\infty} I_{km} \sin(k\omega t + \psi_k)\right]^2 \mathrm{d}t}$$

为了计算上式右边根号内的积分，先将平方项展开。展开后的各项有两种类型，一种是各次谐波自身的平方，其平均值等于各次谐波有效值的平方；另一种是两个不同次谐波乘积的两倍，其平均值为零。例如：

$$\frac{1}{T} \int_0^T I_0^2 \mathrm{d}t = I_0^2$$

$$\frac{1}{T} \int_0^T I_{km}^2 \sin^2(k\omega t + \psi_k) \mathrm{d}t = \frac{I_{km}^2}{2} = I_k^2$$

$$\frac{1}{T} \int_0^T 2I_0 I_{km} \sin(k\omega t + \psi_k) \mathrm{d}t = 0$$

$$\frac{1}{T} \int_0^T 2I_{km} \sin(k\omega t + \psi_k) 2I_{lm} \sin(k\omega t + \psi_l) \mathrm{d}t = 0 (k \neq l)$$

所以，得出非正弦周期电流有效值计算式为

$$I = \sqrt{I_0^2 + I_1^2 + I_2^2 + \cdots + I_k^2} \tag{2-4-5}$$

同理，得出非正弦周期电压有效值计算式为

$$U=\sqrt{U_0^2+U_1^2+U_2^2+\cdots+U_k^2} \tag{2-4-6}$$

式（2-4-5）和式（2-4-6）的结论是：非正弦周期电流或电压的有效值为其直流分量和各次谐波分量有效值的平方和的平方根。

【例 2-4-4】 求下列非正弦周期电压的有效值。

（1）幅值为 100V 的锯齿波。

（2）$u(t)=[50-25\sqrt{2}\sin(\omega t+60°)-10\sqrt{2}\sin(3\omega t-45°)]$ V。

解：（1）根据表 2-4-1 的锯齿波表达式，将 $U_m=100$V 代入可得

$$u(t)=50-\frac{100}{\pi}\sin\omega t+\frac{50}{\pi}\sin2\omega t+\frac{100}{3\pi}\sin3\omega t+\cdots \quad \text{V}$$

其电压有效值

$$U=\sqrt{50^2+22.5^2+11.25^2+7.5^2+\cdots}\approx56.5(\text{V})$$

（2）

$$U=\sqrt{50^2+25^2+10^2}\approx56.8(\text{V})$$

二、非正弦周期量的平均值

除有效值外，对非正弦周期量还引用平均值。非正弦周期量的平均值是它的直流分量。以电流为例，其平均值为

$$I_{av}=\frac{1}{T}\int_0^T i\mathrm{d}t=I_0 \tag{2-4-7}$$

对于一个在一周期内有正、有负的周期量，其平均值可能很小，甚至为零。为了对周期量进行测量和分析（如整流效果），常把周期量的绝对值在一个周期内的平均值定义为整流平均值，以电流为例，其整流平均值

$$I_{rect}=\frac{1}{T}\int_0^T |i|\mathrm{d}t \tag{2-4-8}$$

如果是上下半周期对称的周期电流，则有

$$I_{rect}=\frac{2}{T}\int_0^{\frac{T}{2}} |i|\mathrm{d}t \tag{2-4-9}$$

【例 2-4-5】 设 $u(t)=[50-25\sqrt{2}\sin(\omega t+60°)-10\sqrt{2}\sin(3\omega t-45°)]$V，求电压 $u(t)$ 的平均值与整流平均值。

解：根据定义与 $u(t)$ 的表达式得

$$U_{av}=\frac{1}{T}\int_0^T u\mathrm{d}t=U_0=50\text{V}$$

$$U_{rect}=\frac{1}{T}\int_0^T |u|\mathrm{d}t=50+\frac{2}{T}\int_0^{\frac{T}{2}}[25\sqrt{2}\sin(\omega t+60°)]\mathrm{d}t+\frac{2}{T}\int_0^{\frac{T}{2}}[10\sqrt{2}\sin(3\omega t-45°)]\mathrm{d}t$$

$$=50+\frac{2}{\pi}\times25\sqrt{2}+\frac{2}{\pi}\times10\sqrt{2}\approx81.5(\text{V})$$

三、波形因数

工程上为粗略反映波形的性质，定义波形因数 K_f 为

$$K_f = \frac{\text{有效值}}{\text{整流平均值}} > 1 \qquad (2-4-10)$$

正弦波的波形因数

$$K_f = \frac{I_m/\sqrt{2}}{\frac{2}{\pi}I_m} = 1.11$$

若以正弦波的波形因数为标准，对非正弦波，若 $K_f > 1.11$，则非正弦波的波形比正弦波尖；若 $K_f < 1.11$，则非正弦波的波形比正弦波平坦。例如三角波的波形因数

$$K_f = \frac{A_m/\sqrt{3}}{A_m/2} = \frac{2}{\sqrt{3}} = 1.15 > 1.11$$

显然，三角波比正弦波尖。

四、非正弦周期电流电路中的有功功率

如图 2-4-20 所示一端口网络 N，在关联参考方向的电压 $u(t)$ 和电流 $i(t)$ 作用下，

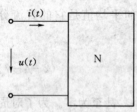

图 2-4-20　非正弦周期
电流的功率

一端口网络吸收的瞬时功率和平均功率为

$$p(t) = u(t)i(t)$$

$$P = \frac{1}{T}\int_0^T p(t)\,\mathrm{d}t$$

设一端口电路的端口电压 $u(t)$ 和电流 $i(t)$ 均为非正弦周期量，其傅里叶级数形式分别为

$$u(t) = U_0 + \sum_{k=1}^{\infty} U_{km}\sin(k\omega t + \psi_{ku})$$

$$i(t) = I_0 + \sum_{k=1}^{\infty} I_{km}\sin(k\omega t + \psi_{ki})$$

则

$$p(t) = u(t)i(t) = \left[U_0 + \sum_{k=1}^{\infty} U_{km}\sin(k\omega t + \psi_{ku})\right]\left[I_0 + \sum_{k=1}^{\infty} I_{km}\sin(k\omega t + \psi_{ki})\right]$$

$$P = \frac{1}{T}\int_0^T p(t)\,\mathrm{d}t = \frac{1}{T}\int_0^T u(t)i(t)\,\mathrm{d}t$$

$$= \frac{1}{T}\int_0^T \left[U_0 + \sum_{k=1}^{\infty} U_{km}\sin(k\omega t + \psi_{ku})\right]\left[I_0 + \sum_{k=1}^{\infty} I_{km}\sin(k\omega t + \psi_{ki})\right]\mathrm{d}t$$

为了计算上式右边的积分，先将积分号内的因式展开，展开后的各项有两种类型：一种是同次谐波电压和电流的乘积，它们的平均值为

$$P_0 = \frac{1}{T}\int_0^T U_0 I_0\,\mathrm{d}t = U_0 I_0$$

$$\dot{P}_k = \frac{1}{T}\int_0^T U_{km}\sin(k\omega t + \psi_{ku})I_{km}\sin(k\omega t + \psi_{ki})\,\mathrm{d}t$$

$$= \frac{1}{2}U_{km}I_{km}\cos(\psi_{ku} - \psi_{ki}) = U_k I_k\cos\varphi_k$$

U_k、I_k 为 k 次谐波电压、电流的有效值，φ_k 为 k 次谐波电压比 k 次谐波电流超前的相位差；另一种是不同次谐波电压和电流的乘积，根据三角函数的正交性，它们的平均值为零，于是得到

$$P = U_0 I_0 + \sum_{k=1}^{\infty} U_k I_k \cos\varphi_k = P_0 + P_1 + P_2 + \cdots + P_k \qquad (2-4-11)$$

综合以上分析，非正弦周期电流电路中，不同次（含零次）谐波电压、电流虽然构成瞬时功率，但不构成有功功率；只有同次谐波电压、电流才构成有功功率；电路的有功功率等于直流分量和各次谐波分量各自产生的有功功率之和。

【例 2-4-6】 设有一端口网络，且 $u(t)$、$i(t)$ 为关联参考方向，有

$$u(t) = [20 + 70\sin\omega t + 25\sin(3\omega t + 36.9°)]\text{V}$$

$$i(t) = [2\sin(\omega t - 60°) + 0.1\sin(3\omega t + 36.9°)]\text{A}$$

求一端口网络吸收的有功功率。

解： 根据 u、i 表达式，可得

$$P_0 = U_0 I_0 = 0$$

$$P_1 = U_1 I_1 = \frac{70}{\sqrt{2}} \times \frac{2}{\sqrt{2}} \cos 60° = 35(\text{W})$$

$$P_3 = U_3 I_3 = \frac{25}{\sqrt{2}} \times \frac{0.1}{\sqrt{2}} \cos 0° = 1.25(\text{W})$$

$$P = P_0 + P_1 + P_3 = 0 + 35 + 1.25 = 36.25(\text{W})$$

 拓展知识

■ 等效正弦波 ■

在解决某些电路问题时，可以把非正弦周期电流电路化为正弦周期电流电路，即用"等效正弦波"代替非正弦周期波，等效的条件是：

（1）等效正弦波应与非正弦周期波具有相同的频率。

（2）等效正弦波应与非正弦周期波具有相同的有效值。

（3）用等效正弦波代替非正弦周期波后，全电路的有功功率不变。

根据以上条件中（1）与（2）先确定等效正弦波的频率和有效值，然后再根据条件（3）确定等效正弦电压与等效正弦电流的相位差，即

$$\varphi = \pm\arccos\lambda = \pm\arccos\left(\frac{P}{UI}\right) \qquad (2-4-12)$$

式中，φ 的正负应参照实际电压、电流波形作出选择。

等效正弦波的分析方法是在一定误差允许条件下的一种近似计算方法，在分析交流铁芯线圈电路中得到应用。

 优化训练

2.4.2.1　求优化训练 2.4.1.2 中各非正弦周期量的平均值与有效值。

2.4.2.2　如图 2-4-21 所示电路中，$u(t)=25+100\sqrt{2}\sin\omega t+25\sqrt{2}\sin2\omega t+10\sqrt{2}\sin3\omega t\,\mathrm{V}$，已知：$R=20\Omega,\omega L=20\Omega$，求电流的有效值及电路消耗的有功功率。

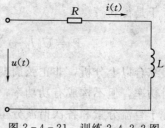

2.4.2.3　设有无源一端口网络，$u(t)$、$i(t)$ 为关联参考方向，若：

$$u(t)=[20+100\sin\omega t+50\sin(3\omega t-30°)]\mathrm{V}$$

$$i(t)=[10\sin\omega t+1.76\sin(3\omega t-99.5°)]\mathrm{A}$$

求一端口网络吸收的有功功率。

图 2-4-21　训练 2.4.2.2 图

学习情境三　动态电路的时域分析与测试

项目一　RC 电路的响应与测试

任务一　电容器的放电过程仿真与分析

 工作任务

一、构建电容器的放电过程仿真电路

运用 MATLAB 软件的 simulink 功能，按照图 3-1-1 构建 RC 放电仿真电路模型。

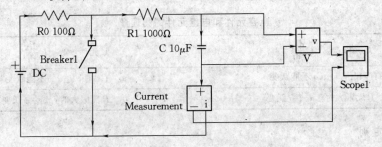

图 3-1-1　RC 放电仿真电路

二、电容器的放电过程仿真波形

选择元件参数以及电压源电压 $U=10\text{V}$，开关由从打开到合上，得电容器放电过程的电压与电流仿真波形如图 3-1-2 所示。

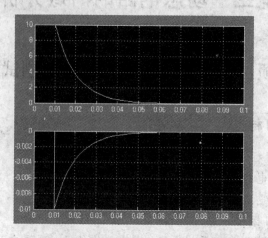

图 3-1-2　RC 放电电路电压（上）与电流（下）仿真波形

思考： 在这个仿真实验过程中发现什么样的规律？

 知识链接

一、换路定则

在介绍电容充、放电过程之前，先引入换路概念与相应的换路定则。

1. 换路

在含有动态元件（如 L、C）的电路中，电路中支路的接通、切断、短路，电源或电路参数的突然改变等导致电路工作状态发生变化的现象称为换路。从电路的一种稳态过渡到另一种稳态需要一定的时间，在这一定的时间内所发生的物理过程称为过渡过程，过渡过程是一种暂态。代表电路的响应如 i_L 和 u_C 就是状态变量，状态变量的大小显示了储能元件上能量储存的状态。

一般认为电路换路是即时完成的，能量不能跃变。跃变是指从一个量值即时地变到另一个量值。渐变是指从一个量值逐步地变到另一个量值。表 3-1-1 列出了电容元件和电感元件可跃变物理量和不能跃变物理量的条件。

表 3-1-1　　　　　　　　　　电容元件和电感元件的物理量

C 元件：$i_C = C\dfrac{\mathrm{d}u_C}{\mathrm{d}t}$	L 元件：$u_L = L\dfrac{\mathrm{d}i_L}{\mathrm{d}t}$
i_C 有限时，u_C、q 不能跃变	u_L 有限时，i_L、φ 不能跃变
i_C、P 无限大时，u_C、q 跃变	u_L、P 无限大时，i_L、φ 跃变

2. 换路定则

换路定则是暂态分析中的一条重要基本规律，其内容为：在电路发生换路后的一瞬间，电感元件上通过的电流 i_L 和电容元件的极间电压 u_C，都应保持换路前一瞬间的原有值不变。此规律揭示了能量不能跃变的事实。

设换路发生的时刻取为计时起点，即取为 $t=0$，而以 $t=0_-$ 表示换路前的最后一瞬间，$t=0_+$ 表示换路后的最初一瞬间。由此换路定则可表示为

$$\begin{cases} u_C(0_+)=u_C(0_-) \\ i_L(0_+)=i_L(0_-) \end{cases} \qquad (3-1-1)$$

注意：不能跃变的量有 u_C、q、i_L、ψ，可跃变的量有 i_C、u_L、i_R、u_R、电压源电流、电流源电压。

二、电路初始值与稳态值的计算

1. 电路初始值的计算

响应在换路后的最初一瞬间（即 $t=0_+$ 时）的值，统称为初始值。初始值组成解电路微分方程的初始条件。电容电压的初始值 $u_C(0_+)$ 和电感电流的初始值 $i_L(0_+)$ 可按换路定则式（3-1-1）确定，称为独立初始值。其他可以跃变的量的初始值可由独立初始值求出，称为相关初始值。

一阶电路响应初始值的求解步骤一般如下：

（1）根据换路前一瞬间的电路及换路定则求出独立初始值。

（2）根据动态元件初始值的情况画出 $t=0_+$ 时刻的等效电路图：将电容元件代之以电压为 $u_C(0_+)$ 的电压源，将电感元件代之以电流为 $i_L(0_+)$ 的电流源，电路中的独立源则取其在 $t=0_+$ 时的值。

（3）根据 $t=0_+$ 时的等效电路图，运用基尔霍夫定律和欧姆定律求出相关初始值。

2. 电路稳态值的计算

在含有动态元件的电路中，如果动态元件的原始储能为零时处于一种稳态。电路的稳态是指：在含有动态元件的电路中，换路后到达新的稳态的电流、电压值，称为新的稳态值，即用 $i(\infty)$、$u(\infty)$ 表示。直流激励的动态电路中，当电路到达新的稳态时，电容相当于开路，电感相当于短路，即可画出 $t=\infty$ 时的等效电路并计算稳态值。

【例3-1-1】 如图3-1-3（a）所示电路中，求 $t=0_+$ 和 $t=\infty$ 时的等效电路，并计算初始值电压 $u_C(0_+)$、电流 $i(0_+)$ 和稳态值电压 $u_C(\infty)$、电流 $i(\infty)$。

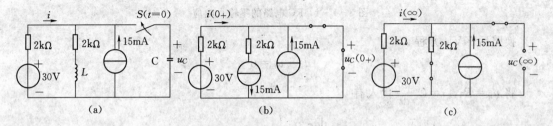

图3-1-3 例3-1-1图

解：（1）根据换路前的电路求解电感电流的初始值

$$2i(0_-)+2[15+i(0_-)]-30=0$$

$$i(0_-)=0\text{A}$$

$$i_L(0_+) = i_L(0_-) = 15\text{mA}$$

画出 $t=0_+$ 的等效电路图如图 3-1-3（b）所示，可得所求初始值为

$$u_C(0_+) = 0\text{V}$$

$$i(0_+) = \frac{30-0}{2} = 15(\text{mA})$$

（2）画出 $t=\infty$ 的等效电路图如图 3-1-3（c）所示，可得所求稳态值为

$$u_C(\infty) = \frac{\dfrac{30}{2}+15}{\dfrac{1}{2}+\dfrac{1}{2}} = 30(\text{V})$$

$$i(\infty) = \frac{30-30}{2} = 0(\text{mA})$$

三、RC 电路的零输入响应

在一阶电路中（只含一个储能元件的电路），若输入激励为零，仅在动态元件的初始储能下所引起的电路响应称为零输入响应。动态电路与电阻性电路的区别是电阻性电路没有独立源就没有响应，而动态电路中只要 $u_C(0_+) \neq 0$ 或 $i_L(0_+) \neq 0$，即使没有独立源，初始储能 $\frac{1}{2}Cu_C^2(0_+)$ 或 $\frac{1}{2}Li_L^2(0_+)$ 也引起响应。

对于 RC 与 RL 两类电路的零输入响应，即一阶电路中无外电源输入，由初始储能在电路中引起的电压或电流，可用一阶微分方程描述电路动态变化。

如图 3-1-4，设换路前电路已经达到稳态，$u_C(0_-) = U_0$，$t=0$ 闭合开关。

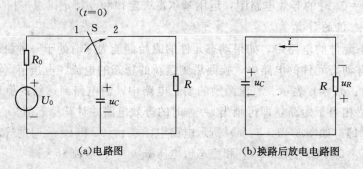

(a)电路图　　　　　(b)换路后放电电路图

图 3-1-4　RC 电路的零输入响应

换路后 KVL 方程

$$u_R + u_C = 0$$

将 $u_R = Ri$，$i = C\dfrac{\mathrm{d}u_C}{\mathrm{d}t}$ 代入有

$$RC\frac{\mathrm{d}u_C}{\mathrm{d}t} + u_C = 0 \quad (t \geqslant 0_+) \qquad\qquad (3-1-2)$$

式（3-1-2）是一阶常系数线性齐次常微分方程，它的通解为

$$u_C = Ae^{pt}$$

其中 A 为积分常数，p 为特征根。代入（3-1-2），得特征方程

$$RCp+1=0$$

解得

$$p=-\frac{1}{RC}$$

所以

$$u_C=Ae^{-\frac{t}{RC}} \tag{3-1-3}$$

A 由电路的初始条件确定。由换路定则得

$$u_C(0_+)=u_C(0_-)=U_0 \tag{3-1-4}$$

代入式（3-1-4）求得 $A=U_0$。因此，如果定义时间常数 τ

$$\tau=RC \tag{3-1-5}$$

则电路的解为

$$u_C=U_0e^{-\frac{t}{RC}}=U_0e^{-\frac{t}{\tau}}\ (t\geqslant 0_+) \tag{3-1-6}$$

$$i=C\frac{\mathrm{d}u_C}{\mathrm{d}t}=-\frac{U_0}{R}e^{-\frac{t}{RC}}=-\frac{U_0}{R}e^{-\frac{t}{\tau}}\ (t\geqslant 0_+) \tag{3-1-7}$$

采用 SI 单位时，有

$$[\tau]=[RC]=\Omega\mathrm{F}=\Omega\frac{\mathrm{C}}{\mathrm{V}}=\Omega\frac{\mathrm{As}}{\mathrm{V}}=\mathrm{s}$$

τ 与时间单位相同，与电路的初始情况无关。

RC 电路零输入响应的 u_C 及 i 波形如图 3-1-5 所示，与图 3-1-2 的 RC 放电电路仿真波形相似。图 3-1-6 给出了 RC 电路在三种不同 τ 值下电压 u_C 随时间变化的曲线。

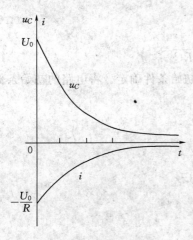

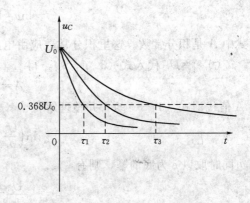

图 3-1-5 RC 电路零输入响应的 u_C 及 i 波形   图 3-1-6 τ 值对 u_C 的影响

在放电过程中电容不断放出能量，电阻则不断消耗能量，最后电场储能全部转变成热能。

【例 3-1-2】 在图 3-1-7 中，开关 S 先置于位置 1，充电完毕后立即将开关置于 2，已知 $U_S=110\mathrm{V}$，$C=0.1\mu\mathrm{F}$，$R_0=10\mathrm{k}\Omega$，$R_1=100\mathrm{k}\Omega$，$R_2=100\mathrm{k}\Omega$，求换路后电路的响应 $u_C(t)$、$i_C(t)$、$i_{R2}(t)$。

解：（1）开关置于 1，充电完毕时

$$u_C(0_-) = \frac{R_1}{R_0 + R_1}U_s = \frac{100}{10+100} \times 110 = 100(\text{V})$$

$$u_C(0_+) = u_C(0_-) = 100(\text{V})$$

（2）开关置于 2，$U_0 = u_C(0_+) = 100\text{V}$，
$R = R_1 // R_2$，$t \geqslant 0_+$ 处于零输入响应

$$\tau = RC = 50 \times 10^3 \times 0.1 \times 10^{-6} = 5 \times 10^{-3}(\text{s})$$

$$u_C(t) = U_0 e^{-\frac{t}{\tau}} = 100 e^{-200t}(\text{V})$$

$$i_C(t) = -\frac{U_0}{R} e^{-\frac{t}{\tau}} = -2 e^{-200t}(\text{mA})$$

$$i_{R2}(t) = \frac{u_C(t)}{R_2} = 1 \times e^{-200t}(\text{mA})$$

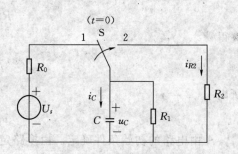

图 3-1-7　RC 电路的零输入响应

 拓展知识
- - - - - - - - - - - - - - - - - - -

■ 利用分离变量法求解一阶常系数线性微分方程 ■

对于一阶常系数线性齐次常微分方程 $RC\dfrac{\mathrm{d}u_C}{\mathrm{d}t} + u_C = 0 (t \geqslant 0_+)$，可利用分离变量法求

解 u_C，求解方法如下：

先分离变量。将微分方程中电压函数项和时间项分置于方程两侧，得

$$-\frac{\mathrm{d}u_C}{u_C} = \frac{\mathrm{d}t}{RC} \qquad (3-1-8)$$

对式（3-1-8）方程两边同时积分，得

$$-\ln u_C + A = \frac{t}{RC} \qquad (3-1-9)$$

上式中 A 是积分常数。这里积分常数应由电路的初始条件确定。将电路的初始条件 $t = 0_+$
时，$u_C(0_+) = U_0$ 代入式（3-1-9），得

$$A = \ln U_0$$

将 A 值代回式（3-1-9），并整理解得

$$\ln\left(\frac{U_0}{u_C}\right) = \frac{t}{RC}$$

两边同时取以 e 为底的幂，则有

$$\frac{U_0}{u_C} = e^{\frac{t}{RC}}$$

进而得到电路的初始值 $u_C(0_+) = U_0$ 时，电容上的零输入响应电压为

$$u_C = U_0 e^{-\frac{t}{RC}} (t \geqslant 0_+) \qquad (3-1-10)$$

 优化训练
- - - - - - - - - - - - - - - - - - -

3.1.1.1　换路定则指出：在电路发生换路后的一瞬间，＿＿＿＿＿＿元件上通过的电
流和＿＿＿＿＿＿元件上的端电压，都应保持换路前一瞬间的原有值不变；用公式可表示

为_____。

3.1.1.2　如图 3-1-8 电路，S 闭合前已处于稳态，求：（1）换路后的初始值 $u_C(0_+)$ 和 $i(0_+)$；（2）换路后的稳态值 $u_C(\infty)$ 和 $i(\infty)$。

3.1.1.3　如图 3-1-9 电路，$i_S = 10\text{mA}$，S 闭合前已处于稳态，求：（1）换路后的初始值 $i_L(0_+)$ 和 $u_R(0_+)$；（2）换路后的稳态值 $i_L(\infty)$ 和 $u_R(\infty)$。

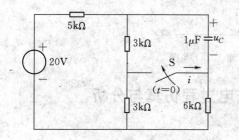 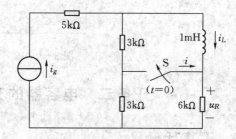

图 3-1-8　训练 3.1.1.2 图　　　　图 3-1-9　训练 3.1.1.3 图

3.1.1.4　如图 3-1-10 电路，换路前已处于稳态。求：（1）换路后的初始值 $u_C(0_+)$ 和 $i_L(0_+)$；（2）换路后的稳态值 $u_C(\infty)$ 和 $i_L(\infty)$。

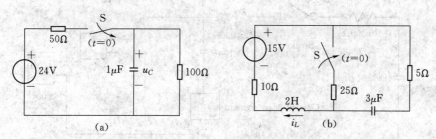

图 3-1-10　训练 3.1.1.4 图

3.1.1.5　如图 3-1-11 电路，换路前已处于稳态。求：（1）换路后的初始值：图 3-1-11（a）求 $i_L(0_+)$、$u_R(0_+)$；图 3-1-11（b）求 $i_L(0_+)$、$u_L(0_+)$。

（2）换路后的稳态值：图 3-1-11（a）求 $i_L(\infty)$、$u_R(\infty)$；图 3-1-11（b）求 $i_L(\infty)$、$u_L(\infty)$。

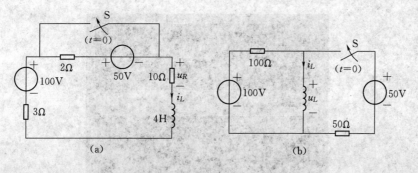

图 3-1-11　训练 3.1.1.5 图

3.1.1.6　如图 3-1-12 电路，在 $t=0$ 时开关 S 闭合，闭合开关之前电路已达稳态。求 $u_C(t)$。

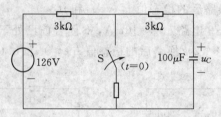

图 3-1-12　训练 3.1.1.6 图

任务二　电容器的充电过程仿真与分析

　工作任务

一、构建电容器的充电过程仿真电路

运用 MATLAB 的 simulink 软件，按照图 3-1-13 构建 RC 充电仿真电路模型。

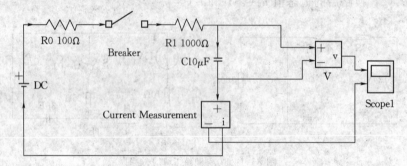

图 3-1-13　RC 充电仿真电路模型

二、电容器的充电过程仿真波形

选择元件参数以及电压源电压 $U=10\text{V}$，开关由从打开到合上，得电容器充电过程的电压与电流仿真波形如图 3-1-14 所示。

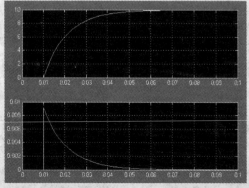

图 3-1-14　RC 充电电路电压（上）与电流（下）仿真波形

思考：在这个仿真实验过程中发现什么样的规律？

 知识链接

一、RC 电路的零状态响应

一阶电路的零状态响应是指动态元件上的初始储能为零，仅在外激励下所引起电路响应称为零状态响应。RC 与 RL 电路零状态分别是：$u_C(0_+)=0$，$i_L(0_+)=0$，电路由外施激励引起的响应分别是 RC 与 RL 零状态响应。

先讨论 RC 电路在直流激励下的零状态响应。

如图 3-1-15，设换路前电容未充电，即零状态：$u_C(0_-)=0$。$t=0$ 时闭合开关，直流电压源通过 R 对 C 充电。

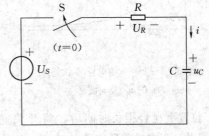

图 3-1-15　RC 电路的零状态响应

设 $u_C(0_+)=0$，$t=0$ 闭合开关。

换路后 KVL 方程：
$$u_R+u_C=U_S$$

将 $u_R=Ri$，$i=C\dfrac{\mathrm{d}u_C}{\mathrm{d}t}$ 代入有

$$RC\frac{\mathrm{d}u_C}{\mathrm{d}t}+u_C=U_S\,(t\geqslant 0_+) \tag{3-1-11}$$

它是一阶常系数线性非齐次常微分方程。式（3-1-11）的解由两部分组成
$$u_C=u_C'+u_C''$$

其中 u_C' 为方程的一个特解，与外施激励有关，所以称为强制分量（forced component）。当激励为直流量或正弦量时，此情况下的强制分量称为稳态分量（steady component）。本例中 $u_C'=U_S$。

u_C'' 为与式（3-1-11）对应的齐次方程
$$RC\frac{\mathrm{d}u_C}{\mathrm{d}t}+u_C=0$$

的通解，形式与零输入响应相同，u_C'' 的变动规律与外施激励无关，所以称为自由分量（free component），自由分量最终趋于零，因此又称为暂态分量（transient component），其解为

$$u_C''=A\mathrm{e}^{-\frac{t}{\tau}}$$

式中 A 为积分常数，$\tau=RC$ 为时间常数。这样，电容电压 u_C 的解为
$$u_C=U_S+A\mathrm{e}^{-\frac{t}{\tau}}$$

代入初始条件 $u_C(0_+)=u_C(0_-)=0$，得 $0=U_S+A\rightarrow A=-U_S$，因此

$$u_C=U_S-U_S\mathrm{e}^{-\frac{t}{\tau}}=U_S(1-\mathrm{e}^{-\frac{t}{\tau}})\quad(t\geqslant 0_+) \tag{3-1-12}$$

$$u_R=U_S-u_C=U_S\mathrm{e}^{-\frac{t}{\tau}}\quad(t\geqslant 0_+) \tag{3-1-13}$$

$$i=\frac{u_R}{R}=\frac{U_S}{R}\mathrm{e}^{-\frac{t}{\tau}}\quad(t\geqslant 0_+) \tag{3-1-14}$$

RC 电路零状态响应的 u_C 和 i 波形如图 3-1-16 所示，与图 3-1-14 的 RC 充电电

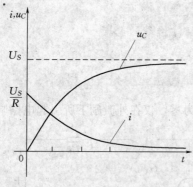

图 3-1-16 RC 电路零状态响应
的 u_C 及 i 波形

路仿真波形相似。时间常数 τ 越大，自由分量衰减越慢，充电时间越长。

充电过程中，电源供给能量，一部分转换成电场能量储存在电容中，一部分则被电阻消耗掉。在充电过程中，电阻消耗的电能为

$$W_R = \int_0^\infty Ri^2 \, \mathrm{d}t = \int_0^\infty R\left(\frac{U_s}{R}\mathrm{e}^{-\frac{t}{RC}}\right)^2 \mathrm{d}t = \frac{1}{2}CU_s^2 = W_C$$

可见，不论电阻、电容值如何，电源供给的能量只有一半转换成电场能量储存在电容中，充电效率为 50%。

【例 3-1-3】 在电路图 3-1-17 中开关 S 先置于位置 2 已经很长时间后，将开关置于 1，已知 $U_s = 100$V，$C = 0.1\mu$F，$R_0 = 10$kΩ，$R_1 = 10$kΩ，求换路后电路的响应 $u_C(t)$、$u_R(t)$、$i_C(t)$。

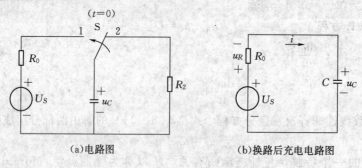

(a)电路图   (b)换路后充电电路图

图 3-1-17 RC 电路的零状态响应

解：（1）开关置于 2，已经充分放电

$$u_C(0_+) = u_C(0_-) = 0(\text{V})$$

（2）开关置于 1，$U_s = 100$V，$t \geqslant 0_+$ 处于零状态响应

$$\tau = RC = 10 \times 10^3 \times 0.1 \times 10^{-6} = 1 \times 10^{-3}(\text{s})$$

$$u_C = U_s(1 - \mathrm{e}^{-\frac{t}{\tau}}) = 100(1 - \mathrm{e}^{-1000t})(\text{V})$$

$$u_R = U_s - u_C = U_s\mathrm{e}^{-\frac{t}{\tau}} = 100\mathrm{e}^{-1000t}(\text{V})$$

$$i = \frac{u_R}{R_0} = \frac{U_s}{R_0}\mathrm{e}^{-\frac{t}{\tau}} = 10\mathrm{e}^{-1000t}(\text{mA})$$

二、RC 电路的全响应

如果非零初始状态的一阶 RC 电路在外施激励下引起的响应，则称为一阶 RC 电路的全响应。

1. 一阶电路全响应的规律

如图 3-1-18，设 $u_C(0_-) = U_0$，电源电压 $= U_s$，换路后 KVL 方程

$$RC\frac{\mathrm{d}u_C}{\mathrm{d}t} + u_C = U_s \qquad (3-1-15)$$

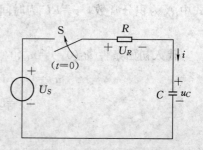

图 3-1-18 RC 电路的全响应

其解为

$$u_C = u'_C + u''_C = U_S + Ae^{-\frac{t}{\tau}}$$

由初始条件 $u_C(0_+) = u_C(0_-) = U_0$，得 $U_0 = U_S + A \rightarrow A = U_0 - U_S$。

得电容电压的全响应为

$$u_C = U_S + (U_0 - U_S)e^{-\frac{t}{\tau}} \quad (t \geqslant 0_+) \tag{3-1-16}$$

$$u_R = U_S - u_C = (U_S - U_0)e^{-\frac{t}{\tau}} \quad (t \geqslant 0_+) \tag{3-1-17}$$

$$i = \frac{u_R}{R} = \frac{U_S - U_0}{R}e^{-\frac{t}{\tau}} \quad (t \geqslant 0_+) \tag{3-1-18}$$

图 3-1-19 中作出了 $U_0 < U_S$ 下的各全响应的波形。

电路全响应的时间常数 $\tau = RC$，电压或电流衰减或增加的快慢取决于 τ 的大小。τ 值大，电压或电流衰减慢；τ 值小，电压或电流衰减快。

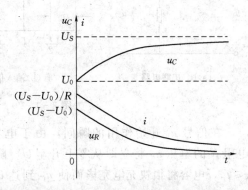

图 3-1-19　RC 电路全响应的 u_C、u_R、i

2. 一阶电路全响应的两种分解

对一阶电路全响应 $u_C = U_S + (U_0 - U_S)e^{-\frac{t}{\tau}}$

$= U_0 e^{-\frac{t}{\tau}} + U_S(1 - e^{-\frac{t}{\tau}})$ 存在两种分解方法。

（1）［全响应］＝［零输入响应］＋［零状态响应］

$$[u_C] = [u_C^{(1)}] + [u_C^{(2)}] = [U_0 e^{-\frac{t}{\tau}}] + [U_S(1 - e^{-\frac{t}{\tau}})] \quad (t \geqslant 0_+) \tag{3-1-19}$$

零输入响应（非零初始状态产生）　　　零状态响应（外施激励产生）

（2）［全响应］＝［强制分量（稳态分量）］＋［自由分量（瞬态分量）］

$$[u_C] = [u'_C] + [u''_C] = [U_S] + [(U_0 - U_S)e^{-\frac{t}{\tau}}] \quad (t \geqslant 0_+) \tag{3-1-20}$$

强制分量（稳态分量）与外施激励有关　　　自由分量（瞬态分量）与初始值和稳态值之差有关，取决于 τ

当输入量为直流量，稳态分量恒定不变；当输入量为正弦量，稳态分量是同频率的正弦量。

把全响应分解为零输入响应和零状态响应，明显反映了响应与激励的因果关系，便于分析计算。把全响应分解为稳态分量和瞬态分量，能较明显地反映电路的工作阶段，便于分析过渡过程的特点。

 拓展知识

■ 微分电路和积分电路 ■

微分电路和积分电路实际上就是 RC 串联的充放电电路，只是由于所选取的电路时间常数不同，从而构成了激励与响应即输出与输入之间的特定（微分或积分）的关系。

1. 微分电路

图 3-1-20（a）是一个 RC 串联电路，设 $t=0$ 时在 A、B 两端输入一个矩形脉冲电压信号 u_1，脉冲宽度为 t_P，高度为 U，见图 3-1-20（b）。现在来讨论输出信号 u_2（即电阻两端电压 u_R）的变化规律。

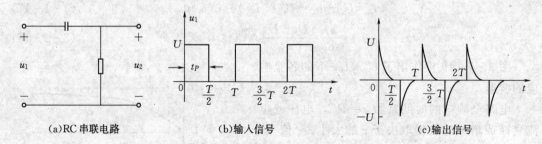

(a)RC 串联电路　　　　(b)输入信号　　　　(c)输出信号

图 3-1-20　RC 组成的微分电路

在信号 u_1 开始作用的瞬间，由于电容两端的电压 u_C 不能突变，故由 KCL 可知，电阻 R 的电压 u_R 将立即从零上升至 U。随后电容开始充电，如果电路的时间常数很小，$\tau \ll t_P$，电容将很快充电完毕而使 u_C 到达 U，同时 u_R 也随之很快衰减至零。这个阶段输出信号 u_2（即电阻两端的电压 u_R）的图像呈现为一个正的尖脉冲；在 $t=t_P$ 时信号消失，但由于此瞬间 u_C 仍然保持 U 不变，所以 u_R 立即由零下降至 $-U$，随后电容很快又放电结束，u_R 的绝对值也很快衰减至零，在此阶段输出信号 u_2 的图像呈现一个负的尖脉冲。综上分析，RC 串联电路在一个矩形脉冲电压信号的作用下会在电阻两端产生两个幅度相等的尖脉冲，如图 3-1-20（c）所示。显然，电路 τ 愈小，输出的波形愈尖锐，宽度也愈窄。如果 u_1 是一个周期性矩形脉冲电压信号，则 u_2 将重复前面的波形。

现在再来分析输入信号 u_1 与输出信号 u_2 的解析关系。选定电路中各电流和电压的参考方向如图 3-1-20 所示，根据 KVL 和电容元件的伏安特性得

$$u_1 = u_C + u_2$$

$$u_2 = u_R = Ri = RC \frac{\mathrm{d}u_C}{\mathrm{d}t}$$

因为 $\tau \ll t_P$，电容的充、放电进行得很快，电容两端的电压 u_C 近似等于输入电压 u_1，即电路满足关系

$$u_1 \approx u_C$$

于是就有
$$u_2 = RC \frac{\mathrm{d}u_1}{\mathrm{d}t} \qquad\qquad (3-1-21)$$

由此可见，输出信号 u_2 与输入信号 u_1 的微分成正比。把这种从电阻端输出且满足关系 $u_1 \approx u_C$ 的 RC 串联电路称为微分电路。微分电路能够将输入信号进行微分处理后再行输出。在脉冲电路中，常应用微分电路把矩形脉冲电压变换为尖脉冲，作为触发信号。

2. 积分电路

如果将 RC 串联电路中的输出信号改为电容两端的电压 u_C，如图 3-1-21（a），并设电路的时间常数 $\tau \gg t_P$，现在来讨论输出信号 u_2 是如何变化的。

在信号 u_1 开始作用后，由于电路的时间常数 $\tau \gg t_P$，所以在 $0 \leqslant t \leqslant t_P$ 期间，电容电压 u_C 上升得很慢，其图像近似一条斜率很小的直线。在 $t = t_P$ 时，脉冲电压消失，电容开始放电，由于时间常数 τ 很大，所以放电也是很缓慢的，这样 u_C 的图像就很近似于一个锯齿波（或称三角波），如图 3 - 1 - 21（c）。

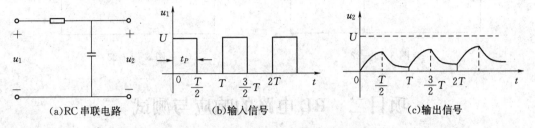

| (a)RC 串联电路 | (b)输入信号 | (c)输出信号 |

图 3 - 1 - 21　RC 组成的积分电路

再来看输入信号 u_1 和输出信号 u_2 之间的解析关系。根据 KVL 和电容元件的伏安特性得

$$u_1 = u_R + u_2$$

$$u_2 = u_C = \frac{1}{C} \int i \, \mathrm{d}t$$

其中

$$i = \frac{u_R}{R}$$

因为 $\tau \gg t_P$，电容的充放电进行得很缓慢，输入电压 u_1 几乎都加在电阻 R 上，故有

$$u_R \approx u_1$$

$$u_1 = u_R + u_2 \approx u_R$$

于是就有

$$i = \frac{u_R}{R} \approx \frac{u_1}{R}$$

$$u_2 = u_C = \frac{1}{CR} \int u_1 \, \mathrm{d}t \tag{3-1-22}$$

即输出信号 u_2 与输入信号 u_1 的积分成正比。把这种从电容端输出且满足关系 $u_1 \approx u_R$ 的 RC 串联电路称为积分电路。积分电路能够将输入信号进行积分处理后再行输出。

在脉冲电路中，常应用积分电路将矩形脉冲变换为近似的三角波，三角波形可作为电视接收机扫描信号。

 优化训练

3.1.2.1　电路如图 3 - 1 - 22 所示，$U_S = 40V$，$R_1 = 100\Omega$，$R_2 = 300\Omega$，$R_3 = 25\Omega$，$C = 0.05F$，电容未充过电，$t = 0$ 时开关 S 闭合，求 $u_C(t)$。

3.1.2.2　图 3 - 1 - 23 中 $U_S = 16V$，$R = 25k\Omega$，$C = 10\mu F$，$u_C(0_-) = 6V$，$t = 0$ 时开关 S 闭合。试求：（1）u_C 的稳态分量、暂态分量及全响应；（2）u_C 的零输入响应、零状态响应及全响应，并定性地画出它们的波形。

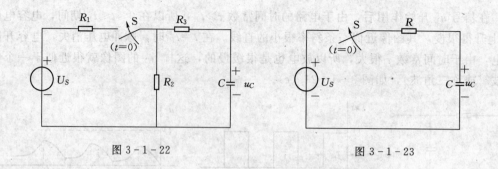

图 3 - 1 - 22　　　　　　　　　　　　　图 3 - 1 - 23

项目二　RL 电路的响应与测试

项目教学目标

1. 职业技能目标
(1) 会选择发电机励磁绕组的灭磁电阻。
(2) 会对 RL 电路的暂态响应进行仿真与测试。

2. 职业知识目标
(1) 理解发电机励磁绕组的灭磁过程分析及灭磁电阻的选择。
(2) 了解变压器空载合闸时产生励磁涌流的原因。
(3) 掌握直流激励和正弦激励下一阶电路的"三要素法"。

3. 素质目标
(1) 具有认真仔细的学习态度、工作态度和严格的组织纪律。
(2) 具有规范意识、安全生产意识和敬业爱岗精神。
(3) 具有独立学习能力、拓展知识能力以及承受压力能力。
(4) 具有良好沟通能力、良好团队合作能力和创新精神。

任务一　发电机励磁绕组的灭磁过程分析

 工作任务

一、认识同步发电机励磁系统

发电机是电厂及电力系统中的重要设备,三相交流电是由同步发电机产生的,三相交流电是目前世界上使用最为广泛的交流电,所以认识同步发电机及其励磁系统很重要。

同步发电机励磁系统(见图 3 - 2 - 1)是同步发电机的重要组成部分,它是供给同步发电机励磁电源的一套系统。励磁系统一般由两部分组成:一部分用于向发电机的磁场绕组提供直流电流,以建立直流磁场,通常称作励磁功率输出部分(或称励磁功率单元);另一部分用于在正常运行或发生故障时调节励磁电流,以满足安全运行的需要,通常称作

图 3-2-1 同步发电机励磁系统

励磁控制部分（或称励磁控制单元或励磁调节器）。在电力系统的运行中，同步发电机的励磁控制系统起着重要的作用，它不仅控制发电机的端电压，而且还控制发电机无功功率、功率因数和电流等参数。在电力系统的分析中，有必要了解同步发电机励磁系统的 RL 等效电路的动态过程规律。

二、电感器磁场能量释放过程的仿真

1. 电感器磁场能量释放过程的仿真电路

运用 MATLAB 软件的 simulink 功能，按照图 3-2-2 构建 RL 磁场能量释放的仿真电路模型。

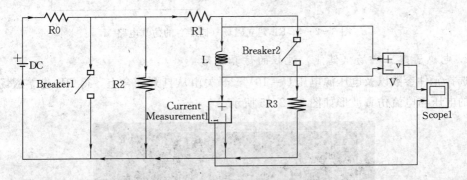

图 3-2-2 RL 磁场能量释放的仿真电路

2. 电感器磁场能量释放过程的仿真波形

选择元件参数以及电压源电压 $U=10V$，开关 1 由从断开到闭合，开关 2 也由从断开到闭合，得 RL 磁场能量释放过程的电压与电流仿真波形如图 3-2-3 所示。

思考：在这个仿真实验过程中发现什么样的规律？

三、电感器建立磁场（储能）过程的仿真

1. 电感器建立磁场（储能）过程的仿真电路

运用 MATLAB 软件的 simulink 功能，按照图 3-2-4 构建 RL 建立磁场（储能）的仿真电路模型。

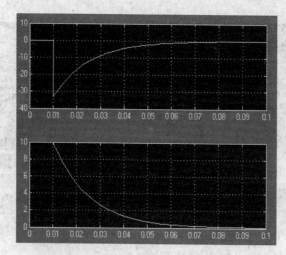

图 3 - 2 - 3　RL 磁场能量释放过程的电压（上）与电流（下）仿真波形

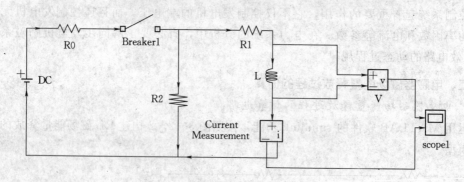

图 3 - 2 - 4　RL 建立磁场（储能）的仿真电路

2. 电感器建立磁场（储能）过程的仿真波形

选择元件参数以及电压源电压 $U = 10V$，开关由从打开到合上，得 RL 建立磁场（储能）的电压与电流仿真波形如图 3 - 2 - 5 所示。

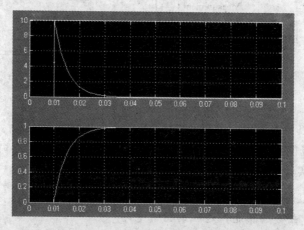

图 3 - 2 - 5　RL 建立磁场（储能）的电压（上）与电流（下）仿真波形

思考： 在这个仿真实验过程中发现什么样的规律？

知识链接

一、RL 电路的零输入响应

RL 电路的零输入响应是 L 储存能量通过 R 释放的一阶动态过程。如图 3-2-6，换路前电路已经达到稳态。设 $i(0_-)=I_0$，$t=0$ 闭合开关。

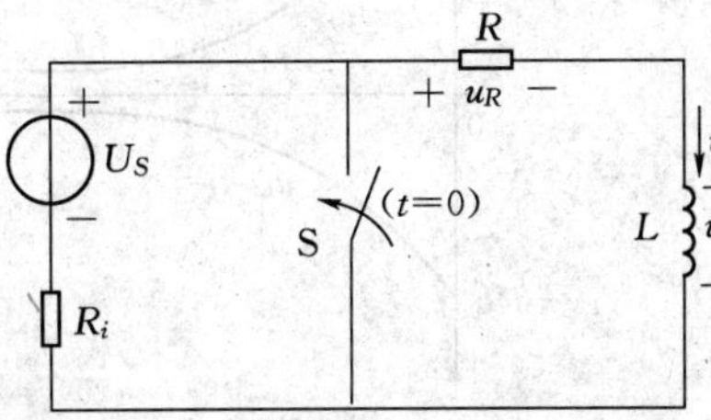

换路后 KVL 方程

$$u_L + u_R = 0$$

将 $u_L = L\dfrac{\mathrm{d}i}{\mathrm{d}t}$，$u_R = Ri$ 代入有

$$L\frac{\mathrm{d}i}{\mathrm{d}t} + Ri = 0 \quad (t \geqslant 0_+) \qquad (3-2-1)$$

图 3-2-6　RL 电路的零输入响应

式 (3-2-1) 是一阶常系数线性齐次常微分方程，它的通解为

$$i = Ae^{pt}$$

其中 A 为积分常数，p 为特征根。代入式 (3-2-1)，得特征方程

$$Lp + R = 0$$

解得

$$p = -\frac{R}{L}$$

所以

$$i = Ae^{-\frac{t}{\tau}} \quad (t \geqslant 0_+) \qquad (3-2-2)$$

A 由电路的初始条件确定。由换路定则得

$$i(0_+) = i(0_-) = I_0$$

代入式 (3-2-2) 求得 $A = I_0$。因此，如果定义时间常数 τ

$$\tau = \frac{L}{R} \qquad (3-2-3)$$

则电路的解为

$$i = I_0 e^{-\frac{R}{L}t} = I_0 e^{-\frac{t}{\tau}} \quad (t \geqslant 0_+) \qquad (3-2-4)$$

$$u_L = L\frac{\mathrm{d}i}{\mathrm{d}t} = -RI_0 e^{-\frac{R}{L}t} = -RI_0 e^{-\frac{t}{\tau}} \quad (t \geqslant 0_+) \qquad (3-2-5)$$

$$u_R = Ri = RI_0 e^{-\frac{R}{L}t} = RI_0 e^{-\frac{t}{\tau}} \quad (t \geqslant 0_+) \qquad (3-2-6)$$

RL 电路零输入响应的电流 i 及电压 u_L 的波形如图 3-2-7 所示，与图 3-2-3RL 磁场能量释放过程仿真波形相似。

在放电过程中电感不断放出能量，电阻不断消耗能量，最后磁场储能全部转变成热能。

【例 3-2-1】 如图 3-2-8 所示，汽轮发电机的励磁绕组 $R=1.4\Omega$，$L=8.4\mathrm{H}$，励磁直流电源 $U_s=350\mathrm{V}$。为加速励磁组的灭磁，当 S1 断开时，同时闭合 S2 将灭磁电阻 $R_m=$

5.6Ω接入电路。试计算换路瞬间励磁绕组的电压以及绕组电压下降到20V需要多少秒。

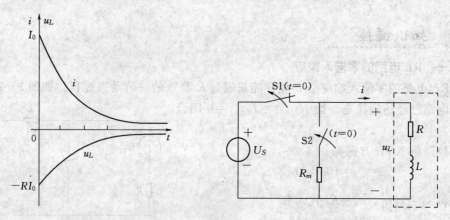

图3-2-7　RL电路零输入响应的i及u_L波形　　　图3-2-8　例3-2-1图

解：（1）换路前电路电流稳定，根据换路定则

$$i(0_+)=i(0_-)=\frac{U_s}{R}=\frac{350}{1.4}=250(A)$$

换路后的励磁绕组电压

$$u_{Rm}(0_+)=-R_mi(0_+)=-5.6\times250=-1400(V)$$

即：励磁绕组从350V瞬间跃变为$-1400V$。

（2）换路后等效电阻为$R+R_m$，则电路时间常数

$$\tau=\frac{L}{R+R_m}=\frac{8.4}{1.4+5.6}=1.2(s)$$

$$i(t)=I_0e^{-\frac{t}{\tau}}=250e^{-\frac{t}{1.2}}(A)$$

$$u_{Rm}(t)=-R_mi(t)=-1400e^{-\frac{t}{1.2}}(V)$$

令$u_{Rm}(t)=-20V$，则

$$-20=-1400e^{-\frac{t}{1.2}},\quad t=1.2\ln\left(\frac{1400}{20}\right)\approx5.1(s)$$

这种释放磁能的方法必须选择好合适的灭磁电阻，此电阻越小，励磁绕组换路瞬间电压越低；但灭磁的持续时间会过长。

二、RL电路的零状态响应

1. RL电路在直流激励下的零状态响应

RL电路的零状态响应即电感元件初始储能为零，外施激励为直流电源。如图3-2-9，设$i(0_+)=0$，$t=0$闭合开关。

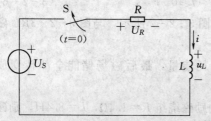

换路后KVL方程

$$u_L+u_R=U_s$$

将$u_R=Ri$，$u_L=L\dfrac{di}{dt}$代入得到

$$L\frac{di}{dt}+Ri=U_s \qquad (3-2-7)$$

图3-2-9　RL电路的零状态响应

其解由两部分组成

$$i = i' + i''$$

其中稳态分量

$$i' = \frac{U_S}{R}$$

其暂态分量形式为

$$i'' = A\mathrm{e}^{-\frac{t}{\tau}}$$

式中 A 为积分常数，$\tau = \dfrac{L}{R}$ 为时间常数，所以

$$i = i' + i'' = \frac{U_S}{R} + A\mathrm{e}^{-\frac{t}{\tau}}$$

代入初始条件 $i(0_+) = i(0_-) = 0$，得 $A = -U_S/R$，故

$$i = \frac{U_S}{R}(1 - \mathrm{e}^{-\frac{t}{\tau}}) \quad (t \geqslant 0_+) \tag{3-2-8}$$

$$u_R = Ri = U_S(1 - \mathrm{e}^{-\frac{t}{\tau}}) \quad (t \geqslant 0_+) \tag{3-2-9}$$

$$u_L = U_S - u_R = U_S\mathrm{e}^{-\frac{t}{\tau}} \quad (t \geqslant 0_+) \tag{3-2-10}$$

RL 电路零状态响应的电流 i 及电压 u_L 的波形如图 3-2-10 所示，与图 3-2-5 RL 电路建立磁场能量的仿真波形相似。

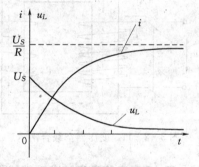

图 3-2-10　RL 电路零状态响应的 i 及 u_L 波形

三、RL 电路的全响应

如果非零初始状态的一阶 RL 电路在外施激励引起的响应，则称为一阶 RL 电路的全响应。

对一阶 RL 电路全响应 $i = \dfrac{U_S}{R} + \left(I_0 - \dfrac{U_S}{R}\right)\mathrm{e}^{-\frac{t}{\tau}} = I_0\mathrm{e}^{-\frac{t}{\tau}} + \dfrac{U_S}{R}(1 - \mathrm{e}^{-\frac{t}{\tau}})$ 同样存在两种分解方法。

（1）[全响应]＝[零输入响应]＋[零状态响应]

$$[i] = [i^{(1)}] + [i^{(2)}] = [I_0\mathrm{e}^{-\frac{t}{\tau}}] + \left[\frac{U_S}{R}(1 - \mathrm{e}^{-\frac{t}{\tau}})\right] \quad (t \geqslant 0_+) \tag{3-2-11}$$

> 零输入响应(非零初始状态产生)　　零状态响应(外施激励产生)

（2）[全响应]＝[强制分量（稳态分量）]＋[自由分量（瞬态分量）]

$$[i] = [i'] + [i''] = \left[\frac{U_S}{R}\right] + \left[\left(I_0 - \frac{U_S}{R}\right)\mathrm{e}^{-\frac{t}{\tau}}\right] \quad (t \geqslant 0_+) \tag{3-2-12}$$

> 强制分量(稳态分量)与外施激励有关　　自由分量(瞬态分量)与初始值和稳态值之差有关,取决于 τ

同理当输入量为直流量，稳态分量恒定不变；当输入量为正弦量，稳态分量是同频率

的正弦量。

拓展知识

▓ 变压器空载合闸时的励磁涌流分析 ▓

一、变压器在正弦激励下的零状态响应

变压器在正常稳态运行时，空载电流占额定电流的$1\%\sim10\%$，但当变压器空载合闸到电网如图$3-2-11$所示时，电流可能较大，往往要超过额定电流几倍，达到空载电流的几十倍甚至上百倍。这一空载合闸电流称为励磁涌流。

当变压器在空载合闸的过程中，由于变压器处于零磁状态的情况，在建立磁场的过程中，会产生非常大的励磁涌流，近似相当于 RL 电路在正弦激励下的零状态响应，如图$3-2-12$。

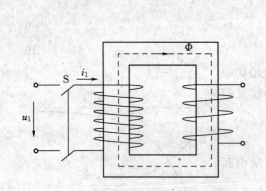

图 3-2-11　变压器空载合闸示意图　　　图 3-2-12　RL 电路在正弦激励下的零状态响应

二、RL 电路在正弦激励下的零状态响应

RL 电路的零状态响应即电感元件初始储能为零，外施激励为正弦交流电源，图

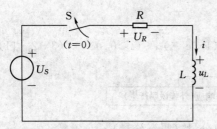

图 3-2-13　RL 电路的零状态响应

$3-2-13$所示，$t=0$ 闭合开关，使电路与正弦电压 $u_S=U_m\sin(\omega t+\psi)$ 接通。电路的初始状态为零，ψ 为换路时 u_S 的初相角。

换路后的 KVL 方程为

$$L\frac{\mathrm{d}i}{\mathrm{d}t}+Ri=U_m\sin(\omega t+\psi) \qquad (3-2-13)$$

其解仍由两部分组成

$$i=i'+i''$$

其中稳态分量 i' 可用相量法求得。图$3-2-13$所示电路的阻抗为

$$Z=R+\mathrm{j}\omega L=\sqrt{R^2+(\omega L)^2}\angle\arctan\left(\frac{\omega L}{R}\right)=|Z|\angle\varphi$$

而
$$\dot{U}_m = U_m \angle \psi$$

所以
$$\dot{I}'_m = \frac{\dot{U}_m}{Z} = \frac{U_m \angle \psi}{|Z| \angle \varphi} = \frac{U_m}{|Z|} \angle \psi - \varphi$$

于是稳态分量
$$i' = \frac{U_m}{|Z|} \sin(\omega t + \psi - \varphi)$$

其暂态分量形式仍为
$$i'' = A e^{-\frac{t}{\tau}}$$

其中 A 为积分常数，$\tau = L/R$ 为时间常数。

所以
$$i = i' + i'' = \frac{U_m}{|Z|} \sin(\omega t + \psi - \varphi) + A e^{-\frac{t}{\tau}}.$$

代入初始条件 $i(0_+) = i(0_-) = 0$，得
$$A = -\frac{U_m}{|Z|} \sin(\psi - \varphi)$$

最后得到
$$i = \frac{U_m}{|Z|} \sin(\omega t + \psi - \varphi) - \frac{U_m}{|Z|} \sin(\psi - \varphi) e^{-\frac{t}{\tau}} \quad (t \geqslant 0_+) \qquad (3-2-14)$$

由式（3-2-14）可见，暂态分量仍以 $\tau = L/R$ 为时间常数按指数规律衰减。暂态分量为零后，电路进入正弦稳态。但暂态分量的大小与换路时 u_S 的初相角 ψ 有关。有两种特殊情况：

（1）$\psi - \varphi = 0$，即在电压源电压的初相 $\psi = \varphi$ 时换路，则式中的暂态分量为零
$$i = i' = \frac{U_m}{|Z|} \sin(\omega t)$$

电路换路后不经历过渡过程，立即进入稳态。

$\psi - \varphi = 180°$ 时换路，也立即进入稳态。

（2）$\psi - \varphi = 90°$（或 $-90°$），如 $\psi - \varphi = 90°$ 的情况下换路，则
$$i = \frac{U_m}{|Z|} \sin(\omega t + 90°) - \frac{U_m}{|Z|} e^{-\frac{t}{\tau}}$$

即电路换路后的暂态分量起始值最大，变压器空载合闸电流可能较大，可达额定电流5～8倍。i、i'、i'' 的波形如图 3-2-12 所示。

 优化训练

3.2.1.1　如图 3-2-14 所示电路，求开关 S 分别在"1"和"2"位置时电路的时间常数。

3.2.1.2　如图 3-2-15 所示电路，在开关 S 动作之前电路已稳态，在 $t = 0$ 时由位置 a 投向位置 b。求动态过程中的 $u_L(t)$ 和 $i_L(t)$。

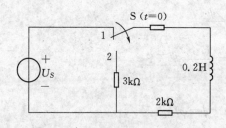

图 3-2-14　训练 3.2.1.1 图

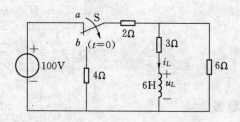

图 3-2-15　训练 3.2.1.2 图

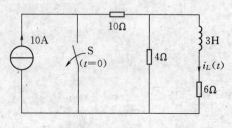

图 3-2-16　训练 3.2.1.3 图

3.2.1.3　如图 3-2-16 所示电路, 已知 $i_L(0_-)=0$, 在 $t=0$ 时开关 S 打开, 试求换路后的零状态响应 $i_L(t)$。

3.2.1.4　在什么情况下合闸, 变压器的励磁涌流最严重? 有多大?

3.2.1.5　在大型变压器中, 为加速励磁涌流的衰减, 合闸时常常在原绕组回路中串入一个＿＿＿＿＿＿, 合闸后再将＿＿＿＿＿＿。

任务二　用"三要素法"分析求解一阶电路

 工作任务

问题: 图 3-2-17 所示电路中, 已知 $U_S=10\text{V}$, $R_1=6\Omega$, $R_2=4\Omega$, $L=0.1\text{H}$, 开关 S 闭合前电路已处于稳态。设在 $t=0$ 时闭合 S, 试用"三要素法"求:

(1) 电流 i 的变化规律。

(2) 经过多长时间, 电流 i 才能增加到 2A?

思考: 真正确定一阶电路响应的因素与由初始值、特解、时间常数三个要素是不是有密切关系呢?

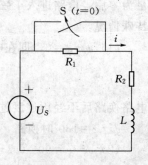

图 3-2-17

 知识链接

一、电路全响应的决定因素

当一个一阶电路既受到外施激励时, 动态元件上又有初始能量, 电路产生了全响应。

前面部分对一阶电路的零输入响应、零状态响应及全响应进行了经典分析。重点阐述了一阶电路时间常数的概念: 一阶电路的时间常数 τ, 在数值上等于响应经历了总变化的 63.2% 所需用的时间, 讨论中一般认为, 暂态过程经过 3~5τ 的时间就基本结束了, 因此时间常数 τ 反映了暂态过程进行的快慢程度。对零输入响应而言, 不需求解响应的稳态值, 只要求出响应的初始值和时间常数即可; 对零状态响应而言, 只需求出响应的稳态值和时间常数即可。

对一阶电路全响应存在两种分解方法:

（1）［全响应］＝［零输入响应］＋［零状态响应］

（2）［全响应］＝［强制分量（稳态分量）］＋［自由分量（瞬态分量）］

当输入量为直流量，稳态分量恒定不变；当输入量为正弦量，稳态分量是同 f 的正弦量。不管是将全响应分解为［零输入响应］和［零状态响应］的叠加，还是将全响应分解为［稳态分量］和［瞬态分量］的叠加，真正的本质是全响应由初始值、稳态和时间常数三个要素决定。

二、分析一阶电路全响应的"三要素法"

1. 一阶电路的"三要素法"

对于一阶电路的全响应，引入了一个简化的分析计算方法——"三要素法"。所谓"三要素法"，就是对待求的电路响应求出其初始值、稳态值及时间常数 τ，然后代入相应计算公式。

若外施激励是直流电源，则全响应可写为

$$f(t)=f(\infty)+[f(0_+)-f(\infty)]e^{-\frac{t}{\tau}} \tag{3-2-15}$$

确定一阶电路的全响应，关键在确定初始值 $f(0_+)$、稳态值 $f(\infty)$、时间常数 τ 三个要素。

若外施激励是交流电源，则全响应可写为

$$全响应 f(t)=稳态分量 f_\infty(t)+瞬态分量 Ae^{-\frac{t}{\tau}}(t>0)$$

$f(t)$初始值$=f(0_+)$,稳态分量初始值$=f_\infty(0_+)$,则 $A=f(0_+)-f_\infty(0_+)$。

则全响应可写为：

$$f(t)=f_\infty(t)+[f(0_+)-f_\infty(0_+)]e^{-\frac{t}{\tau}} \quad (t>0) \tag{3-2-16}$$

确定一阶电路的全响应，关键在确定 $f(0_+)$、$f_\infty(t)$、τ 三个要素。

2. "三要素法"的确定

正确确定初始值 $f(0_+)$、稳态值 $f(\infty)$、时间常数 τ 三个要素，求解方法如下：

（1）初始值 $f(0_+)$：电路动态元件电流电压的初始值，由换路定则确定；电路其他响应的初始值要根据 $t=0_+$ 的等效电路求得。

（2）稳态值 $f(\infty)$：要根据换路后 $t=\infty$ 的等效电路求得。

（3）时间常数 τ：在换路后的稳态电路基础上除源，然后将动态元件断开后求出其无源二端网络的入端电阻 R，代入时间常数的计算公式中即可。只有一个 C 的电路 $\tau=RC$，只有一个 L 的电路 $\tau=L/R$。在同一个一阶电路中的各响应的 τ 相同。因为 R 为换路后该 C 或 L 所接二端电阻性网络除源后的等效电阻，可以应用戴维宁定理进行求解。

在应用"三要素法"求解的过程中，注意各种情况下等效电路的正确性是关键。

【例 3-2-2】 电路如图 3-2-17，现重新画成图 3-2-18（a），已知 $U_S=10\text{V}$，$R_1=6\Omega$，$R_2=4\Omega$，$L=0.1\text{H}$，S 闭合前电路已处于稳态。设在 $t=0$ 时闭合 S，试用"三要素法"求：

（1）电流 i 的变化规律。

（2）经过多长时间，电流 i 才能增加到 2A？

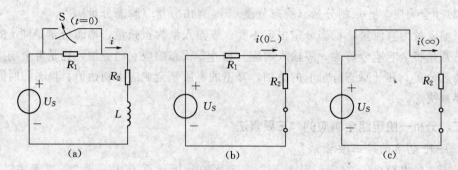

图 3-2-18　例 3-2-2 图

解：（1）应用"三要素法"求 i 的步骤如下：

1）求初始值。

画出 $t=0_-$ 时的等效电路如图 3-2-18（b），得

$$i(0_-)=\frac{U_S}{R_1+R_2}=\frac{10}{6+4}=1(\text{A})$$

根据换路定则，得

$$i(0_+)=i(0_-)=1(\text{A})$$

2）求稳态值。

画出 $t=\infty$ 时的等效电路如图 3-2-18（c），得

$$i(\infty)=\frac{U_S}{R_2}=\frac{10}{4}=2.5(\text{A})$$

3）求换路后时间常数

$$\tau=\frac{L}{R_0}=\frac{L}{R_2}=\frac{0.1}{4}=0.025(\text{s})$$

4）代入"三要素法"公式，得 i

$$i=i(\infty)+[i(0_+)-i(\infty)]e^{-\frac{t}{\tau}}$$
$$=2.5+[1-2.5]e^{-40t}$$
$$=2.5-1.5e^{-40t}(\text{A})$$

（2）根据 $2=2.5-1.5e^{-40t}$，求得 $t=0.0275$（s）。

【例 3-2-3】 如图 3-2-19（a）电路，已知 $u_S=120\sin\omega t\,\text{V}$，$\omega=1000\text{rad/s}$，$R_1=60\Omega$，$R_2=60\Omega$，$L=0.06\text{H}$，已知换路前电路已达稳态，求换路后的电流 i。

解：（1）求初始值。画出 $t=0_-$ 时的等效电路如图 3-2-19（b），根据相量法，得

$$\dot{I}_m=\frac{\dot{U}_{sm}}{Z}=\frac{120\angle 0°}{60+\text{j}1000\times 0.06}=\frac{120\angle 0°}{84.85\angle 45°}=1.41\angle -45°(\text{A})$$

$$i=1.41\sin(1000t-45°)\text{A}$$

$$i(0_-)=1.41\sin(-45°)=-1(\text{A})$$

根据换路定则，得

$$i(0_+)=i(0_-)=-1\text{A}$$

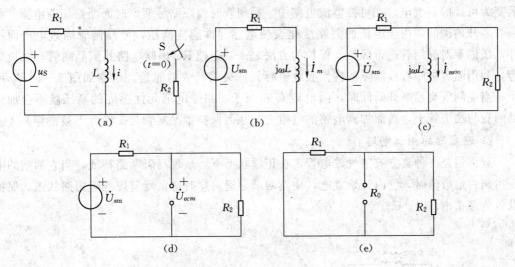

图 3-2-19   例 3-2-3 图

（2）求稳态值。画出 $t=\infty$ 时的等效电路如图 3-2-19（c），根据戴维宁定理求 $\dot{I}_{m\infty}$，由图 3-2-19（d）和图 3-2-19（e），得

$$\dot{U}_{ocm}=\frac{R_2}{R_1+R_2}\dot{U}_{sm}=\frac{60}{60+60}\times 120\angle 0^\circ=60\angle 0^\circ(V),R_o=R_1//R_2=30\Omega$$

$$\dot{I}_{m\infty}=\frac{\dot{U}_{ocm}}{R_o+j\omega L}=\frac{60\angle 0^\circ}{30+j1000\times 0.06}=0.89\angle -63.4^\circ(A)$$

$$i_\infty=0.89\sin(1000t-63.4^\circ)A$$

$$i_\infty(0_+)=0.89\sin(-63.4^\circ)=-0.8(A)$$

（3）求换路后时间常数。根据图 3-2-19（e），得

$$R_o=R_1//R_2=30\Omega$$

$$\tau=\frac{L}{R_0}=\frac{0.06}{30}=0.002(s)$$

（4）代入"三要素法"公式，得 i

$$i=i_\infty+[i(0_+)-i_\infty(0_+)]e^{-\frac{t}{\tau}}$$

$$=0.89\sin(1000t-63.4^\circ)+[-1-(-0.8)]e^{-500t}$$

$$=0.89\sin(1000t-63.4^\circ)-0.2e^{-500t}(A)$$

 拓展知识
- -

▓ 瞬态过程的应用 ▓

电路的瞬态过程虽然短暂（5τ），但在工程上的应用却相当普遍，下面举例说明。

1. 阻容保护电路

RC 串联电路能吸收能量，工程上常常利用这个特性做成阻容保护电路。

在电力电子技术中，常用晶闸管元件的可控单向导电性把数值较大的正弦交流电整流后变为可控的直流电。在可控整流电路中，晶闸管时而短路导通，时而断路切断电流。晶闸管断开的瞬间，由于电流的急剧变化会使电感元件感应高压，使晶闸管因过电压而损坏，所以要对晶闸管进行保护。保护的方法之一，是把 RC 串联电路并到晶闸管与二极管旁，利用阻容电路吸收能量的特性吸收电感元件突然释放的能量，电路如图 3 - 2 - 20 所示。当晶闸管突然断开瞬间时，因电容 C 相当于短路，电感元件感应的高压就不会加到晶闸管与二极管上，转而加到电路的电阻上，从而保护了晶闸管与二极管不被击穿。

2. 避雷器的测试电路

避雷器是一种真空或空气放电管，在正常状态下，呈现高阻断路特征，当它两端的电压达到一定数值时，管内开始放电，使其两端导通，这时避雷器呈现低阻短路状态，保护设备免遭雷击。

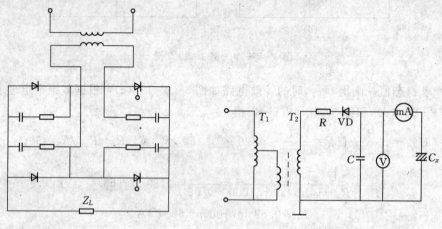

图 3 - 2 - 20 阻容保护电路　　　　图 3 - 2 - 21 避雷器的测试电路

避雷器要定期进行测试，其中一项是测试避雷管实际开始放电电压。例如氧化锌避雷器，当外加电压使其流过电流达到 1mA 时，就认为避雷器已开始放电，这个电压称为临界动作电压 U_C，测试电路如图 3 - 2 - 21 所示。该电路核心是 RC 充放电电路，电源接通，电容 C 开始充电，电压慢慢升高。过临界点后，避雷器呈现低阻短路状态，电容的电压通过避雷器迅速放掉。T_1 是调压器，测试时调节 T_1 可获得所需的实验电压，T_1 输出电压经 T_2 升压后，经二极管 VD 整流后，变为直流电压，对电容 C 充电。

3. 加速电路

一个未充过电的电容器在换路瞬间相当于短路，利用电容器这一特性可以设计成加速电路。如图 3 - 2 - 22（a）所示，电源未接通时，电容器上电压为零，电源接通瞬间，电容器相当于短路，电源电压全部加在继电器 J 线圈上，使继电器工作电流加大，促使吸合时间缩短。当继电器吸合后，进入正常工作状态，电容器充满了电荷相当于断开，此时流过线圈 J 的电流由于 R 串入而减少，保证线圈在正常工作电流下工作而不至于发热。当电源断开后，电容器通过 R 放电，为下一次电源接入做准备。

图 3 - 2 - 22（b）中 BG 是个晶体管开关，外加反向电压可使 BG 关断，此时电容器电压与外加电压串联，加大了晶体管关断电压，使 BG 加速关断。

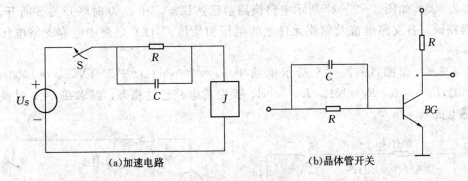

(a)加速电路　　　　(b)晶体管开关

图 3-2-22　加速电路

 优化训练

3.2.2.1　如图 3-2-23 所示电路，已知 $R_1=6\Omega$，$R_2=2\Omega$，$L=0.2H$，$U_s=12V$，换路前电路已达稳态。$t=0$ 时开关 S 闭合。求响应 $i_L(t)$。并求出电流达到 4.5A 时需用的时间。

3.2.2.2　如图 3-2-24 所示电路，在开关 S 闭合前已达稳态。求换路后的全响应 $u_C(t)$，并画出它的曲线。

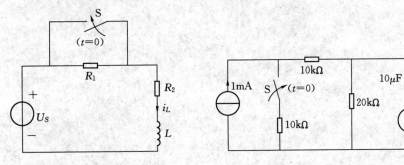

图 3-2-23　训练 3.2.2.1图　　　　图 3-2-24　训练 3.2.2.2图

3.2.2.3　如图 3-2-25 所示电路，在换路前已达稳态。$t=0$ 时开关 S1、S2 同时动作。求电路响应 $u_C(t)$。

3.2.2.4　电路如图 3-2-26 所示，应用"三要素法"求图中电压 u 和电流 i 的全响应。

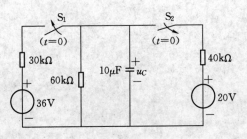
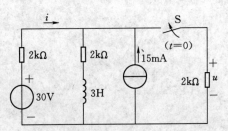

图 3-2-25　训练 3.2.2.3图　　　　图 3-2-26　训练 3.2.2.4图

3.2.2.5．如图 3 - 2 - 27 所示电路换路前已达稳态，在 $t=0$ 时将开关 S 断开。求：（1）换路瞬间各支路电流及储能元件上的电压初始值；（2）电路中电容支路电压的全响应。

3.2.2.6．如图 3 - 2 - 28 所示电路中 $u_S = 100\sin(\omega t + 30°)$ V，$\omega = 1000\text{rad/s}$，$R_1 = 30\Omega$，$R_2 = 20\Omega$，$R_3 = 15\Omega$，$L = 0.1\text{H}$。换路前电路已达稳态，试求在 $t=0$ 时换路后的电感电流 i。

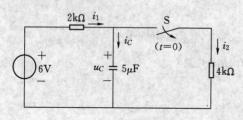
图 3 - 2 - 27　训练 3.2.2.5 图

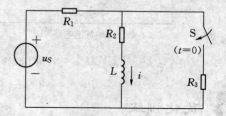
图 3 - 2 - 28　训练 3.2.2.6 图

学习情境四　耦合线圈与磁路分析

项目一　耦合线圈的分析与测量

项目教学目标

1. **职业技能目标**

(1) 能用直流法和交流法测定耦合线圈的同名端。

(2) 会设计出测定耦合线圈互感的实验线路图，并用实验方法测定其互感。

(3) 会正确使用兆欧表测量电气设备的绝缘电阻。

2. **职业知识目标**

(1) 理解互感现象及其在实际中的应用。

(2) 理解并掌握耦合线圈的顺串与反串及其特点。

(3) 理解耦合线圈的同名端并联和异名端并联及其去耦等效电路。

(4) 掌握耦合线圈同名端的测定方法。

(5) 掌握耦合线圈互感的测量方法。

(6) 掌握兆欧表、接地电阻测量仪的正确使用。

3. **素质目标**

(1) 具有认真仔细的学习态度、工作态度和严格的组织纪律。

(2) 具有规范意识、安全生产意识和敬业爱岗精神。

(3) 具有独立学习能力、拓展知识能力以及承受压力能力。

(4) 具有良好沟通能力、良好团队合作能力和创新精神。

任务一　耦合线圈同名端的测定

 工作任务

一、直流法

按图 4-1-1 接线，当开关 S 合上瞬间，如电压表指针正偏，则变压器一次侧与电源正极相连的（A）端和变压器二次侧与电压表"＋"接线柱相连的（a）端是同名端；把电压表两接线柱反接，观测其偏转，确定此时两线圈的同名端。

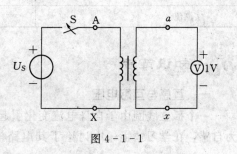

图 4-1-1

二、交流法

1. 交流电流法

（1）按图 4-1-2（a）接线（X 接 x），调压器输出电压取为 220V，记录电流表读数于表 4-1-1 中。

（2）按图 4-1-2（b）接线（X 接 a），调压器输出电压同样取为 220V，记录电流表读数于表 4-1-1 中，确定线圈 A—X 与 a—x 的同名端。（注意换接时先断电源）。

表 4-1-1　交流电流法测定耦合线圈同名端

项目＼连接	电流表读数	确定同名端
X 接 x		
X 接 a		

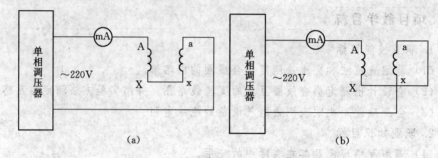

（a）　　　　　　　　　（b）

图 4-1-2

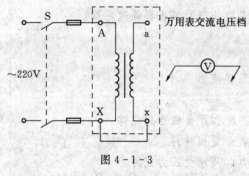

图 4-1-3

2. 交流电压法

按图 4-1-3 接线，将 X、x 短接。合上电源开关 S，用万用表交流电压档分别测量变压器电压 U_{Aa}、U_{Ax}、U_{ax}，将测量结果记录于表 4-1-2 的实测值一栏中。如果三个电压满足 $U_{Aa}=U_{Ax}-U_{ax}$，则所标 A、a 为同名端，变压器为减极性的。如果三个电压满足 $U_{Aa}=U_{Ax}+U_{ax}$，则所标 A、a 为异名端，变压器为加极性的。

表 4-1-2　　交流电压法测定耦合线圈同名端

项目	电压值（V）	U_{Ax}	U_{ax}	U_{Aa}
计算值	减极性			
	加极性			
实测值				

知识链接

一、互感与互感电压

一个孤立线圈由于自身电流变化引起线圈中磁链变化从而产生感应电压，这种现象称为自感，在学习情境一中讨论了其电路模型——电感元件。当两个或多个线圈彼此接近

254

时，无论哪一个线圈电流变化，除了在自身线圈存在自感现象外，还会在其他线圈产生感应电压，这种现象称为互感。它们称为耦合线圈，可以用耦合电感元件作为其电路模型。为了讨论方便，规定耦合线圈的线圈电流与其自感电压参考方向相同为关联参考方向，线圈电流与其产生的磁链参考方向符合右手螺旋法则也称为关联参考方向。下面以两个线圈耦合来讨论互感现象的相关问题。

1. 互感

图 4-1-4（a）和图 4-1-4（b）各画出了一对有磁耦合的线圈Ⅰ和Ⅱ，设线圈芯子及周围的磁介质为非铁磁性物质。在线圈Ⅰ有电流 i_1 时，在线圈Ⅰ本身形成自感磁链 ψ_{11}，它与电流 i_1 成正比，在 ψ_{11} 与 i_1 为关联参考方向下，$\psi_{11} = L_1 i_1$，L_1 是线圈Ⅰ的自感系数。线圈Ⅰ的自感磁链交链到线圈Ⅱ而成为线圈Ⅱ中产生感应电动势的原磁链，这个感应电动势成为线圈Ⅱ的互感电动势 e_{M21}。若假设 $\dfrac{di_1}{dt} > 0$，根据楞次定律得出线圈Ⅱ中互感电动势的实际方向。从图 4-1-4（b）可以看出，线圈Ⅱ的绕向改变使其互感电动势的实际方向也改变了。

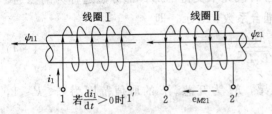

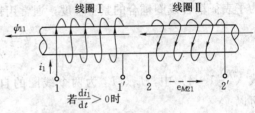

（a）两线圈绕向相同时互感电动势的实际方向 （b）两线圈绕向改变时互感电动势的实际方向

图 4-1-4 互感电动势

如图 4-1-5 中，如果线圈Ⅱ同时有电流 i_2，在线圈Ⅱ自身形成自感磁链 ψ_{22}，在 ψ_{22} 与 i_2 为关联参考方向下，$\psi_{22} = L_2 i_2$，L_2 是线圈Ⅱ的自感系数。线圈Ⅱ的自感磁链交链到线圈Ⅰ也同样在线圈Ⅰ中产生互感电动势 e_{M12}。耦合线圈的自感磁链交链到另一个线圈的部分，称为互感磁链。一个线圈的电流在另一个线圈产生互感磁链的能力定义为互感系数。电流 i_1 在线圈Ⅱ中产生互感磁链 ψ_{21}，在 ψ_{21} 与 i_1 为关联参考方向下，定义

$$M_{21} = \frac{\psi_{21}}{i_1} \tag{4-1-1}$$

M_{21} 称为线圈Ⅰ对线圈Ⅱ的互感系数，简称互感。同样地，线圈Ⅱ对线圈Ⅰ的互感定义为

$$M_{12} = \frac{\psi_{12}}{i_2} \tag{4-1-2}$$

根据电磁场理论可以证明 $M_{12} = M_{21}$，所以不必区分，可统一用 M 表示，称为互感。即

$$M = \frac{\psi_{12}}{i_2} = \frac{\psi_{21}}{i_1} \tag{4-1-3}$$

互感与自感一样总是正值，互感的 SI 单位与自感的 SI 单位相同，也是亨〔利〕（H）。互感与自感一样是与电流和时间无关的常量。磁介质的磁导率为常数时，M 为常数。铁磁介质的磁导率不是常数，所以铁芯耦合电感的互感不是常数。下面只讨论 M 为

常数的情况。

从图 4-1-5 中可以看出，当两个耦合线圈都有电流时，每个线圈内都有自感磁链和互感磁链。当耦合线圈的相对绕向改变时，图 4-1-5（b）中线圈 II 的绕向改变，线圈内自感磁链和互感磁链的方向就改变为不一致。

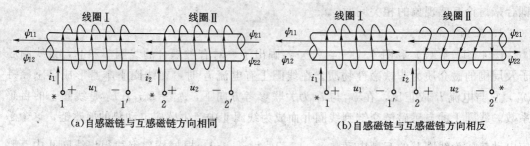

(a) 自感磁链与互感磁链方向相同   (b) 自感磁链与互感磁链方向相反

图 4-1-5 耦合线圈

互感的量值反映了一个线圈在另一个线圈产生磁链的能力。在一般情况下，一对耦合线圈的电流产生的磁通只有部分磁通相交链，而彼此不交链的那一部分磁通称为漏磁通。为了表征耦合线圈耦合的紧密程度，通常用耦合系数 k 表示，即

$$k = \frac{M}{\sqrt{L_1 L_2}} \qquad (4-1-4)$$

式（4-1-4）中，L_1、L_2 为两个线圈的自感，M 为互感。k 的取值范围为 $0 \leqslant k \leqslant 1$，所以

$$0 \leqslant M \leqslant \sqrt{L_1 L_2} \qquad (4-1-5)$$

耦合系数的大小反映了两个线圈的耦合程度，耦合系数越大，这两个线圈的互感 M 越大。

耦合线圈之间的耦合系数 k 的大小与两个线圈的结构、相互位置及磁介质有关。把两个线圈靠近或远离一些，或者把一个线圈在原处转动一个位置，k 值就可以不同。如果两个线圈紧密绕在一起，交链的磁通最大，则 k 值可能接近 1。反之，如果它们相隔很远，或者两个线圈的轴线相互垂直，交链的磁通几乎为零，则 k 值很小，甚至可能接近于零。

2. 互感电压

前面讨论过，对于自感电压，在同一线圈的电流、电压选关联参考方向下，有自感电压 $u_{11} = L_1 \dfrac{\mathrm{d}i_1}{\mathrm{d}t}$，$u_{22} = L_2 \dfrac{\mathrm{d}i_2}{\mathrm{d}t}$，相量关系式 $\dot{U}_{11} = \mathrm{j}\dot{I}_1 \omega L_1$，$\dot{U}_{22} = \mathrm{j}\dot{I}_2 \omega L_2$。对于互感电压，如果互感电压的参考方向与引起这个互感电压的另一线圈电流的参考方向对同名端一致，如图 4-1-6（a）所示，称为关联参考方向，所以有

$$\begin{cases} u_{21} = M \dfrac{\mathrm{d}i_1}{\mathrm{d}t} \\[2mm] u_{12} = M \dfrac{\mathrm{d}i_2}{\mathrm{d}t} \end{cases} \qquad (4-1-6)$$

写成相量关系式，有

$$\begin{cases} \dot{U}_{21} = j\dot{I}_1\omega M \\ \dot{U}_{12} = j\dot{I}_2\omega M \end{cases} \qquad (4-1-7)$$

式（4-1-7）中 ωM 称为互感抗，表示为 X_M，即 $X_M = \omega M$，互感抗的单位为 Ω。

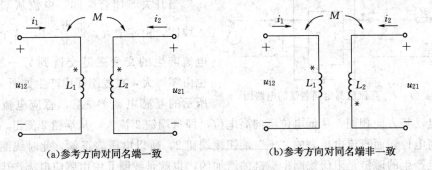

(a)参考方向对同名端一致　　　　　(b)参考方向对同名端非一致

图 4-1-6　耦合电感

如果选互感电压的参考方向与引起这个互感电压的另一线圈电流的参考方向对同名端非一致，如图 4-1-6（b）所示，称为非关联参考方向，所以有

$$\begin{cases} u_{21} = -\dfrac{\mathrm{d}i_1}{\mathrm{d}t} \\ u_{12} = -\dfrac{\mathrm{d}i_2}{\mathrm{d}t} \end{cases} \qquad (4-1-8)$$

$$\begin{cases} \dot{U}_{21} = -j\dot{I}_1\omega M \\ \dot{U}_{12} = -j\dot{I}_2\omega M \end{cases} \qquad (4-1-9)$$

二、同名端及其测定

（一）同名端

同名端（dotted terminal）是用来说明耦合线圈的相对绕向的。若一对耦合线圈同时通入电流，每个线圈中自感磁链和互感磁链方向一致（或说自感磁链和互感磁链相助），则流入电流的两个端钮称为同名端。常用符号"＊"标记，如图 4-1-5（a）中端钮 1、2 为同名端，另一组未标记的端钮 1′、2′ 也是同名端。同名端表示它们的极性相同，而极性相反的则称为异名端，如图 4-1-5（a）中端钮 1、2′ 为异名端，端钮 1′、2 也为异名端。

在图 4-1-5（b）中，每个线圈中自感磁链和互感磁链方向相反（相抵消），则流入电流的两个端钮 1、2 为异名端，而 1、2′ 才为同名端，所以用符号"＊"加以标记。

耦合线圈标记了同名端后，就不必另行画出线圈芯子及其磁链了。在实际工作中，常会遇到设备中的线圈是封装的，其绕组的绕向不可见，也常采用在端钮处标记符号表示其同名端的方法。

（二）同名端的测定

当耦合线圈的同名端未知时，可用实验法来测出同名端。通常有直流法和交流法两种方式来测定。

1. 直流法

如图 4-1-7 所示，在线圈 I 两端接一直流电源，线圈 II 两端接一个高内阻的直流电压表。当开关 S 闭合瞬间，如果电压表正偏，则端钮 1 和 2 为同名端。其理由阐述如下：

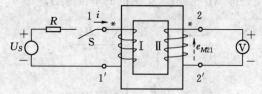

图 4-1-7 直流法测定同名端的电路图

当开关 S 闭合瞬间，电流从端钮 1 流入线圈，由零增大，即 $\dfrac{\mathrm{d}i}{\mathrm{d}t}>0$，这个变化的电流产生的交变磁链交链到另一线圈 II，也由零增大，在线圈 II 中产生如图 4-1-7 所示的互感电动势 e_{M21}，感应电流的方向与感应电动势方向相同，从低电位流向高电位，即从端钮 2′ 流入，从端钮 2 流出，所以端钮 2 是高电位，而直流电压表的"＋"端钮接端钮 2，所以电压表正偏。此时线圈 II 中的感应电流产生的磁链是阻碍线圈 I 磁链的增加的，也就是线圈 II 中由感应电流产生的自感磁链与互感磁链方向相反，根据同名端的特点，电流分别从耦合线圈的异名端流入时，线圈内的自感磁链与互感磁链的方向相反，所以端钮 1 和端钮 2′ 是异名端，则端钮 1 和端钮 2 就为同名端。

2. 交流法

把耦合线圈的任意两端（X－x）连结起来，在 AX 端加一交流电压 u，用交流电压表测量 U_{AX}、U_{ax}、U_{Aa}，如果 $U_{Aa}=U_{AX}+U_{ax}$，X 与 x 是异名端。如果 $U_{Aa}=U_{AX}-U_{ax}$，X 与 x 是同名端。原理阐述如下：

如图 4-1-8（a）所示，在 AX 两端加一交流电压 u，通过的电流为 i，此时在 AX 两端有一个自感电压，选定关联参考方向，同时在 ax 两端产生一个互感电压 u_{21}，选定对同名端一致的参考方向，则有：

$$\begin{cases} u_{Aa}=u_{11}+u_{21} \\ \dot{U}_{Aa}=\dot{U}_{11}+\dot{U}_{21} \\ \dot{U}_{11}=\mathrm{j}\dot{I}X_{L1},\ \dot{U}_{21}=\mathrm{j}\dot{I}X_{M} \end{cases} \qquad (4-1-10)$$

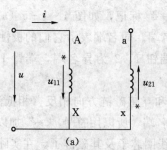 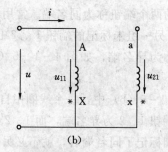

$$(a) \qquad\qquad\qquad (b)$$

图 4-1-8 交流法测定同名端的电路图

相量关系如图 4-1-9（a），则 $U_{Aa}=U_{AX}+U_{ax}$，称为加极性。此时连结在一起的是异名端，即 A 与 x 是同名端。

在图 4-1-8（b）中，同样选定自感电压与电流为关联参考方向，互感电压选定与

电流对同名端一致的参考方向，则有

$$\begin{cases} u_{Aa} = u_{11} - u_{21} \\ \dot{U}_{Aa} = \dot{U}_{11} - \dot{U}_{21} \\ \dot{U}_{11} = j\dot{I}X_{L1}, \dot{U}_{21} = j\dot{I}X_M \end{cases} \tag{4-1-11}$$

相量关系如图 4-1-9（b），则 $U_{Aa} = U_{AX} - U_{ax}$，称为减极性。此时连接在一起的是同名端，即 A 与 a 是同名端。

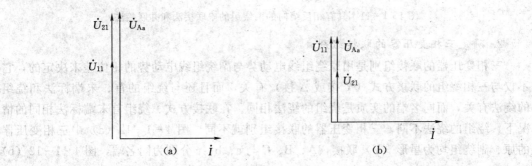

图 4-1-9 交流法测定同名端的相量关系图

 拓展知识

■ "同名端" 的应用 ■

利用"同名端"，可以在不打开电气设备（变压器、互感器和仪表等）外壳的情况下，判断其中各线圈的绕向，给使用电气设备和绘制电路图等带来极大方便。在电路测量中，如果知道耦合线圈的同名端，可将耦合线圈顺串、反串，从而测量出耦合线圈的互感……。"同名端"究竟在实践中还有哪些应用？下面举例来说明。

1. 确定单相变压器各绕组间的串、并联接法

有些单相变压器各绕组具有多个原绕组和副绕组，这样可以适应多种不同的电源电压和提供几个不同的输出电压。在使用这种变压器时，必须首先确定绕组的同名端，然后才能正确联接。图 4-1-10 表示一个单相多绕组变压器，当 W1 与 W2 绕组具有相同绕向时，端子 1、3 为同名端，其串联接法是 2、3 端子联接，并联接法是 1、3 端与 2、4 端分别相接。当 W1 与 W2 的绕向相反时（如图 4-1-11），端子 1、4 为同名端，其串联接法则是 2、4 端子联接，并联接法则是 1、4 端与 2、3 端分别相接。

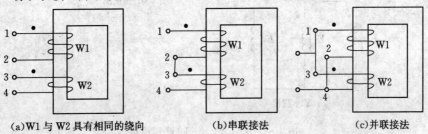

(a)W1 与 W2 具有相同的绕向   (b)串联接法   (c)并联接法

图 4-1-10 具有相同绕向的两绕组的串联接法和并联接法

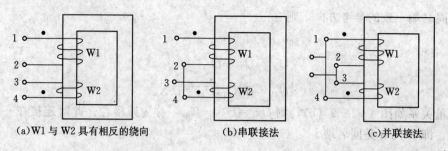

(a)W1 与 W2 具有相反的绕向　　(b)串联接法　　(c)并联接法

图 4 - 1 - 11　具有相反绕向的两绕组的串联接法和并联接法

2. 确定三相变压器的联接组别

三相变压器的联接组别是用原绕组线电动势与副绕组线电动势的相位差来决定的,它不仅与三相绕组的联接方式(Y 接或 Δ 接)有关,而且还与绕组的首、末端标法和绕组的绕法有关,而同名端的实质是绕组的绕法相同。在联接方式、绕组首末端标法相同的情况下,绕组的绕法不同,三相变压器的联接组别就不同。图 4 - 1 - 12 (a) 中三相变压器的原、副绕组均为星形(Y)联接,A、B、C 与 a、b、c 分别为同名端,图 4 - 1 - 12 (b) 为其对应的相量图。由相量图可见,因副绕组的线电动势相量 $\dot{E}_{ab}$ 与原绕组的线电动势相量 $\dot{E}_{AB}$ 之间的相位差为 0°,象征时钟的 12 点,故其联接组别为 Y,y-12。若保持图 4 - 1 -12 (a) 的联接方式和端点符号不变,只是把同名端变化一下,X、Y、Z 与 a、b、c 分别为同名端(即副绕组的线圈反绕)。利用同样的方法,可知原、副绕组的线电动势相量 $\dot{E}_{AB}$、$\dot{E}_{ab}$ 之间的相位差为 180°,象征时钟的 6 点,故其联接组别为 Y,y-6。

联接组别在变压器运行中有重要作用。三相变压器并联运行时,必须保证变压器有相同的联接组别,否则将会在变压器内部形成很大的环流,烧坏变压器绕组。

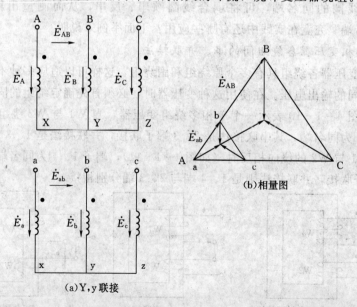

(b)相量图

(a)Y,y联接

图 4 - 1 - 12　Y,y - 12 联接组别

3. 保证功率表的正确接线

功率表内部有一个电流线圈和一个电压线圈，为使功率表能正确读数，应特别注意两线圈同名端的正确接法。电流线圈中标有"*"的端子一定接在电源侧，另一端子与负载相接；而电压线圈中标有"*"的端子可以接到电流线圈的任一端，另一端子则跨接到负载的另一端（和负载并联）。当负载电压较高、通过负载的电流很小时，功率表的电压线圈应采用"前接法"；当负载电压很小、通过负载的电流较大时，功率表的电压线圈应采用"后接法"。接线图可参考学习情境二图2-1-61。

优化训练

4.1.1.1 （1）耦合线圈 $L_1 = 0.01\text{H}$，$L_2 = 0.04\text{H}$，$M = 0.01\text{H}$，试求其耦合系数。
（2）耦合线圈 $L_1 = 0.04\text{H}$，$L_2 = 0.06\text{H}$，$k = 0.2$，试求其互感。

4.1.1.2 试分别标出图4-1-13（a）和（b）中耦合线圈的同名端。

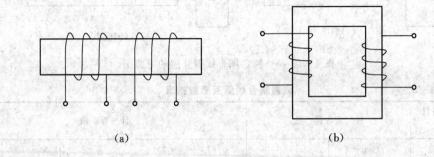

(a)   (b)

图4-1-13 训练4.1.1.2图

4.1.1.3 在图4-1-14所示耦合线圈电路中，（1）图4-1-14（a）中当开关闭合瞬间，试判别电压表是正偏还是反偏；（2）图4-1-14（b）中开关打开瞬间，试判别电压表是正偏还是反偏。

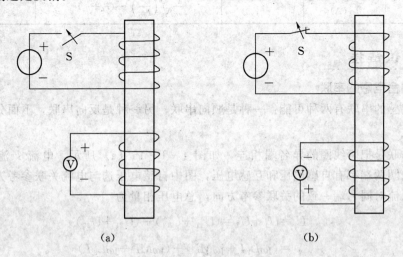

(a)   (b)

图4-1-14 训练4.1.1.3图

任务二 耦合线圈互感的测量

 工作任务

按图 4-1-15 (a) 接线（此时线圈 A-X 与 a-x 应为顺串），调压器输出电压取为220V，记录电压表、电流表读数于表 4-1-3 中；按图 4-1-15 (b) 接线（此时线圈 A-X 与 a-x 应为反串），记录电压表、电流表、功率表读数于同一表中。应用表中公式计算 M、L_1、L_2 值。

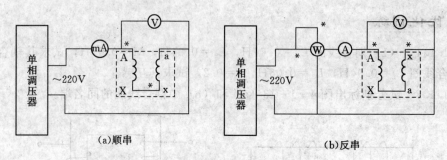

图 4-1-15 测定耦合线圈互感的电路图

表 4-1-3　　　　　　　　　　　测量耦合线圈互感数据表

项目 连接	仪 表 读 数		计 算 值	
顺串	U'(V)		$L_{顺} = L_1 + L_2 + 2M$	
	$I_{顺}$(A)		$= \dfrac{1}{\omega}\sqrt{\left(\dfrac{U'}{I_{顺}}\right)^2 - (r_1 + r_2)^2}$	$M = \dfrac{L_{顺} - L_{反}}{4}$
反串	P(W)		$r_1 + r_2 = P/I_{反}^2$	
	U''(V)		$L_{反} = L_1 + L_2 - 2M$	
	$I_{反}$(A)		$= \dfrac{1}{\omega}\sqrt{\left(\dfrac{U''}{I_{反}}\right)^2 - (r_1 + r_2)^2}$	

 知识链接

一、耦合电感的串联

耦合电感的串联有两种可能：一种是顺向串联；另一种是反向串联，下面分析两种串联的情况。

顺向串联是把两线圈的异名端相连，如图 4-1-16 (a) 所示，电流 $\dot{I}$ 流进两个线圈，每个线圈两端都有自感电压和互感电压，图中自感电压选与电流关联参考方向，互感电压选与电流对同名端一致的关联参考方向，总电压相量为

$$\dot{U} = \dot{U}_1 + \dot{U}_2 = (\dot{U}_{11} + \dot{U}_{12}) + (\dot{U}_{21} + \dot{U}_{22})$$
$$= (j\omega L_1 \dot{I} + j\omega M \dot{I}) + (j\omega M \dot{I} + j\omega L_2 \dot{I})$$
$$= j\omega(L_1 + L_2 + 2M)\dot{I}$$

将其改写为
$$\dot{U} = j\omega L \dot{I}$$
则有顺串的等效电感
$$L_{顺} = L_1 + L_2 + 2M \qquad\qquad (4-1-12)$$

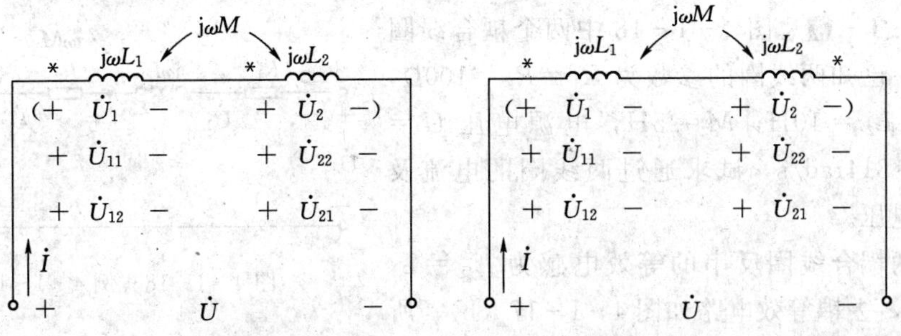

(a)顺相串联　　　　　　　　　　　　(b)反向串联

图 4-1-16　耦合电感的串联

耦合线圈顺串的等效电路如图 4-1-17（a）所示，电路中不复存在耦合电感，这种处理方法称为去耦法。

$L_1 + M$　$L_2 + M$	$L_1 - M$　$L_2 - M$
(a)顺串	(b)反串

图 4-1-17　耦合电感串联时的去耦等效电路

反向串联是把线圈的同名端相连，如图 4-1-16（b）所示，每个线圈两端也是都有自感电压和互感电压，图 4-1-16（b）中自感电压与电流是选关联参考方向，但互感电压与电流是对同名端非一致的非关联参考方向，总电压相量为

$$\dot{U} = \dot{U}_1 + \dot{U}_2 = (\dot{U}_{11} + \dot{U}_{12}) + (\dot{U}_{21} + \dot{U}_{22})$$

$$= (j\omega L_1 \dot{I} - j\omega M \dot{I}) + (-j\omega M \dot{I} + j\omega L_2 \dot{I})$$

$$= j\omega(L_1 + L_2 - 2M)\dot{I}$$

将其改写为
$$\dot{U} = j\omega L \dot{I}$$
则有反串的等效电感
$$L_{反} = L_1 + L_2 - 2M \qquad\qquad (4-1-13)$$

耦合线圈反串的等效电路如图 4-1-17（b）所示，电路中也不复存在耦合电感。

总之，当耦合电感串联时，其等效电感
$$L = L_1 + L_2 \pm 2M \qquad\qquad (4-1-14)$$

式中，顺向串联时取"＋"号，反向串联时取"－"号。显然，顺向串联时磁场增强，等效电感增大，而反向串联时磁场削弱，等效电感减小。利用这个结论，可以得出另一种交流法判定耦合电感同名端的实验方法，同时还可以测量耦合电感的互感 M。

应当注意，即使在反向串联的情况下，串联后的等效电感也必然大于或等于零，即

$$L_1+L_2-2M\geqslant 0$$

因而

$$M\leqslant \frac{1}{2}(L_1+L_2)$$

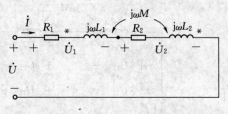

图 4-1-18 例 4-1-1 图

【例 4-1-1】 图 4-1-18 中两个耦合线圈反向串联，已知两线圈的参数为 $R_1=R_2=100\Omega$，$L_1=3\text{H}$，$L_2=10\text{H}$，$M=5\text{H}$，电源电压 $U=220\text{V}$，$\omega=314\text{rad/s}$，试求通过两线圈的电流及两线圈的电压。

解： 两耦合线圈反串的等效电感为 $L_{反}=L_1+L_2-2M$，去耦等效电路如图 4-1-17（b），所以电流为

$$\dot{I}=\frac{\dot{U}}{(R_1+R_2)+\mathrm{j}\omega(L_1+L_2-2M)}$$

$$=\frac{220\angle 0°}{(100+100)+\mathrm{j}314(3+10-2\times 5)}=0.228\angle -78°\text{(A)}$$

两线圈的电压分别为

$$\dot{U}_1=[R_1+\mathrm{j}\omega(L_1-M)]\dot{I}$$
$$=[100+\mathrm{j}314\times(3-5)]\times 0.228\angle -78°$$
$$=145\angle -159°\text{(V)}$$

$$\dot{U}_2=[R_2+\mathrm{j}\omega(L_2-M)]\dot{I}$$
$$=[100+\mathrm{j}314\times(10-5)]\times 0.228\angle -78°$$
$$=359\angle 8.4°\text{(V)}$$

二、耦合电感的并联

两个耦合电感并联也有两种情况：一种是同名端相连；另一种是异名端相连，下面分析两种并联电路的情况。

图 4-1-19（a）是耦合电感按同名端相连进行并联，每个线圈两端都有自感电压和互感电压，选自感电压与电流为关联参考方向，互感电压选与电流对同名端一致的关联参考方向，则有

$$\begin{cases}\dot{U}=\mathrm{j}\omega L_1\dot{I}_1+\mathrm{j}\omega M\dot{I}_2\\\dot{U}=\mathrm{j}\omega L_2\dot{I}_2+\mathrm{j}\omega M\dot{I}_1\end{cases}$$

因为 $\dot{I}=\dot{I}_1+\dot{I}_2$，在上面方程的第一式中以 $\dot{I}_2=\dot{I}-\dot{I}_1$ 代入，在第二式中以 $\dot{I}_1=\dot{I}-\dot{I}_2$ 代入，有

$$\begin{cases}\dot{U}=\mathrm{j}\omega L_1\dot{I}_1+\mathrm{j}\omega M(\dot{I}-\dot{I}_1)=\mathrm{j}\omega M\dot{I}+\mathrm{j}\omega(L_1-M)\dot{I}_1\\\dot{U}=\mathrm{j}\omega L_2\dot{I}_2+\mathrm{j}\omega M(\dot{I}-\dot{I}_2)=\mathrm{j}\omega M\dot{I}+\mathrm{j}\omega(L_2-M)\dot{I}_2\end{cases}$$

根据上式可以画出去耦的等效电路，如 4-1-20（a）所示，根据该图就直接求出耦合电感按同名端进行并联的等效阻抗

$$Z=j\omega M+\frac{j\omega(L_1-M)j\omega(L_2-M)}{j\omega(L_1-M)+j\omega(L_2-M)}=j\omega\frac{L_1L_2-M^2}{L_1+L_2-2M}$$

相当于等效电感为

$$L=\frac{L_1L_2-M^2}{L_1+L_2-2M} \tag{4-1-15}$$

图 4-1-19（b）是耦合电感按异名端相连进行并联，同样的分析方法可以得出其去耦后的等效电路如图 4-1-20（b），等效电感为

$$L=\frac{L_1L_2-M^2}{L_1+L_2+2M} \tag{4-1-16}$$

综合以上讨论，可以得出耦合电感并联时的等效电感为

$$L=\frac{L_1L_2-M^2}{L_1+L_2\mp2M} \tag{4-1-17}$$

同名端相连时并联，磁场增强，等效电感增大，$2M$ 取负号；异名端相连时并联，磁场削弱，等效电感减小，$2M$ 取正号。

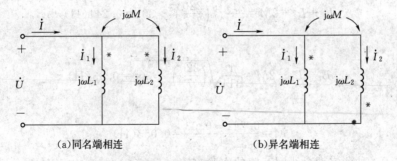

(a)同名端相连　　　　　　　　(b)异名端相连

图 4-1-19　耦合电感的并联

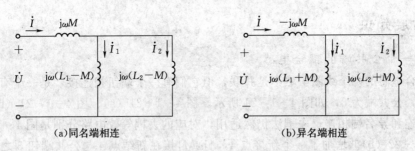

(a)同名端相连　　　　　　　　(b)异名端相连

图 4-1-20　耦合电感并联时的去耦等效电路

三、空芯变压器互感的测定

不含铁芯（或磁芯）的耦合线圈称为空芯变压器，它的线圈绕在非铁磁物质上，不会产生由铁芯引起的能量损耗，广泛应用于高频电路中，也应用于一些测量设备中。空芯变压器可采用与耦合线圈相同的电路模型。

将耦合线圈分别顺串和反串各一次，在相同的正弦交流电压下，由于顺串和反串的等

效电感分别为 $L_{顺}=L_1+L_2+2M$ 和 $L_{反}=L_1+L_2-2M$，则顺串的等效感抗 $X_{L顺}$ 大于反串的等效感抗 $X_{L顺}$，所以顺串时的电流小，反串时的电流大。通过比较相同交流电压下不同方式串联时的电流值大小，来确定同名端，这也是一种交流法测量耦合电感同名端的实验方法。同时还测出了空芯变压器的互感 M。

$$M=\frac{L_{顺}-L_{反}}{4} \qquad (4-1-18)$$

【例 4-1-2】 两个耦合线圈串联接到 50Hz、220V 的正弦交流电源：一种联接情况的电流为 2.7A，功率为 219W；另一种联接情况电流为 7A。试分析哪种情况为顺向串联，哪种情况为反向串联？并求出它们的互感。

解： 由于顺向串联的等效电感、总阻抗都比反向串联时大，在相同端电压下，顺向串联时的电流比反向串联时小，所以电流为 2.7A 的情况为顺向串联，电流为 7A 的情况是反向串联。这是用测交流电流的方法来判断耦合线圈同名端的方法。

$$R_1+R_2=\frac{219}{2.7^2}=30(\Omega)$$

顺向串联时

$$L_1+L_2+2M=\frac{1}{314}\sqrt{\left(\frac{220}{2.7}\right)^2-30^2}=0.241(\text{H})$$

反向串联时

$$L_1+L_2-2M=\frac{1}{314}\sqrt{\left(\frac{220}{7}\right)^2-30^2}=0.03(\text{H})$$

所以

$$M=\frac{0.241-0.03}{4}=0.053(\text{H})$$

这里也提供了一种测定耦合线圈互感的实验方法。

拓展知识

■ 有一个公共端的耦合电感 ■

当耦合电感的两个线圈虽然不是并联，但它们有一个端钮相连接，是一个有公共端的耦合电感，公共端为 3，如图 4-1-21 所示。图 4-1-21（a）、图 4-1-21（b）分别为同名端相连和异名端相连，去耦法仍然适用，对应的去耦等效电路分别是图 4-1-22（a）和图 4-1-22（b）。增加了一个新接点 4，$|j\omega M|$ 接在新结点 4 与公共端钮 3 之间。

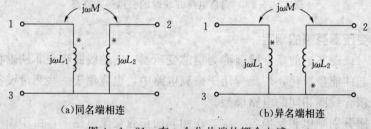

图 4-1-21 有一个公共端的耦合电感

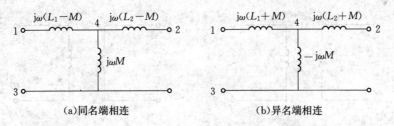

（a）同名端相连　　　　　　　（b）异名端相连

图 4-1-22　有一个公共端的耦合电感的去耦等效电路

【**例 4-1-3**】　如图 4-1-23（a）的电路中，已知 $\omega L_1 = 4\Omega$，$\omega L_2 = 5\Omega$，$\omega M = 2\Omega$，$R_1 = R_2 = 5\Omega$，若要在 CD 端获得 20V 正弦电压，试求在 AB 端应加多大的电压？

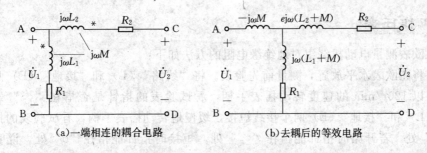

（a）一端相连的耦合电路　　　　（b）去耦后的等效电路

图 4-1-23　例 4-1-3 图

解：电路去耦后的等效电路如图 4-1-23（b），设 $\dot{U}_2 = 20 \angle 0° \text{V}$，则

$$\dot{U}_2 = \frac{R_1 + j\omega(L_1 + M)}{-j\omega M + R_1 + j\omega(L_1 + M)}\dot{U}_1$$

即

$$20 \angle 0° = \frac{5 + j6}{5 + j4}\dot{U}_1，\text{得出} \dot{U}_1 = 16.38 \angle -11.53° \text{V}$$

可见，在含有耦合电感的电路中，利用去耦法可以将具有耦合电感的电路化为没有耦合关系的等效电感电路，简化了电路的分析。

　优化训练

4.1.2.1　如图 4-1-24 所示互感电路，求输出电压 $\dot{U}_2$。

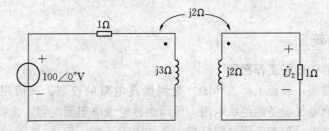

图 4-1-24　训练 4.1.2.1 图

4.1.2.2　写出图 4-1-25 中互感的伏安关系。

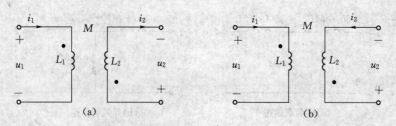

图 4-1-25　训练 4.1.2.2 图

任务三　用兆欧表测量电动机绕组对地的绝缘电阻

 工作任务

用兆欧表测量电动机绕组对地绝缘电阻的方法如下：

（1）将兆欧表水平放置，测量前先验表。将"线路"（L）和"接地"（E）两个接线柱开路，以 120r/min 的速度转动摇表手柄，看试验表的指针是否指在"∞"处；再将"线路"（L）和"接地"（E）两个接线短接，缓慢地转动摇表手柄，看试验表的指针是否指在"0"处。若开路时指针能指在"∞"处，短接时指针能指在"0"处，说明表是好的，可以进行测量。

（2）按图 4-1-26 接线，"L"接于电动机接线盒内绕组的接线柱，"E"接于电动机外壳。接好线后先慢慢转动摇表手柄，观察指针是否指在"0"处，若不指在"0"处，而是向"∞"方向慢慢偏摆，则加速到以 120r/min 转速摇动手柄，观察表中指针的指示（指针稳定不动），若绝缘电阻值大于 5MΩ，说明绝缘性能合格。

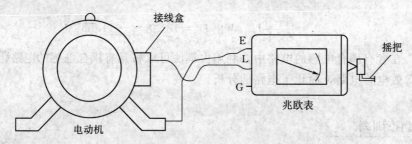

图 4-1-26　用兆欧表测量电动机绕组对地绝缘电阻的接线图

 知识链接

一、兆欧表的构造和工作原理

兆欧表又称摇表，表面上标有 MΩ，是测量高电阻的仪表。一般用来测量电机、电缆、变压器和其他电气设备的绝缘电阻。因而也称绝缘电阻测定器。设备投入运行前，绝缘电阻应该符合要求。如果绝缘电阻降低（往往由于受潮、发热、受污、机械损伤等因素所致），不仅会造成较大的电能损耗，严重时还会造成设备损伤或人身伤亡事故。

常用的兆欧表有 ZC-7、ZC-11、ZC-25 等型号。兆欧表的额定电压有 250V、

500V、1000V、2500V 等几种；测量范围有 50MΩ、1000MΩ、2000MΩ 等几种。

兆欧表主要由作为电源的手摇发电机（或其他直流电源）和作为测量机构的磁电式流比计（双动线圈流比计）组成。测量时，实际上是给被测物加上直流电压，测量其通过的泄漏电流，在表的盘面上读到的是经过换算的绝缘电阻值。

兆欧表的测量原理如图 4-1-27 所示。在接入被测电阻 R_x 后，构成了两条相互并联的支路，当摇动手摇发电机时，两个支路分别通过电流 I_1 和 I_2。可以看出

$$\frac{I_1}{I_2}=\frac{(R_2+r_2)}{(R_1+r_1+R_x)}=f(R_x)$$

考虑到两电流之比与偏转角满足的函数关系，不难得出

$$\alpha=f(R_x) \tag{4-1-19}$$

可见，指针的偏转角 α 仅仅是被测绝缘电阻 R_x 的函数，而与电源电压没有直接关系。

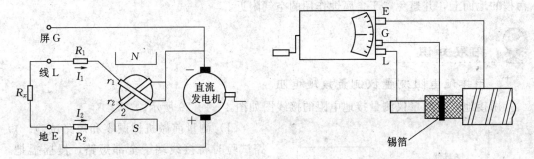

图 4-1-27　兆欧表的测量原理　　　　图 4-1-28　绝缘电阻测量接线图

二、兆欧表的正确使用

在兆欧表上有三个接线端钮，分别标为接地 E、线路 L 和屏蔽 G。一般测量仅用 E，L 两端，E 通常接地或接设备外壳，L 接被测线路，电机、电器的导线或电机绕组。测量电缆芯线对外皮的绝缘电阻时，为消除芯线绝缘层表面漏电引起的误差，还应在绝缘上包以锡箔，并使之与 G 端连接，如图 4-1-28 所示。这样就使得流经绝缘表面的电流不再经过流比计的测量线圈，而是直接流经 G 端构成回路，所以，测得的绝缘电阻只是电缆绝缘的体积电阻。

三、使用兆欧表的注意事项

（1）测量前应正确选用兆欧表的额定电压，使它的额定电压与被测电气设备的额定电压相适应，额定电压 500V 及以下的电气设备一般选用 500～1000V 的兆欧表，500V 以上的电气设备选用 2500V 兆欧表，高压设备选用 2500～5000V 兆欧表。

（2）使用兆欧表时，首先鉴别兆欧表的好坏。先将接线端"L"、"E"开路，摇动手柄，指针应指在"∞"位置；然后再将"L"、"E"两个接线端短路，摇动手柄，指针应指到"0"处（摇动两圈即可，以防线圈损坏）。如果符合上述情况说明兆欧表是好的，否则不能使用。

（3）使用时必须水平放置，且远离外磁场。

（4）被测品需进行清洁以减小表面电阻。

（5）两根测量导线不能缠绕，以防止绞线绝缘不良而影响读数。

（6）测量时转动手柄应由慢渐快并保持 120r/min 转速，一般应取 1min 后的稳定值。

（7）在雷电和邻近有带高压导体的设备时，禁止使用仪表进行测量，只有在设备不带电，而又不可能受到其他感应电时，才能进行。

（8）在进行测量前后对被试品一定要进行充分放电，以保障设备及人身安全。

（9）表上"0"附近标有黑点的位置，为满量程的 20% 位。测量值低于此位时应考虑换小一些量程的表。

（10）测量电容性电气设备的绝缘电阻时，应在取得稳定值读数后，先取下测量线，再停止转动手柄。测完后立即对被测设备接地放电，以防止试品积聚的电荷反馈放电损坏仪表。

（11）仪表在不使用时应放在固定的地方，环境温度不宜太热和太冷，切勿放在潮湿、污秽的地面上，并避免置于含腐蚀作用的空气附近。

拓展知识

■ 用接地电阻测量仪测量接地电阻 ■

用接地电阻测量仪测量接地电阻的接线图如图 4-1-29 所示。

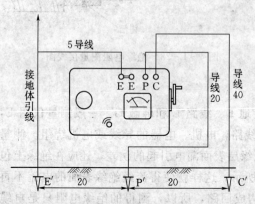

图 4-1-29　接地电阻测量仪接线图（单位：m）

（1）测量前做机械调零和短路试验。短路试验时将接线端子全部短路，慢摇摇把，调整测量标度盘，使指针返回零位，这时指针盘零线、表盘零线大体重合，则说明仪表是好的。

（2）按图 4-1-29 接好测量线。确定被测接地极 E'，将两根探测针分别打入地下，其距离沿被测接地极 E'，使电位探测针 P' 和电流探测针 C' 依直线相距 20m，P' 插于 E' 和 C' 之间，然后用专用导线分别将 E'、P'、C' 接到仪表的相应接线柱上。

（3）测量时需将指针调整在零线，然后将倍率置于最大位数，缓慢转动发电机摇把，同时旋转"测量标度盘"，当检流计指针接近零线时，加快摇把转速（150r/min），再调整"测量标度盘"，当指针完全平衡在零线上后，用"测量标度盘"的读数乘以倍率标度，即为所测的接地电阻值。

1. 接地电阻测量仪的结构与测量原理

为了防止设备绝缘层被击穿或外壳带电，要求设备外壳接地。为了使接地装置可靠接地，接地电阻值必须保证在一定范围内。阻值越小，其接触电压与跨步电压就越小，越安全。接地电阻测量仪是检验测量接地电阻的常用仪表，也是电气安全检查与接地工程竣工验收不可缺少的工具。

各种接地装置的接地电阻值要求如表 4-1-4 所示。

表 4-1-4　　　　　　　　　　　各种接地装置的接地电阻值要求

序　号	接地名称	接地电阻要求（Ω）	序　号	接地名称	接地电阻要求（Ω）
1	防雷接地	≤10	3	联合接地	·≤1
2	保护及工作接地	≤4	4	防静电接地	≤100

接地电阻测量仪有三个接线端子和四个接线端子两种，它的附件包括两支接地探测针、三条导线（其中 5m 长的用于接地板，20m 长的用于电位探测针，40m 长的用于电流探测针），如图 4-1-29 所示。

所谓接地就是用金属导线将电气设备和输电线路需要接地的部分与埋在土壤中的金属接地体连接起来。接地体的接地电阻包括接地体本身电阻、接地线电阻、接地体与土壤的接触电阻和大地的散流电阻。由于前三项电阻很小，可以忽略不计，故接地电阻一般就指散流电阻。

大地之所以能够导电是因为土壤中含有电解质。如果测量接地电阻时施加的是直流电压，则会引起化学极化作用，使测量结果产生很大的误差，因此测量接地电阻时不能用直流电压，而用交流电压。

图 4-1-30 是用补偿法测量接地电阻的原理电路。图中 E 为接地电极，P 为电位辅助电极，C 为电流辅助电极。E 接接地体，P、C 分别接电位探测针和电流探测针，三者应在一条直线上，间距不小于 20m。被测地电阻 R_x 就是 E、P 之间的土壤散流电阻，不包括电流辅助电极 C 的接地电阻。

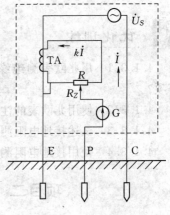

图 4-1-30　用补偿法测量
接地电阻的原理电路图

交流电源 $\dot{U}_S$ 的输出电流 $\dot{I}$ 经电流互感器 TA 的一次绕组到接地电极 E 通过大地和电流辅助探针、电流辅助电极 C 构成闭合回路，在接地电阻 R_x 上形成电压降 $\dot{I}R_x$。电流互感器 TA 的二次绕组感应电流 $k\dot{I}$，并经电位器 R 构成回路，电位器左端电压降为 $k\dot{I}R_Z$。当检流计 G 指针偏转时，调节电位器使检流计指针为零，则此时有

$$\dot{I}R_x = k\dot{I}R_Z$$
$$R_x = kR_Z \tag{4-1-20}$$

式（4-1-20）中，k 是互感器 TA 的变比。可见，被测接地电阻 R_x 的测量值由电流互感器变比和电位器的电阻 R_Z 决定，而与辅助电极的接地电阻无关。

2. 接地电阻测量仪的正确使用

接地电阻测量仪的使用方法和步骤如下：

（1）测量前将仪表机械调零。仪表水平放置，检测指针是否指于中心线零位，若不是应将指针调整至中心线零位上。

（2）测量前将仪表做短路试验。将接线端子全部短路，慢摇摇把，调整"测量标度盘"，使指针返回零位，这时指针盘零线、表盘零线大体重合，则说明仪表是好的。

（3）确定被测接地极 E′，并使电位探测针 P′和电流探测针 C′与接地极 E′彼此相距 20m，且在同一直线上；将电位探测针 P′和电流探测针 C′打入地下，上端露出地面 100～150mm，然后用专用导线分别将 E′、P′、C′与仪表的端钮 E、P、C 连接。

（4）测量时需先将指针调整在零线，然后将倍率置于最大位数，缓慢转动发电机摇把，同时旋转"测量标度盘"，当检流计指针接近零线时，加快摇把转速（150r/min），再调整"测量标度盘"，当指针完全平衡在零线上后，用"测量标度盘"的读数乘以倍率标度，即为所测的接地电阻值。

（5）如果"测量标度盘"的读数小于 1 时，应将倍率标度置于较小倍数，再重新进行测量。

3. 使用接地电阻测量仪的注意事项

（1）必须两人配合操作。

（2）被测量电阻与接地极三点所成直线不得与金属管道或邻近的架空线路平行。

（3）在测量时被测接地极应与设备断开，以便得到准确的测量数据。

（4）当检流计的灵敏度高时，可将电位探测针 P′插入土中浅一些；当检流计的灵敏度不够时，可沿电位探测针 P′和电流探测针 C′注水使其湿润。

 优化训练

4.1.3.1　用兆欧表测绝缘电阻时应如何选择合适的兆欧表？对被测对象有何注意事项？

4.1.3.2　使用兆欧表的注意事项是什么？

4.1.3.3　试述接地电阻测量仪的结构与工作原理。

4.1.3.4　使用接地电阻测量仪的注意事项是什么？

项目二　交流铁芯线圈的分析与测量

项目教学目标

1. 职业技能目标

（1）会运用磁路基本定律分析简单磁路。

（2）会用示波器观测交流铁芯线圈的电压、电流波形。

（3）会用"三表法"测定交流铁芯线圈的等效参数。

2. 职业知识目标

（1）理解磁感应强度、磁通、磁场强度和磁导率等磁场物理量的定义以及它们之间的相互关系，理解磁通连续性原理和安培环路定律。

（2）理解铁磁物质磁化曲线的性质，掌握铁磁材料的特性以及铁芯中磁滞损耗和涡流损耗的概念。

（3）掌握运用磁路欧姆定律分析简单磁路。

（4）理解交流铁芯线圈的电压、电流和磁通的波形关系及关系式 $U = 4.44fN\Phi_m$ 的物理意义。

（5）理解交流铁芯线圈的电路模型。

3. 素质目标

（1）具有认真仔细的学习态度、工作态度和严格的组织纪律。

（2）具有规范意识、安全生产意识和敬业爱岗精神。

（3）具有独立学习能力、拓展知识能力以及承受压力能力。

（4）具有良好沟通能力、良好团队合作能力和创新精神。

任务一　用磁路基本定律分析简单磁路

 工作任务

问题：有一铁芯线圈如图 4-2-1 所示，固定部分是 U 形铁芯线圈，其铁芯上轭可以移动，铁芯上的励磁线圈与电流表（交直两用）串联后接到电源上。

（1）把铁芯上轭向右移动时，电流表的读数如何变化？

（2）把交流电源改为直流电源，同样把铁芯上轭向右移动，电流表的读数又如何变化？

结论：（1）根据磁路欧姆定律 $\Phi = \dfrac{iN}{R_m}$，外加电压 u 一定时，铁芯中的磁通 Φ 一定，把铁芯上轭向右移动时，固定 U 形铁芯线圈与铁芯上轭之间的磁阻 R_m 增大，所以励磁电流 i 增大，即电流表的读数增大。

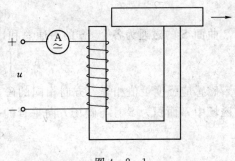

图 4-2-1

（2）把交流电源改为直流电源，同样把铁芯上轭向右移动，电流表的读数是不变的。原因是直流铁芯线圈中的电流 $I = \dfrac{U}{R}$，把铁芯上轭向右移动时，直流铁芯线圈中的外加电压 U 和励磁线圈的电阻 R 都不变，所以电流表的读数是不变的。

 知识链接

一、磁路的基本概念

变压器是通过铁芯中的主磁链耦合将一次侧的电能传递到二次侧，是电与磁相互作用的结果。在工程中应用的各种电机、电器和电工仪表中，也存在着电与磁的相互作用和相互转化，不仅有电路的问题，还有磁路的问题，因此必须研究磁和电的关系，掌握磁路的基本概念和基本定律。

磁路实质上是局限在一定路径内的磁场，磁路的一些物理量也都由磁场的物理量移植而来。为了分析磁路，先对磁场的基本物理量作简要的介绍。

1. 磁感应强度

磁感应强度是磁场的基本物理量，它是衡量磁场强弱的物理量，用 $\boldsymbol{B}$ 表示。磁感应强度是一个矢量，它的方向就是磁场的方向，用小磁针 N 极在磁场中某点 P 的指向确定。在磁场中一点放一段长度为 Δl、电流为 I 并与磁场方向垂直的导体，如果导体所受的电磁力为 ΔF，则该点磁感应强度的量值为

$$B=\frac{\Delta F}{I\Delta l} \tag{4-2-1}$$

磁感应强度 B 的 SI 单位为特［斯拉］（tesla），符号为 T，即

$$[B]=\frac{[F]}{[I][l]}=\frac{N}{Am}=\frac{J}{Am^2}=\frac{V\cdot S}{m^2}=T$$

还有常用单位为高斯（GS），$1T=10^4Gs$。

2. 磁通

磁感应强度矢量的通量称为磁通量，符号为 Φ。在磁场中，当各点磁场强弱或方向不同时，各点的磁感应强度也是不同的。对于一个曲面 S 的磁通，可以在曲面上选一个面积元 dS，设 dS 处磁感应强度量值为 B、方向与 dS 垂直，则此面积元的磁通

$$d\Phi=BdS$$

曲面 S 的磁通为各个 dS 的磁通总和，即

$$\Phi=\int_s d\Phi=\int_s BdS \tag{4-2-2}$$

磁感应强度量值相等、方向相同的磁场称为均匀磁场。在磁感应强度量值为 B 的均匀磁场中，面积为 S 且与磁场方向垂直的平面磁通为

$$\Phi=BS$$

即

$$B=\frac{\Phi}{S} \tag{4-2-3}$$

因此，磁感应强度也称为磁通密度。

磁通的 SI 单位为韦［伯］（Weber），符号为 Wb。常用单位有麦克斯韦（Mx），$1Wb=10^8Mx$。

为了使磁场的分布状况形象化，常用假想线磁力线来描述磁场。由于磁通连续性是磁场的一个基本性质，所以磁力线是无头无尾的闭合曲线。单位面积的磁力线越密集，则磁感应强度就越大，磁场越强，磁力线越稀疏，则磁感应强度就越小，磁场越弱。磁路是局限在指定路径的磁场，也可以用这种方法来描绘其中磁通的分布情况。

3. 磁场强度

铁磁物质在外磁场（如载流线圈）的作用下，其内部会产生一个附加磁场而被磁化，附加磁场的大小是随铁磁材料的导磁能力变化的，而反映铁磁材料导磁能力的磁导率不是常数，这对分析铁芯内的磁路带来复杂性。为了简化分析磁场与电流的依存关系，引入磁场强度矢量 $\boldsymbol{H}$，磁场强度与铁芯材料的导磁能力无关。

$$H = \frac{B}{\mu} \tag{4-2-4}$$

磁场强度 H 的单位是 A/m。矢量 H 与矢量 B 的方向相同，都是磁场的方向。μ 是铁磁材料的磁导率，不是常数。

二、磁性材料的磁性能

物质按磁性能分为铁磁物质和非铁磁物质两类。铁磁物质在外磁场的作用下，其内部会产生一个与外磁场方向相同且非常强的附加磁场，这种现象称为铁磁物质的磁化。铁磁物质内部具有一种特殊的磁畴结构，是铁磁物质被磁化的内因条件。磁化过程可以用磁畴理论来说明，阐述如下：

铁磁物质内部各种带电粒子的运动形成分子电流，分子电流会产生磁场，由于分子间的作用力将一部分方向趋于相同的分子电流所形成的磁场集中在一个小区域，这个磁性很强的区域称为磁畴。铁磁物质内部都具有数量一定的磁畴，在没有外磁场时，磁畴是杂乱无章排列的，如图 4-2-2（a），此时，铁磁物质对外不显磁性。如果有一外磁场，如图 4-2-2（b），大部分的磁畴会迅速沿外磁场方向排列，同向排列的磁畴磁场相助，成为铁磁物质内部的附加磁场并且增加很快，若外磁场继续增强，如图 4-2-2（c），剩余的磁畴进一步沿外磁场排列，附加磁场继续增加，直到所有磁畴全部排列，附加磁场不再增加，称为饱和性。铁磁物质内部的磁场（B）是随外磁场（电流产生的磁场 H）的变化而变化的，它们之间的关系（即磁化曲线）可以通过实验得出，实验电路图如图 4-2-3所示。

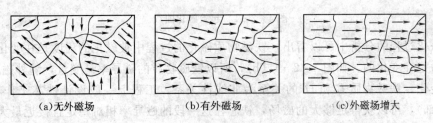

(a)无外磁场　　　　　　　(b)有外磁场　　　　　　　(c)外磁场增大

图 4-2-2　磁化过程中磁畴的变化

1. 起始磁化曲线

如图 4-2-3 所示，铁芯曾经未被磁化过，将双刀开关打向左边，改变电阻使通入线圈的电流（称为励磁电流）从小逐渐增加，每对应一个选定的电流，（根据 $NI = HL$）算出外磁场 H，同时用磁通计测出磁通，（根据 $\Phi = BS$）算出 B，从而得出一个坐标点，选若干点，描点后得到曲线如图 4-2-4（a），铁芯内部的磁感应强度 B 由励磁电流在真空中所产生的磁场 B_0 和铁芯磁化过程中磁畴规则排列所产生的附加磁场的叠加。从铁磁物质的磁化过程可以看出，磁化过程就是磁畴沿外磁场方向规则排列的过程。磁畴排列所形成的附加磁场的增幅决定于磁化程度的强弱，磁化程度可形象地用磁畴在单位时间内排列的速度和磁畴的数目来描述。在 oa 段，附加磁场的增加比较缓慢，由于外磁场不大，原来杂乱无章的磁畴中有些与外磁场逆向造成。在 ab 段，外磁场 H 足够大，附加磁场急剧增加，主要是逆向磁畴少，大部分磁畴很一致。而到 c 点后，由于铁芯磁畴的数目是一定的，所有的磁畴都已沿外磁场方向排列，不再有附加磁场的增加，达到了饱和。磁化程度

的强弱反映出物质导磁能力的大小，可用磁导率来衡量，符号是 μ，单位为

$$[\mu]=\frac{[B]}{[H]}=\frac{T}{A/m}=\frac{V\cdot s/m^2}{A/m}=\Omega\cdot s/m=H/m \qquad (4-2-5)$$

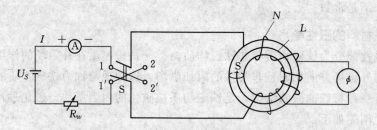

图 4-2-3　磁化曲线实验电路图

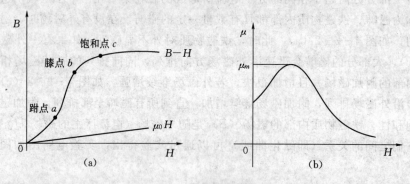

图 4-2-4　起始磁化曲线

从磁化过程的分析中可以看出，铁磁物质磁化的过程中被磁化的程度是在变化的，即导磁能力是在变化的，如图 4-2-4（b），所以铁磁物质的磁导率是变量，随外磁场 H 的变化而变化。铁磁物质 B 和 H 的关系为非线性关系。工程上一般设计铁芯工作在 bc 段（称为膝部），可以获得足够大的磁场，铁芯在这一段的磁导率相对稳定且接近最大。如果工作在饱和点后，铁芯的磁导率急剧下降至真空中的磁导率。

为了比较不同物质的导磁能力，选择真空作为比较基准，可以导出或测得真空的磁导率为

$$\mu_0=4\pi\times10^{-7}\,H/m \qquad (4-2-6)$$

而把物质的磁导率与真空磁导率的比值称作物质的相对磁导率

$$\mu_r=\mu/\mu_0$$

或

$$\mu=\mu_r\mu_0 \qquad (4-2-7)$$

非铁磁物质的 $\mu_r\approx1$，$\mu\approx\mu_0$；铁磁物质的 μ_r 很大，如硅钢片 $\mu_r\approx6000\sim8000$，而坡莫合金在弱磁场中 μ_r 可达 1×10^5 左右。

2. 磁滞回线

在图 4-2-5 中，起始磁化曲线中到达饱和点后，再逐渐减小外磁场（即减小励磁电流），在外磁场减小的同时，B 是按图 4-2-5 中 ab 曲线减小，在外磁场减为零时，B 却

不为零，也就是 B 的变化滞后于 H 的变化，这种现象称为磁滞现象，简称磁滞，这主要是因为已经同向排列的磁畴间的作用力，使 B 的减小滞后于 H。由于磁滞，铁磁物质在外磁场强度减小到零时保留的磁感应强度（图 4-2-5 中的 B_r）称为剩余磁感应强度，简称剩磁。要消去剩磁，需将铁磁物质反向磁化，即将图 4-2-3 中的开关打向右边。当反向 H 达到图 4-2-5 中的 H_C 值时才使 B 降为零，这一磁场强度称为矫顽磁场强度，也称矫顽力。当 H 继续反向增加时，铁磁物质被反向磁化，到 $H=-H_m$ 时，到达反向饱和点 a' 点。之后再反向减小 H 到零时，B 沿 $a'e$ 变化。H 再由零正向增大到 H_m 时，B 按 ea 变化而完成一个循环。铁磁物质在 $+H_m$ 和 $-H_m$ 之间反复磁化，所得近似对称于原点的闭合曲线 $abca'ea$ 称为磁滞回线。

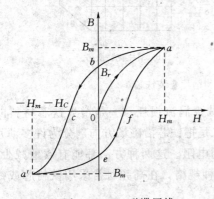

图 4-2-5　磁滞回线

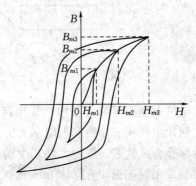

图 4-2-6　基本磁化曲线

　　在交流电机或电器中的铁芯常受到交变磁化。从磁畴理论分析，当铁芯反向磁化时，原已同向排列的磁畴再反向沿外磁场排列（即磁畴翻转）是不可逆的，必须有外力克服同向排列磁畴间的作用力，这个外力所需的有功损耗和磁畴翻转摩擦所产生的损耗称为磁滞损耗，从能量守恒来看，这个能量是从励磁电流的有功分量体现出来的。因此，铁磁物质在交变磁化时，磁滞损耗是客观存在的。可以证明，反复磁化一次的磁滞损耗与磁滞回线的面积呈正比。工程中常用下列经验公式计算磁滞损耗。

$$P_h = \sigma_h f B_m^n V \qquad (4-2-8)$$

式中　f——交流电源频率，Hz；

　　　B_m——磁感应强度最大值，T；

　　　n——指数，当 $B_m < 1T$ 时，$n \approx 1.6$；当 $B_m > 1T$ 时，$n \approx 2$；

　　　V——铁芯体积，m^3；

　　　σ_h——与铁磁材料性质有关的系数，由实验确定；

　　　P_h——磁滞损耗，W。

式（4-2-8）为数值等式，一般在设计时应适当降低 B_m 值，以减小铁芯饱和程度，这是降低铁芯磁滞损耗的有效方法之一。

　　在铁芯交变磁化的同时，铁芯中的磁通也交变，在铁芯中产生感应电动势，使铁芯产生涡流。铁芯中涡流在垂直于磁通方向的平面内流动，如图 4-2-7 所示。铁芯中的涡流同样要消耗能量而使铁芯发热，这种能量损耗称为涡流损耗，这个能量损耗同样从励磁电流的有功分量体现出来。工程中常用下列经验公式计算涡流损耗。

$$P_e = \sigma_e f^2 B_m^2 V \qquad (4-2-9)$$

式中　σ_e——与铁芯材料的电阻率、厚度及磁通波形有关的系数；

　　　P_e——涡流损耗，W。

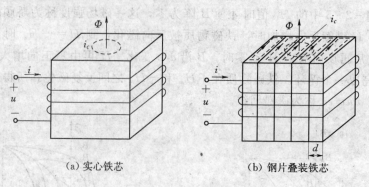

（a）实心铁芯　　　　　　　（b）钢片叠装铁芯

图 4-2-7　实心铁芯和钢片叠装铁芯

在电机及变压器等设备中，常用两种方法减少涡流损耗：一是增大铁芯材料的电阻率，在钢片中渗入硅能使其电阻率大为提高；二是把铁芯沿磁场方向剖分为许多薄片相互绝缘后再叠合成铁芯，以增大铁芯中涡流路径的电阻。这两种方法都能有效地减少涡流。在工频下采用的硅钢片有 0.35mm 和 0.5mm 两种规格，在高频时常采用铁粉芯或铁淦氧磁体，这些材料的电阻率则更大。

但是在有些场合，涡流也是有用的，例如在冶金、机械生产中用到的高频熔炼、高频焊接以及各种感应加热，都是涡流原理的应用。

可见，铁芯在交变磁化时，铁芯内一定存在磁滞损耗和涡流损耗，这两种损耗之和称为磁损耗，也称铁芯损耗，简称铁损，用 P_{Fe} 表示。磁损耗的能量是从励磁电流中通过耦合吸收过来的，并转换为热能散发，从而使铁芯温度升高。所以磁损耗对电机、变压器的运行性能影响很大。磁损耗可由实验测定，也可以从手册中查得。

铁磁物质交变磁化时，B 与 H 的关系是磁滞回线的关系。在实际分析中，常采用铁磁物质的基本磁化曲线。对应于不同的 H_m 值，铁磁物质有不同的磁滞回线，如图 4-2-6 所示。将各个不同 H_m 下的各条磁滞回线的正顶点连接而成的曲线称为基本磁化曲线。基本磁化曲线略低于起始磁化曲线，但相差很小。

3. 铁磁材料的分类

按照磁滞回线的形状和在工程上的用途，铁磁物质大体分为软磁材料、硬磁材料和矩磁材料三类。

软磁材料的磁滞回线狭而长，如图 4-2-8（a），剩磁与矫顽力都很小，磁滞现象不明显，没有外磁场时磁性基本消失；磁滞回线的面积小，磁滞损耗小，磁导率高。电工钢片（硅钢片）、铁镍合金、纯铁、铸铁、铸钢等都是软磁材料。而变压器和交流电机的铁芯在反复磁化的情况下工作，所以都用硅钢片叠成。

硬磁材料的磁滞回线宽而短，如图 4-2-8（b），剩磁与矫顽力都很大。永久磁铁就用这类材料制成。常用的硬磁材料有铬、钨、钴、镍等的合金，如铬钢、钴刚、钨钢及铝镍硅等。

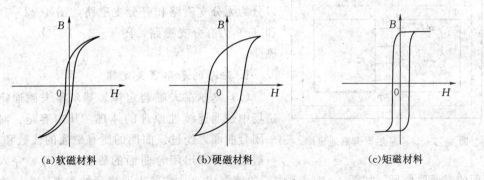

(a)软磁材料　　　　　　　(b)硬磁材料　　　　　　　(c)矩磁材料

图 4-2-8　铁磁材料的磁滞回线

还有一类称为矩磁材料，它们的磁滞回线近似于矩形，如图 4-2-8（c），其特点是剩磁与矫顽力都很大，容易饱和，不易去磁，故用于存储与记录信号。计算机外围设备中的各种磁盘及磁带都是利用这类材料制成的。

三、磁路的基本定律

为了得到较强的磁场，许多电工设备都把线圈绕在铁芯上。图 4-2-9 为一铁芯线圈，当励磁电流通入线圈，由于铁芯的磁导率比周围非铁磁物质的磁导率高得多，故磁通基本上集中于铁芯内，这部分磁通称为主磁通，用 Φ 表示；还有少量磁通经过周围的非铁磁物质而闭合，这部分磁通称为漏磁通，用 Φ_s 表示。通常把主磁通经过的路径称为磁路。相对于主磁通来说，在粗略分析时，漏磁通可以忽略不计。这样，在分析中就可以认为励磁电流所产生的磁通全部集中在磁路中，于是难以计算的分布的磁场问题简化为易于计算的集中的磁路问题。

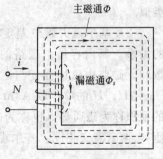

图 4-2-9　铁芯线圈

磁路主要由铁磁物质构成。根据需要，也可以含有较短的空气隙（简称气隙）。根据电工设备不同的需要，磁路可以做成不同的形状。图 4-2-10 中是常见的几种磁路。

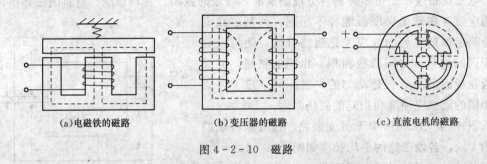

(a)电磁铁的磁路　　　　　(b)变压器的磁路　　　　　(c)直流电机的磁路

图 4-2-10　磁路

励磁电流是直流电流时，其产生的磁通方向不变，称为直流磁路，这类铁芯线圈称为直流铁芯线圈；励磁电流是交流电流时，其产生的磁通方向随电流方向而改变，称为交流

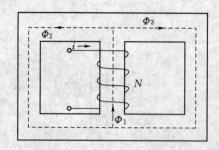

图 4-2-11　基尔霍夫磁通定律

磁路，这类铁芯线圈称为交流铁芯线圈。磁路还可以分为无分支磁路和有分支磁路，图 4-2-10 (a) 和 (c) 为有分支磁路，图 4-2-10 (b) 为无分支磁路。

1. 磁路的基尔霍夫定律

(1) 基尔霍夫磁通定律。基尔霍夫磁通定律是磁场中磁通连续性原理的体现。其内容是：对于任一闭合曲面，经过该曲面的所有磁通的代数和为零。一般规定：穿出闭合曲面的磁通取正号，穿入闭合曲面的磁通取负号。如图 4-2-11 中，忽略漏磁通，按各支路磁通的参考方向，在三条支路的汇聚点（也称结点）上取一闭合曲面，则该曲面上

$$\sum \Phi = 0 \qquad (4-2-10)$$

即

$$-\Phi_1 + \Phi_2 + \Phi_3 = 0$$

上式也可写成另一种形式

$$\sum \Phi_入 = \sum \Phi_出$$

即进入闭合曲面的磁通和等于离开该曲面的磁通和。该定律与电路的基尔霍夫电流定律类似。

(2) 基尔霍夫磁位差定律。基尔霍夫磁位差定律反映出励磁电流和磁路中磁场强度的关系。其内容是：磁路的任一闭合回路中，各段磁位差的代数和等于各磁通势的代数和。磁路中磁场强度与磁路的长度的乘积称为磁位差（也称为磁压），用 U_m 表示，即 $U_m = Hl$。H 的单位取 A/m，l 的单位取 m，所以 U_m 的单位为 A。线圈匝数与励磁电流的乘积称为磁通势（也称为磁动势，简称磁势），用 F 表示，其单位为 A（安）或 At（安匝），两者意义相同。基尔霍夫磁位差定律方程为

$$\sum U_m = \sum F \qquad (4-2-11)$$

符号规定是：选定一个环绕方向，磁通（或磁场）的参考方向与环绕方向一致时，该段磁压取正号，反之取负号；线圈中励磁电流的参考方向与环绕方向符合右手螺旋关系时，该磁势取正号，反之取负号。该定律与电路的基尔霍夫电压定律类似。

电工设备通常是由多种材料分段制成的，各段的截面、平均长度、材料的磁导率以及磁感应强度和磁场强度可能各不相同。列基尔霍夫磁位差定律的方程时，应先把磁路分段，使每段具有相同的材料、相同的截面积、相同的磁通，并设磁通在截面上的分布是均匀的，因此同一段上各点有相同的磁感应强度和相同的磁场强度。

图 4-2-12 是一个无分支磁路。按要求将磁路分为 4 段，各段磁路的平均长度如图 4-2-12 所示，选顺时针的环绕方向，4 段磁路的磁通与环绕方向一致，所以

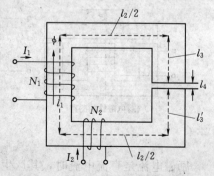

图 4-2-12　基尔霍夫磁位差定律

$$\sum U_m = H_1 l_1 + H_2 l_2 + H_3 (l_3 + l_3') + H_4 l_4$$

而此闭合磁路有两个磁势，且励磁电流的参考方向与环绕方向为右手螺旋关系，所以

$$\sum F = N_1 I_1 + N_2 I_2$$

即

$$H_1 l_1 + H_2 l_2 + H_3 (l_3 + l_3') + H_4 l_4 = N_1 I_1 + N_2 I_2$$

磁路的基尔霍夫磁位差定律虽然与电路的基尔霍夫电压定律类似，但由于磁路中铁芯的磁饱和性而使磁路是非线性的，所以磁势与磁压降的计算是不可逆的。对于已知磁通而求磁势的正面问题，可以列磁位差定律方程直接求解；但对已知磁势而求磁通（或磁感应强度）的反面问题，则不能列磁位差定律直接计算。

2. 磁路欧姆定律

设一段磁路的截面积为 S，长度为 l，材料的磁导率为 μ，磁通为 Φ，则因

$$H = \frac{B}{\mu}, \quad B = \frac{\Phi}{S}$$

所以该段磁路的磁压降

$$U_m = Hl = \frac{B}{\mu}l = \frac{l}{\mu S}\Phi$$

即

$$\Phi = \frac{U_m}{\dfrac{l}{\mu S}} \tag{4-2-12}$$

式中

$$R_m \overset{def}{=\!=\!=} \frac{l}{\mu S} \tag{4-2-13}$$

R_m 为该段磁路的磁阻，由于铁芯的磁导率不是常数，所以磁路的磁阻也不是常数。因此，尽管磁路的欧姆定律与电路的欧姆定律表达式相似，但磁路的欧姆定律只能用于定性分析磁路，而不能定量计算。

 拓展知识

一、磁性材料

在电气设备中对电磁场起有效作用的材料称为电工材料。常用的电工材料有导电材料、绝缘材料和磁性材料。磁性材料是功能材料的重要分支，利用磁性材料制成的磁性元器件具有转换、传递、处理信息、存储能量、节约能源等功能，广泛地应用于能源、电信、自动控制、通信、家用电器、生物、医疗卫生、轻工、选矿、物理探矿、军工等领域。尤其在信息技术领域已成为不可缺少的组成部分。信息化发展要求磁性材料制造的元器件不仅大容量、小型化、高速度，而且具有可靠性、耐久性、抗振动和低成本的特点，并以应用磁学为技术理论基础，与其他科学技术相互渗透、交叉、相互联系成为现代高新技术群体中不可缺少的组成部分。特别是纳米磁性材料在信息技术领域日益显示出其重要性。

磁性材料广义上分为软磁材料和硬磁材料两大类。软磁材料能够用相对低的磁场强度磁化，当外磁场移走后保持相对低的剩磁，主要应用于任何包括磁感应变化的场合。硬磁材料是在经受外磁场后能保持大量剩磁的磁性材料。

软磁材料是应用中占比例最大的传统磁性材料。常用的软磁材料有电工用纯铁和硅钢片。电工用纯铁具有优良的软磁特性，电阻率低。一般用于直流磁场，常用的是 DT 系列电磁纯铁；硅钢片磁导率高、铁损耗小，按其制造工艺不同，分为热轧和冷轧两种。常用的有 DR 系列热轧硅钢片、DW 系列冷轧硅钢片和 DQ 系列冷轧硅钢片。钢片的厚度有 0.35mm 和 0.5mm 两种，前者多用于各种变压器，后者多用于各种交直流电机。

具有高矫顽力值的硬磁材料称为永磁材料，主要用于提供磁场。永磁材料是人类最早认识到磁性的材料。常用的永磁材料有马氏体钢、铁铬钴合金、铝镍钴合金等。铝镍钴合金主要用于制造永磁电机的磁极铁芯和磁电系仪表的磁钢。铝镍钴合金的剩磁和矫顽力都较大，并且结构稳定、性能可靠。主要分为各向同性系列、热处理各向异性系列、定向结晶各向异性系列等三大系列。

此外，稀土材料与过渡金属的合金——稀土永磁材料以及永磁体粉末与挠性好的橡胶、塑料、树脂等黏结材料相混合而形成黏接磁体也成为应用广泛的新型磁性材料。

二、导电材料

导电性好，有适当的机械强度，不易被氧化和腐蚀，易于加工和焊接，资源丰富，价格便宜是导电材料应具备的基本条件。导电材料一般都是金属，但并不是所有的金属都可以用作导电材料。最常用的导电材料是铜和铝，但是在一些特殊场合也需要其他金属或合金作为导电材料。例如，电光源的灯丝要求熔点高，所以选用钨丝作导电材料；保险熔丝要求具有较低的熔点，因而选铅锡合金；架空线需要具有较高的机械强度，因而常常选用铝镁硅合金。

1. 铜

铜具有良好的导电性能，其常温下有足够的机械强度，具有良好的延展性，便于加工。而且不容易被氧化和腐蚀，容易焊接。用作导电材料的铜是含铜量大于 99.9% 的工业纯铜。其中硬铜做导电零部件，软铜做电机、电器等的线圈。杂质、冷变形、温度和耐蚀性等是影响铜性能的主要因素。

2. 铝

铝导电性能比铜稍差，它具有良好的导热性能和耐腐蚀性，且便于加工。铝的机械强度虽然比铜低，但密度比铜小，而且铝资源丰富，价格低廉，是目前推广使用的导电材料。目前，铝已经被广泛使用在架空线路、动力线路、照明线路、汇流排、变压器和中小型电机线圈等场合。唯一不足之处是铝的焊接工艺比较复杂。杂质、冷变形、温度等也是影响铝性能的主要因素。

三、绝缘材料

绝缘材料也叫电介质，主要作用在于隔离导电体与外界的接触以及绝缘带有不同电位的导体，使电流按指定的方向流动。在一些场合下，绝缘材料还可以起到机械支撑、保护导体及防晕、灭弧等作用。

绝缘材料的电阻率极高,电导率则很低。杂质、温度和湿度是影响绝缘材料电导率的主要因素。绝缘材料在使用过程中,由于热和氧化等各种因素的作用,会缓慢地发生不可逆的变化,使其电气性能及机械强度逐渐恶化,这种变化称为绝缘材料的老化。绝缘材料分为 Y、A、E、B、F、H、C 七个等级,其极限温度分别为 90℃、105℃、120℃、130℃、155℃、180℃、>180℃(目前常见的 C 级材料有耐温 200℃的聚酰亚胺材料和以 Nomex® 纸为代表的耐温指数为 220℃的芳香族聚酰胺材料)。绝缘材料在极限温度下工作能保证使用寿命而不影响其他性能。

绝缘材料按其化学性质可分为无机绝缘材料、有机绝缘材料和混合绝缘材料三类。无机绝缘材料有云母、石棉、大理石、瓷器、玻璃、硫黄等,主要用作电机与电器的绕组绝缘、开关的底板和绝缘子等。有机绝缘材料有虫胶、树脂、橡胶、棉纱、纸、麻、蚕丝、人造丝等,大多用以制造绝缘漆、绕组导线的被覆绝缘物等。混合绝缘材料是由以上两种材料经加工后制成的各种成型绝缘材料,主要用作电器的底座、外壳等。

 优化训练

4.2.1.1 说明磁感应强度、磁通、磁导率等物理量的定义、相互关系和单位。

4.2.1.2 物质被磁化的条件是什么?铁磁物质在交变磁化的过程中有什么特点?

4.2.1.3 说明起始磁化曲线、磁滞回线和基本磁化曲线有哪些区别?

4.2.1.4 为什么磁滞损耗是客观存在的?它与哪些因素有关?

4.2.1.5 铁磁性物质的主要磁性能有哪些?

4.2.1.6 电机和变压器的铁芯通常选用哪一类铁磁材料?为什么?

4.2.1.7 为什么磁路的欧姆定律只能用于定性分析磁路,而不能用于定量的计算?

任务二 用示波器观测交流铁芯线圈的电压、电流波形

 工作任务

按图 4-2-13 接线,用示波器分别观察 u 值变化过程中的波形(由 1—1′ 接示波器 Y 轴输出)和电流 i 的波形(由 2—2′ 接示波器 Y 轴输入),并记录下来。

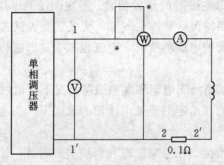

图 4-2-13 测定交流铁芯圈电压电流波形接线图

知识链接

一、电压为正弦的情况

对于直流铁芯线圈，当线圈电压给定时，其励磁电流决定于线圈电阻，与磁路情况无关，而磁通决定于磁路情况，在铁芯内没有功率损耗。而对于交流铁芯线圈，由于励磁电

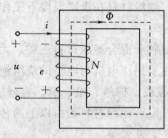

图 4-2-14　交流铁芯线圈

流交变，使铁芯交变磁化而客观存在着磁损耗（磁滞损耗和涡流损耗），铁芯线圈的电流、电压和磁通的波形畸变，所以其情况要比直流铁芯线圈复杂得多。影响交流铁芯线圈工作的因素有：铁芯的磁饱和、磁损耗（铁损）、漏磁通及线圈电阻，其中最主要的是磁饱和的影响。以下主要分析铁芯线圈（感应）电压、励磁电流和磁通的关系。

如图 4-2-14 的交流铁芯线圈，忽略铁损、漏磁通和线圈电阻，按习惯选定线圈电压、电流和磁通的参考方向如图 4-2-14 中所示。根据电磁感应定律有

$$u = -e = N\frac{\mathrm{d}\Phi}{\mathrm{d}t}$$

式中，N 为线圈的匝数。由上式看出，电压为正弦量时，磁通也是正弦量。设

$$\phi = \Phi_m \sin\omega t$$

则有

$$u = -e = N\frac{\mathrm{d}}{\mathrm{d}t}\Phi_m\sin\omega t$$

$$= \omega N\Phi_m \sin\left(\omega t + \frac{\pi}{2}\right)$$

可知（感应）电压的相位比磁通超前 90°，并得感应电压及感应电动势的有效值与主磁通的最大值关系为

$$U = E = \frac{\omega N\Phi_m}{\sqrt{2}} = \frac{2\pi f N\Phi_m}{\sqrt{2}} = 4.44 f N\Phi_m \qquad (4-2-14)$$

式（4-2-14）是常用的重要公式。该式表明：电源的频率及线圈的匝数一定时，如线圈电压的有效值不变，则主磁通的最大值 Φ_m 不变；线圈电压的有效值改变时，Φ_m 与 U 成正比地改变，而与磁路情况（如改变气隙）无关。交流铁芯线圈的这一情况与直流铁芯线圈不同，直流铁芯线圈的电压不变时，电流也不变（即磁势不变），如磁路情况改变，则磁通改变。

式（4-2-14）是在忽略线圈电阻和漏磁通的情况下推出的，而由于线圈电阻和漏磁通的影响一般都不大，因此在给定的正弦电压源的激励下，铁芯线圈的磁通最大值即已基本确定，并基本保持了正弦波形。

继续分析励磁电流的情况。在忽略磁滞和涡流的影响时，此时的励磁电流全部产生主磁通，称为磁化电流 $i_M(t)$，而铁芯材料的 $B-H$ 曲线即为基本磁化曲线。由于铁芯线圈

磁路中的磁场强度 H 与磁势 $F = Ni$ 成正比，磁感应强度 B 与磁通 Φ 成正比，所以把基本磁化曲线的纵坐标、横坐标各乘以相应的比例系数，就得到与 $B - H$ 曲线相似的 $\Phi - i$ 曲线，用逐点描绘的方法求作 $i_M(t)$ 曲线。

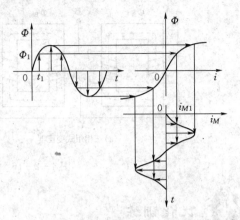

如图 4 - 2 - 15，先分别作出 $\Phi - i$ 曲线和 $\Phi(t)$ 曲线，两个坐标轴上的 Φ 和 i 分别采用同一比例尺，然后逐点从 $\Phi(t)$ 求 $i_M(t)$。$t = 0$ 时 $\Phi = 0$，从 $\Phi - i$ 曲线得出 $i = 0$；在 $t = t_1$ 时，$\Phi = \Phi_1$，从 $\Phi - i$ 曲线找出相应的 $i = i_{M1}$，就得到构成 $i_M(t)$ 的一个点；用同样的方法可得到不同时间 t 的 i_M，最后连成 $i_M(t)$ 的波形曲线。

图 4 - 2 - 15 正弦电压下磁化电流的波形

由以上分析得出，铁芯线圈的电压为正弦量时，磁通也为正弦量，由于磁饱和的影响，磁化电流不是正弦量，其波形为尖顶波，但在忽略磁滞和涡流的影响下，$i_M(t)$ 和 $\Phi(t)$ 是同时达到零值和最大值的。U 值越大，则 Φ_m 越大，$i_M(t)$ 的波形就越尖；如果 U 小，则 Φ_m 小，$i_M(t)$ 波形就较接近于正弦波。要使磁化电流波形接近为正弦波形，就需要选用截面积较大的铁芯。减小 B_m 值，使铁芯工作于非饱和区，但这样会加大铁芯的尺寸和重量，所以通常使铁芯工作于接近饱和区。

二、电流为正弦的情况

一些电气设备（如电流互感器）中会出现铁芯线圈的电流为正弦量的情况。用同样的分析得出：铁芯线圈的电流为正弦时，由于磁饱和的影响，磁通和（感应）电压都为非正弦量，磁通波形为平顶波，电压波形为尖顶波。

实际电气设备大多数是铁芯线圈电压为正弦的情况，所以以下主要介绍电压为正弦量的铁芯线圈。

拓展知识

▓ 三相变压器空载电流和电动势的波形分析 ▓

只有三相变压器磁通波形是正弦波时，该磁通所在匝链绕组感应的变压器电动势才是正弦波。在磁路饱和的情况下，若磁通波形为正弦波时，根据作图法求得变压器在额定电压时的励磁电流波形是"尖顶波"。按照傅氏级数可将尖顶波分解为基波和一系列奇次高次谐波之和。又因为高次谐波中，三次谐波的幅值最大，对变压器性能影响也最显著，所以问题归结为如果三次谐波的电流能够在励磁绕组（原边绕组）中流通，就可以得到正弦波的磁通。但是若原边绕组中三次谐波电流没有通路（例如 Y/Y 联接时），磁通的波形是否近似为正弦，就要看该台变压器属哪种铁芯结构。三次谐波的磁通在三相芯式变压器中所遇磁阻很大而基本不流通，则认为磁通波形仍然是正弦波；而三相组式变压器中由于三相磁路互不关联，三次谐波磁通可以流通，故磁通波形为非正弦的平顶波，引起绕组中的感应电动势成为尖顶波。

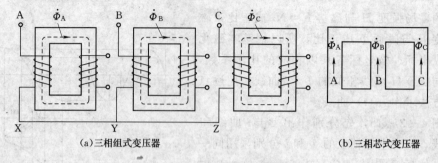

(a)三相组式变压器   (b)三相芯式变压器

图 4-2-16 三相变压器磁路结构图

 优化训练

4.2.2.1 为什么铁芯线圈是非线性电感？直流铁芯线圈和交流铁芯线圈的有功损耗分别是什么，二者的磁路有何不同？

4.2.2.2 影响交流铁芯线圈工作的因素有哪些？其中最主要的因素是什么？

4.2.2.3 交流铁芯线圈的电压为正弦量时，磁通也为正弦量，由于磁饱和的影响，磁化电流不是正弦量，其波形为尖顶波，试画图分析。

4.2.2.4 将铁芯线圈接到电压有效值一定的正弦电压源上，如果在铁芯上增加一个空气隙，则将使磁通、电流的有效值如何变化？如果接到直流电压源上呢？

任务三 交流铁芯线圈等效参数的测定

 工作任务

交流铁芯线圈等效参数测定的步骤如下：

(1) 按图 4-2-17 接线，注意先串联，后并联。

(2) 将单相调压器调至零位，然后合上电源开关，调节单相调压器，使每次电流如表 4-2-1 所列数值，然后读出电压表和瓦特表的相应数值，并记入表 4-2-1 中。

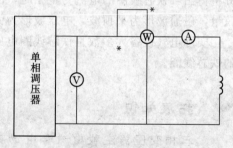

图 4-2-17 测定交流铁芯线圈等效参数

表 4-2-1   测定交流铁芯线圈等效参数数据表

次序\项目	测 量 结 果			计 算 结 果				
	I(A)	U(V)	P(W)	Z(Ω)	R(Ω)	X_L(Ω)	L(Ω)	$\cos\varphi$
1	0.4							
2	0.35							
3	0.3							
4	0.25							
5	0.2							

续表

次序	项目	测 量 结 果			计 算 结 果				
		$I(A)$	$U(V)$	$P(W)$	$Z(\Omega)$	$R(\Omega)$	$X_L(\Omega)$	$L(\Omega)$	$\cos\varphi$
6		0.15							
7		0.1							
8		0.05							

 知识链接

一、不计线圈电阻及漏磁通的电路模型

前面分析了在理想状况下的交流铁芯线圈（不计线圈电阻及漏磁通，忽略铁芯损耗，只考虑磁饱和的影响），当铁芯线圈的电压为正弦量时，磁通也是正弦量，此时励磁电流就是磁化电流，且磁化电流是与磁通同相位的尖顶非正弦量，按图 4-2-18 的参考方向，电压的相位比磁通的相位超前 90°。若设磁通最大值相量为

$$\dot\Phi_m = \Phi_m \angle 0°$$

则感应电压的有效值相量为

$$\dot U = -\dot E = 4.44fN\dot\Phi_m \angle 90°$$

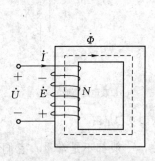

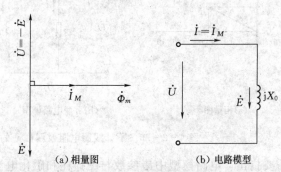

(a) 相量图　　　　　(b) 电路模型

图 4-2-18　交流铁芯线圈
相量的参考方向

图 4-2-19　理想状况的电路
模型及相量图

工程上分析交流铁芯线圈时常把非正弦的磁化电流用其等效正弦量来代替。等效的条件除频率相同外，有效值和功率也相等。因为磁化电流的平均功率为零，所以其等效正弦量的相量比电压滞后 90°而与磁通同相位。得出在只考虑磁饱和的理想状况的交流铁芯线圈的电路模型及相量图如图 4-2-19。从图 4-2-19（b）可知，在粗略分析时，可以将铁芯线圈近似等效为一个线性电感，这个线性电感的感抗 X_0 称为铁芯的励磁电抗。例如在对日光灯电路的分析时，尽管日光灯的镇流器是铁芯线圈，属于非线性电感，但在忽略线圈电阻、漏磁通及铁芯损耗的条件下，仍然将镇流器等效为一个线性电感。

从交流铁芯线圈的磁化过程可知，磁滞损耗和涡流损耗是客观存在的，铁芯损耗是有功损耗。从能量守恒的角度，铁芯损耗必然是从励磁电流中的有功分量转化而来，即实际

的励磁电流中除了产生磁场的磁化电流（无功分量）外，还有一个反映铁芯损耗的有功电流（有功分量）。如图 4-2-20（a），励磁电流的有功分量 $\dot{I}_a$ 与感应电压同相位，它们产生的有功功率就是铁芯损耗（即磁损耗）；励磁电流的无功分量 $\dot{I}_M$ 与感应电压相位相差 $90°$，不产生有功功率，无功分量 $\dot{I}_M$ 只产生磁通，所以称为磁化电流。励磁电流相量是有功分量与无功分量的相量之和，即

$$\dot{I} = \dot{I}_M + \dot{I}_a \tag{4-2-15}$$

根据图 4-2-20（a）所示的相量图，可以用图 4-2-20（b）所示电导、感纳并联组合为交流铁芯线圈的电路模型。

$$\dot{I} = \dot{I}_M + \dot{I}_a = (G_0 + jB_0)\dot{U} = Y_0\dot{U} \tag{4-2-16}$$

式中，G_0 是对应于磁损耗的励磁电导，B_0 是对应于磁化电流的感性电纳（其值为负），而 $Y_0 = G_0 + jB_0$ 则称为励磁复导纳。并联的电路模型通常可转换成用 R_0、X_0 串联组合的串联电路模型，如图 4-2-20（c）所示，并得

$$Z_0 = R_0 + jX_0 = \frac{1}{Y_0} = \frac{1}{G_0 + jB_0} \tag{4-2-17}$$

式（4-2-17）中 R_0、X_0、Z_0 分别称为励磁电阻、励磁电抗、励磁阻抗。

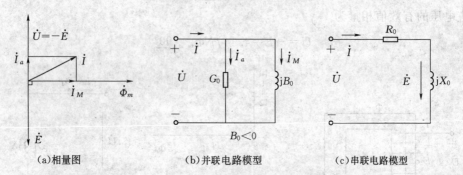

(a)相量图　　　　　　　　　(b)并联电路模型　　　　　　　　　(c)串联电路模型

图 4-2-20　不计线圈电阻及漏磁通的电路模型及相量图

需要指出，电路模型中诸参数与磁损耗和磁化电流有关，一般都不是常量，它们的量值随线圈电压作非线性变化。但是当线圈电压变化范围不大时，这些参数则可近似看作常量，这样便可用上述的电路模型，并用等效正弦波概念，用相量进行分析计算，使得计算大为简化。

二、计及线圈电阻及漏磁通的电路模型

在实际电工设备中，铁芯线圈电路有时还应考虑线圈电阻 R 和漏磁通 Φ_s 的影响。由于漏磁通主要通过空气而闭合，所以它在电路中的影响可用线性电感 L_s 表示，简称漏电感，它定义为漏磁链 ψ_s 与电流 i 在关联参考方向下的比值，即

$$L_s = \frac{\psi_s}{i} \tag{4-2-18}$$

在线圈电阻上的电压为 $\dot{U}_R = R\dot{I}$，与励磁电流 $\dot{I}$ 同相；漏磁通产生的感应电压为 $\dot{U}_s = j\omega L_s\dot{I}$，比励磁电流 $\dot{I}$ 超前 $90°$，于是线圈总电压即外加电压 $\dot{U}_1$ 为

$$\dot{U}_1=\dot{U}_R+\dot{U}_s+\dot{U}=R\dot{I}+jX_s\dot{I}-\dot{E} \qquad (4-2-19)$$

式中，$X_s=\omega L_s$，称为漏磁电抗，简称漏抗；$\dot{U}=-\dot{E}$，为主磁通的感应电压，$\dot{E}$ 为感应电动势。

又由于线圈电阻 R 的存在，造成铁芯线圈电路另一部分损耗 RI^2，称为电阻损耗，简称铜损，表示为 P_{Cu}。在一般饱和程度下，铁芯线圈的铜损耗往往比铁芯损耗小得多。可见，考虑线圈电阻和漏磁通后，由主磁通感应的电压 $\dot{U}$ 就不再与外加电压 $\dot{U}_1$ 相同，但一般它们的数值相差不大，相位差也不大。

按照式（4-2-19），可对应图 4-2-20（a）所示的相量图及图 4-2-20（c）所示的电路模型加以补充，最后得到铁芯线圈的相量图和电路模型，如图 4-2-21（a）和（b）所示。通常线圈电阻压降及漏磁通压降都很小，但为了看清相位关系，在相量图中将这部分相量故意放大了。实际上它们不过是相量 $\dot{U}$ 的百分之几。

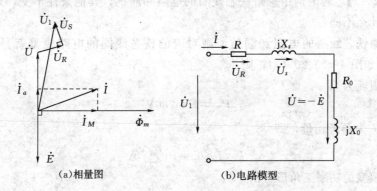

(a)相量图　　　　　　　　　　(b)电路模型

图 4-2-21　计及线圈电阻及漏磁通的相量图及电路模型

【例 4-2-1】　匝数 $N=100$ 的铁芯线圈电阻为 0.1Ω，漏抗为 0.8Ω，将其接在电压为 $100V$ 的工频正弦交流电源上，测得电流 $I=10A$，有功功率 $P=200W$。求：（1）磁损耗；（2）铁芯线圈主磁通的最大值 Φ_m；（3）铁芯线圈的励磁阻抗 Z_0；（4）磁化电流，并作相量图。

解：根据已知条件可知对应的铁芯线圈的电路模型就是图 4-2-21（b），相量图如图 4-2-21（a），则：

（1）磁损耗为

$$P_{Fe}=P-P_{Cu}=P-RI^2=(200-0.1\times10^2)=190(W)$$

（2）取 $\dot{I}$ 为参考相量，即

$$\dot{I}=I\angle0°=10\angle0°A$$

由电路模型的功率三角形得出

$$\cos\varphi=\frac{P}{U_1I}=\frac{200}{100\times10}=0.2$$

$$\varphi=\arccos0.2=78.5°$$

所以　　　　　　　　　　　　　　　$$\dot{U}_1=100\angle78.5°V$$

由式（4-2-19）可求出感应电压

$$\dot{U}=-\dot{E}=\dot{U}_1-\dot{U}_R-\dot{U}_S=\dot{U}_1-(R+jX_S)\dot{I}$$

$$=100\angle78.5°-(0.1+j0.8)\times10\angle0°=92\angle78.1°(\text{V})$$

感应电压的有效值　　　　　　　　　　$U=92\text{V}$

由式（4-2-14）得出主磁通的最大值

$$\varPhi_m=\frac{U}{4.44fN}=\frac{92}{4.44\times50\times100}=4.14\times10^{-3}(\text{Wb})$$

（3）励磁阻抗 $Z_0=\dfrac{\dot{U}}{\dot{I}}=\dfrac{92\angle78.1°}{10\angle0°}=9.2\angle78.1°(\Omega)$

（4）磁化电流为

$$I_M=I\sin78.1°=10\sin78.1°=9.785(\text{A})$$

【例 4-2-2】　若上例中忽略铁芯线圈的电阻和漏抗，其他条件不变，则所要求的四个量的值有什么不同？

解：忽略铁芯线圈的电阻和漏抗，则对应的铁芯线圈的电路模型就是图4-2-20（c），相量图如图4-2-20（a），则：

（1）磁损耗为

$$P_{Fe}=P=200\text{W}$$

（2）取 $\dot{I}$ 为参考相量，即

$$\dot{I}=I\angle0°=10\angle0°\text{A}$$

由电路模型的功率三角形得出

$$\cos\varphi=\frac{P}{UI}=\frac{200}{100\times10}=0.2$$

$$\varphi=\arccos0.2=78.5°$$

所以　　　　　　　　　　　　　　$\dot{U}=100\angle78.5°$

感应电压的有效值　　　　　　　　　$U=100\text{V}$

由式（4-2-14）得出主磁通的最大值

$$\varPhi_m=\frac{U}{4.44fN}=\frac{100}{4.44\times50\times100}=4.5\times10^{-3}(\text{Wb})$$

（3）励磁阻抗 $Z_0=\dfrac{\dot{U}}{\dot{I}}=\dfrac{100\angle78.5°}{10\angle0°}=10\angle78.5°(\Omega)$

（4）磁化电流为

$$I_M=I\sin78.5°=10\sin78.5°=9.799(\text{A})$$

 拓展知识

▓ **电磁铁** ▓

电磁铁是利用通电的铁芯线圈对铁磁性物质产生电磁吸引力的电器设备。电磁铁主要

由励磁线圈、铁芯和衔铁三部分组成，如图 4 - 2 - 22 所示。电磁铁的应用十分广泛，如继电器、接触器、电磁阀、制动电磁铁等。

电磁铁的工作原理是当线圈中通入电流时，铁芯和衔铁都被磁化，衔铁受到电磁力的作用而被吸向铁芯。线圈断电后，衔铁借助重力或其他非电磁力复位。

电磁铁有直流电磁铁和交流电磁铁两种。

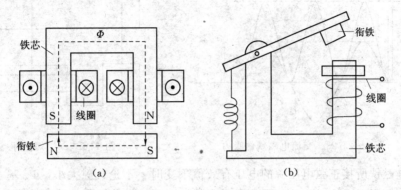

图 4 - 2 - 22　电磁铁的结构

1. 直流电磁铁

直流电磁铁的励磁电流为直流电流。可以证明，直流电磁铁的衔铁所受吸引力为

$$F = \frac{B_0^2}{2\mu_0} S \qquad (4 - 2 - 20)$$

式中，B_0 为气隙的磁感应强度，单位为 T；S 为气隙的截面积，单位为 m^2；F 为吸引力，单位为 N（牛顿）。

在直流电磁铁中，线圈的电阻及直流电压源电压一定时，励磁电流一定，磁通势也一定。在衔铁被吸合过程中，气隙逐渐减小，磁路的磁阻随之减小，磁场便逐渐增强，吸引力随之增大，衔铁吸合后吸引力会增大很多。

2. 交流电磁铁

交流电磁铁的励磁电流为交流电流，它是交流铁芯线圈的具体运用。在交流电磁铁中，磁感应强度随时间变化，所以吸力也会随时间而变化。设气隙中的磁感应强度

$$B_0 = B_m \sin\omega t$$

由式（4 - 2 - 20）得，吸引力的瞬时值

$$f = \frac{B_0^2}{2\mu_0} S = \frac{B_m^2 S}{2\mu_0} \sin^2\omega t = \frac{B_m^2 S}{4\mu_0}(1 - \cos 2\omega t)$$

吸引力的平均值

$$F_{av} = \frac{1}{T}\int_0^T f(t)\,\mathrm{d}t = \frac{1}{T}\int_0^T \frac{B_m^2 S}{4\mu_0}(1 - \cos 2\omega t)\,\mathrm{d}t = \frac{B_m^2 S}{4\mu_0} \qquad (4 - 2 - 21)$$

交流电磁铁的 f 曲线如图 4 - 2 - 23 所示，瞬时吸引力在电源的一个周期内两次为零，但吸引力方向不变，平均吸引力为最大吸引力的一半。

电源频率为 50Hz 时，交流电磁铁的瞬时吸引力在 1s 内有 100 次为零，要引起衔铁的振动，产生噪声和机械损伤。为了消除这种现象，在铁芯的部分端面嵌装一个叫做短路

环的铜环，如图 4-2-24 所示。装了短路环，磁通就分成不穿过短路环的 Φ' 与穿过短路环的 Φ'' 两部分。由于磁通的变化，短路环内有感应电流并阻碍磁通变化，结果使 Φ'' 的相位比 Φ' 滞后。这两部分磁通不是同时达到零值，就不会有吸引力为零的时候了。

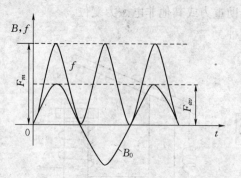
图 4-2-23 交流电磁铁的吸力

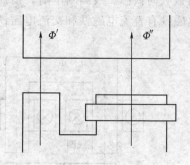
图 4-2-24 短路环

交流电磁铁所接正弦电压源的电压有效值不变时，不论气隙大小，Φ_m 基本不变，B_m 也基本不变，所以吸合过程中的平均吸引力基本不变。但是气隙大时，磁阻大，为维持磁通不变，励磁电流增大。所以未吸合时的电流要比吸合后的电流大得多。而交流电磁铁的额定电流是衔铁吸合后（$l_0 = 0$）线圈中能长期通过的电流，如因某种原因（例如机械原因）使衔铁长时间不能吸合，就会使电流长期偏大，线圈过热而烧坏。

 优化训练

4.2.3.1 交流铁芯线圈的电路模型与直流铁芯线圈的电路模型有何不同？如果将一个额定电压为 220V 的交流铁芯线圈错接到 220V 的直流电源上，会有什么后果？为什么？

4.2.3.2 匝数为 200 匝的铁芯线圈的电阻为 1.75Ω，接到 120V 的工频交流电源上，电流表的读数为 2A，功率表的读数为 70W，漏磁通可忽略，求磁损耗、励磁阻抗、主磁通的最大值及磁化电流，并作相量图。

4.2.3.3 一个匝数为 200 的铁芯线圈的电阻为 2Ω，漏抗为 2Ω，接到工频 100V 的电压上，测得电流为 2A，功率表读数为 80W。求：（1）励磁阻抗；（2）主磁通产生的感应电动势；（3）主磁通的最大值；（4）铁损及磁化电流。

4.2.3.4 直流电磁铁运行了一段时间后，由于某种原因使气隙增大，试问其吸引力如何变化？如果是交流电磁铁，情况又怎样？

4.2.3.5 有一直流电磁铁，其额定电压为 220V，若把它接到 220V 的正弦电压源，后果如何？

附　　录

附录一　常用电测量指示仪表的表面标记

A. 测量单位的名称、符号

单 位 名 称	单 位 符 号	单 位 名 称	单 位 符 号
千安	kA	太欧	TΩ
安	A	兆欧	MΩ
毫安	mA	千欧	kΩ
微安	μA	欧	Ω
千伏	kV	毫欧	mΩ
伏	V	微欧	μΩ
毫伏	mV	相位角	φ
微伏	μV	功率因数	cosφ
兆瓦	MW	无功功率因数	sinφ
千瓦	kW	库	C
瓦	W	毫韦	mWb
兆乏	Mvar	毫特	mT
千乏	kvar	微法	μF
乏	var	皮法	pF
兆赫	MHz	亨	H
千赫	kHz	毫亨	mH
赫	Hz	微亨	μH

B. 仪表工作原理的图形符号

名　称	符　号	名　称	符　号
磁电系仪表		铁磁电动系仪表	
磁电系比率表		铁磁电动系比率表	
电磁系仪表	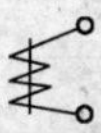	感应系仪表	
电磁系比率表	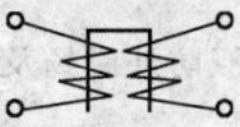	静电系仪表	

名　称	符　号	名　称	符　号
电动系仪表	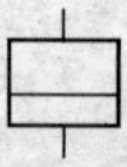	整流系仪表	
电动系比率表		热电系仪表	

C. 电流种类的符号

名　称	符　号	名　称	符　号
直流		交流（单相）	
交直流		三相交流	

D. 准确度等级符号

名　称	符　号	名　称	符　号
以标度尺量限百分数表示，例如 1.5 级	1.5	以指示值的百分数表示，例如 1.5 级	 (1.5)
以标度尺长度百分数表示，例如 1.5 级	1.5		

E. 工作位置的符号

名　称	符　号	名　称	符　号
标度尺位置为垂直	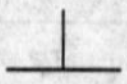	标度尺位置与水平面倾斜成一角度，例如 60°	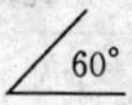 60°
标度尺位置为水平			

F. 绝缘强度符号

名　称	符　号	名　称	符　号
不进行绝缘强度试验	 ☆0	绝缘强度试验电压为 2kV	 ☆2

G. 端钮、调零器的符号

名　称	符　号	名　称	符　号
负端钮	——	与外壳相连接的端钮	
正端钮	＋	与屏蔽相连接的端钮	
公共端钮（多量限仪表和复用电表）	 ✕	调零器	
接地用的端钮			

H. 按外界条件分组的符号

名　称	符　号	名　称	符　号
I 级防外磁场（例如磁电系）		IV 级防外磁场及电场	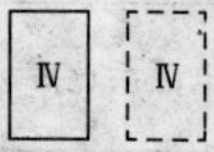 IV

续表

名　称	符　号	名　称	符　号
Ⅰ级防外电场 （例如静电系）		A组仪表	（不标注）
Ⅱ级防外磁场及电场	Ⅱ　Ⅱ	B组仪表	⬡B
Ⅲ级防外磁场及电场	Ⅲ　Ⅲ	C组仪表	⬡C

附录二　用计算器进行复数运算

一、SHARP EL－506P 型计算器

1. $x+jy \rightarrow r \angle\theta$

例：　　　　　　　$3+j4 = 5 \angle 53.13°$

按键：　　　　　　$3a \quad 4b \quad 2ndF \rightarrow r\theta \quad b$

2. $r \angle\theta \rightarrow x+jy$

例：　　　　　　　$5 \angle 53.13° = 3+j4$

按键：　　　　　　$5a \quad 53.13 \quad b \quad 2ndF \rightarrow xy \quad b$

3. $(x_1+jy_1) \pm (x_2+jy_2)$

例：　　　　　　　$(5+j4)+(6+j3) = 11+j7$

按键：　　　　　　$2ndF \quad CPLX^* 5a \quad 4b+6a \quad 3b= \quad b$

4. $(x_1+jy_1) \times$ 或 $\div (x_2+jy_2)$

例：　　　　　　　$(5+j4) \times (6+j3) = 18+j39$

按键：　　　　　　$2ndF \quad CPLX \quad 5a \quad 4b \times \quad 6a \quad 3b= \quad b$

5. $r_1 \angle\theta_1 \pm r_2 \angle\theta_2$

例：　　　　　　　$10 \angle 60° - 5 \angle 45° = 1.46+j5.12$

按键：　　　　　　$2ndF \quad CPLX \quad 10a \quad 60b \quad 2ndF \rightarrow xy$

　　　　　　　　　$-5a \quad 45b \quad 2ndF \rightarrow xy= \quad b$

6. $r_1 \angle\theta_1 \times$ 或 $\div r_2 \angle\theta_2$

例：　　　　　　　$10 \angle 60° \div 5 \angle 45° = 1.93+j0.518$

按键：　　　　　　$2ndF \quad CPLX \quad 10a \quad 60b \quad 2ndF \rightarrow xy$

　　　　　　　　　$\div 5a \quad 45b \quad 2ndF \rightarrow xy= \quad b$

注：CPLX 键是翻斗式，按过后能保持其功能，作同类运算时不必再按；如需取消其功能，可再按 2ndF CPLX。

二、SHARP EL－506H 型计算器

1. $x+\mathrm{j}y \rightarrow r\angle\theta$

例：　　　　　　$3+\mathrm{j}4=5\angle 53.13°$

按键：　　　　　$3\updownarrow 4\quad 2ndF\rightarrow\quad r\theta\updownarrow$

2. $r\angle\theta \rightarrow x+\mathrm{j}y$

例：　　　　　　$5\angle 53.13°=3+\mathrm{j}4$

按键：　　　　　$5\updownarrow 53.13\quad 2ndF\rightarrow xy\updownarrow$

三、CASIO fx－160 型计算器

1. $x+\mathrm{j}y \rightarrow r\angle\theta$

例：　　　　　　$3+\mathrm{j}4=5\angle 53.13°$

按键：　　　　　$3\quad INV\quad R\rightarrow P4=r\leftrightarrow\theta$

2. $r\angle\theta \rightarrow x+\mathrm{j}y$

例：　　　　　　$5\angle 53.13°=3+\mathrm{j}4$

按键：　　　　　$5\quad INV\quad P\rightarrow R\quad 53.13=x\leftrightarrow y$

附录三　常用电气照明图例符号

图 形 符 号	名　　称	图 形 符 号	名　　称
	多种电源配电箱（屏）	⊗	灯或信号灯一般符号
	动力或动力－照明配电箱	⊗	防水防尘灯
	信号板信号箱（屏）	◑	壁灯
	照明配电箱（屏）	●	球形灯
	单相插座（明装）	⊗	花灯
	单相插座（暗装）	☉	局部照明灯
	单相插座（密闭、防水）	◗	天棚灯
	单相插座（防爆）	⊢—⊣	荧光灯一般符号
	带接地插孔的三相插座（明装）		三管荧光灯
	带接地插孔的三相插座（暗装）		避雷器
	带接地插孔的三相插座（密闭、防水）	●	避雷针

续表

图形符号	名　　称	图形符号	名　　称
	带接地插孔的三相插座（防爆）		风扇一般符号
	单极开关（明装）		接地一般符号
	单极开关（暗装）		多极开关一般符号单线表示
	单极开关（密闭防水）		多线表示
	单极开关（防爆）		分线盒一般符号
	开关一般符号		室内分线盒
	单极拉线开关		电铃
	动合（常开）触点注：本符号也可用作开关一般符号	Wh	电能表

附录四　常用电气照明文字标注

表达线路			表达灯具		
相序	L_1 L_2 L_3 U V W N	交流系统： 电源第一相 电源第二相 电源第三相 设备端第一相 设备端第二相 设备端第三相 中性线	常用灯具	J S T W P	水晶底罩灯 搪瓷伞型罩灯 圆筒型罩灯 碗形罩灯 玻璃平盘罩灯
线路敷设方式	M A CP CJ S QD CB GG DG VG	明敷设 暗敷设 瓷瓶瓷柱敷设 瓷夹板敷设 钢索敷设 铝皮卡钉敷设 槽板敷设 穿钢管敷设 穿电线管敷设 穿硬塑料管敷设	灯具安装方式	X L G B D R Z	吊线式 吊链式 管吊式（吊杆式） 壁式 吸顶式 嵌入式 柱上安装
线路敷设部位	L Z Q P D	沿梁 沿柱 沿墙 沿天棚 沿地板或埋地	灯具标注	$a-b\dfrac{c\times d\times L}{e}f$ a b c d e f L	 灯具数 灯具型号 每盏灯灯泡（灯管）数 灯泡（灯管）容量（W） 悬挂高度（m） 安装方式 光源种类

附录五　部分习题参考答案

学习情境一
项　目　一
任　务　一

1.1.1.9　$\gamma_{n1}=1.25\%$，$\gamma_{n2}=6.25\%$

1.1.1.10　$\gamma_{n1}=0.5\%$，$\gamma_{n2}=2.5\%$。第一块表

1.1.1.11　$\gamma_1=1.61\%$，$\gamma_2=4.55\%$

任　务　二

1.1.2.5　（1）开路损坏；（2）电容器正常；（3）短路损坏；（4）电容器漏电

1.1.2.7　$5.1k\Omega\pm5\%$

1.1.2.8　$6.38\times10^6\Omega\pm10\%$

1.1.2.9　（1）10×10^5pF；（2）$10\times10^3\mu H$

项　目　二
任　务　一

1.2.1.4　（1）$U_{AB}=6V$，$U_{BC}=2V$，$U_{CA}=-8V$；

　　　　（2）$V_A=8V$，$V_B=2V$，$U_{AB}=6V$，$U_{BC}=2V$，$U_{CA}=-8V$

1.2.1.5　（a）$P_A=30W$，吸收 $30W$；（b）$P_B=-12W$，发出 $12W$；

　　　　（c）$P_C=-8W$，发出 $8W$；（d）$P_D=20W$，吸收 $20W$

任　务　二

1.2.2.1　（a）$U_{AB}=30V$；（b）$U_{AB}=-30V$

1.2.2.2　（a）$U=20V$；（b）$I=-0.4A$；（c）$U=-20V$；（d）$I=0.4A$

1.2.2.3　$I_N\leqslant22.4mA$，$U_N\leqslant447.2V$

1.2.2.4　$e_L=500V$，减少 $300W$

1.2.2.5　（1）$C=0.5\mu F$；（2）$q=6\mu C$

1.2.2.6　$0.02W$

任　务　三

1.2.3.1　$i_5=2A$

1.2.3.2　$u_4=11V$，$u_6=3V$

1.2.3.3　$u_{AB}=-6.5V$，$u_{BC}=9.5V$，$u_{CA}=-3V$

任　务　四

1.2.4.1　比例臂选 0.1

1.2.4.4　$R_x=78.6\Omega$

1.2.4.5　（1）$R_1=302.5\Omega$，$R_2=806.7\Omega$，$I_{1N}=0.364A$，$I_{2N}=0.136A$；

　　　　（2）不能，因为 $U_{15W}=160V>110V$，15W 灯泡将会被烧毁

1.2.4.6　(a) $R_{AB}=2.5\Omega$；(b) $R_{AB}=7.43\Omega$；(c) $R_{AB}=22.5\Omega$；(d) $R_{AB}=4\Omega$

1.2.4.7　$R_1=50\Omega$，$R_2=40\Omega$，$R_3=10\Omega$

1.2.4.8　(1) $U_2=105\text{V}$；(2) $U_2=70\text{V}$；(3) $U_2=46.7\text{V}$，此时 $I=3.27\text{A}>3\text{A}$，滑线变阻器不能正常工作

1.2.4.9　$R_{fj}=0.2\Omega$

1.2.4.10　$R_{fj1}=0.2\Omega$，$R_{fj2}=0.2\Omega$

1.2.4.11　$R_{fj1}=6\times10^5\Omega$，$R_{fj2}=3\times10^5\Omega$，$R_{fj3}=2.995\times10^5\Omega$

1.2.4.16　(a) $R_v=9\Omega$；(b) $R_{23}=7.33\Omega$，$R_{31}=11\Omega$，$R_{12}=22\Omega$；(c) $R_Y=2\Omega$；(d) $R_1=5\Omega$，$R_2=7.5\Omega$，$R_3=3\Omega$

1.2.4.17　(a) $R_{AB}=\dfrac{14}{3}\text{k}\Omega$；(b) $R_{AB}=10\Omega$；(c) $R_{AB}=2.2\Omega$；(d) $R_{AB}=3.6\Omega$

任 务 五

1.2.5.1　(1) 7V；(2) 11V

1.2.5.2　(a) 10W，吸收功率；(b) -10W，发出功率；(c) 10W，吸收功率；(d) -10W，发出功率

1.2.5.3　(1) $U_{oc}=10\text{V}$，$I_{sc}=5\text{A}$；(2) 输出电压 $U=9\text{V}$，输出电流 $I=0.5\text{A}$，电功率 $P=4.5\text{W}$

1.2.5.4　$E=2\text{V}$，$R_S=0.5\Omega$

1.2.5.5　$U_s=20\text{V}$，$R_S=5\Omega$

1.2.5.6　$U=12.5\text{V}$

1.2.5.7　(a) 受控源的功率 $P=-5\text{W}$，发出功率 5W；(b) 受控源的功率 $P=12\text{W}$，吸收功率 12W

项 目 三

任 务 一

1.3.1.1　(a) $I_1=1.6\text{A}$，$I_2=1.4\text{A}$，$I_3=0.2\text{A}$；(b) $I_1=-1\text{A}$，$I_2=-1\text{A}$

1.3.1.3　$I_1=7\text{A}$，$I_2=4\text{A}$

1.3.1.5　$I=1.5\text{A}$

1.3.1.6　S断开：$Ia=1.2\text{A}$，$Ib=-0.8\text{A}$，$Ic=-0.4\text{A}$；S闭合：$Ia=2.32\text{A}$，$Ib=0.32\text{A}$，$Ic=0.72\text{A}$

任 务 二

1.3.2.1　$U=25\text{V}$

1.3.2.2　$I=1.15\text{A}$

任 务 三

1.3.3.3　$I=-1\text{A}$

1.3.3.4　(1) $U_{oc}=8\text{V}$，$R_{eq}=6\Omega$；(2) $R_L=6\Omega$ (3) $P_{max}=2.67\text{W}$ (4) 12.5%

1.3.3.5　$U=4\text{V}$　$I=0.5\text{A}$

1.3.3.6　$U_2=5.5\text{V}$

学 习 情 境 二

项 目 一

任 务 一

2.1.1.1　50Hz，0.02s，314rad/s，97.1V，91.7V

2.1.1.2　$u=311\sin(314t+60°)$V 或 $u=311\sin(314t+120°)$V

2.1.1.3　$i(t)$ 比 $u(t)$ 滞后 200°，5.6×10^{-3}s

2.1.1.4　(1) 同相位；(2) 反相位；(3) 正交

2.1.1.5　(1) 220V；(2) $u_{ab}=311\sin(314t-40°)$V；(3) $u_{ba}=311\sin(314t+140°)$V

任 务 二

2.1.2.1　$u=20\sqrt{2}\sin314t$V；$i_R=5\sqrt{2}\sin314t$A；$i_C=6\sqrt{2}\sin(314t+90°)$A；$i=5.4\sqrt{2}\times\sin(314t+63.5°)$A

2.1.2.2　(1) $55\angle23.13°$V；(2) $55\angle-83.13°$V

2.1.2.3　$u_S=211\sqrt{2}\sin(314t+58.6°)$V

任 务 三

2.1.3.1　(1) 806.7Ω；(2) $i=0.39\sin(314t+60°)$A；$u=311\sin(314t+60°)$V

2.1.3.2　1936Ω，0.114A，3°

2.1.3.3　(1) 1.17A，257.4var；(2) 0.5J

2.1.3.4　20A，20A，14.14A

2.1.3.5　(1) 25.12A，50.2kvar；(2) 320J

2.1.3.6　(1) 5A；(2) $Z_2=\frac{3}{4}R$，7A；(3) $Z_2=-j\frac{3}{4}X_L$，1A

2.1.3.7　(a) $0.125\mu F$，-3V；(b) $9\mu F$，4V；(c) $4\mu F$，12V

任 务 四

2.1.4.1　160V，100V

2.1.4.2　$Z=6\angle-30°\Omega=(5.2-j3)\Omega$；$Y=0.167\angle30°S=(0.145+j0.0833)$S

2.1.4.3　$\dot{I}=2\angle-36.9°$A，$\dot{U}_1=4\angle-36.9°$V，$\dot{U}_2=7.2\angle19.4°$V

2.1.4.4　(a) 50V，(b) 60V

任 务 五

2.1.5.1　27.7kΩ，0.48V

2.1.5.2　$1.34\angle63.4°$V，$0.27\angle10.3°$A，$0.87\angle3.2°$A

2.1.5.3　$86.6\angle90°$V

2.1.5.4　380.6VA，60.9W，376.03var，0.16

2.1.5.5　1400W，1974.6var，2420.5VA，0.58，11A

2.1.5.6　$\dot{I}=6.7\angle-22.9°$A，$P=1366.2$W，$Q=576.3$var，$S=1482.8$VA，$\tilde{S}=1366.2+j576.3$

2.1.5.7　2.9A

2.1.5.8　$\dot{U}_{\infty}=34\angle-101.3°V$，$Z_0=(20+j10)\Omega$

任　务　六

2.1.6.2　$C=519.8\mu F$

2.1.6.3　$52.33\mu F$

2.1.6.4　$104\mu F$

项　目　二

任　务　一

2.2.1.1　谐振、最小、最大、过电压、最大、最小、过电流

2.2.1.2　大、选择性、通频带

2.2.1.3　$I_0=1mA$，$Q=96.5$，$U_{L0}=U_{C0}\approx0.965V$

2.2.1.4　$C=40\mu F$ 发生谐振；$Q=10$；$I_0=20A$；$U_C=50V$，$U_{RL}\approx201V$

任　务　二

2.2.2.1　串联谐振时 $f_0\approx1.0\times10^6Hz$，$Z_0=13.7\Omega$；

　　　　并联谐振时 $f_0\approx1.0\times10^6Hz$，$Z_0=1.82\times10^5\Omega$

2.2.2.2　$R=0.2\Omega$，$L=400mH$，$C=100\mu F$

项　目　三

任　务　一

2.3.1.1　(1) $\dot{U}_B=U\angle-60°V$，$\dot{U}_C=U\angle180°V$；(2) $u_A=\sqrt{2}U\sin(314t+60°)V$，$u_B=\sqrt{2}U\sin(314t-60°)V$，$u_C=\sqrt{2}U\sin(314t+180°)V$

2.3.1.7　226.7A，226.7A

任　务　二

2.3.2.3　0.88A，1.52A

2.3.2.5　$38.3\angle23.4°A$，$38.3\angle-143.4°A$，$8.8\angle120°A$

任　务　三

2.3.3.2　3 倍

2.3.3.3　1.52A，2.63A

2.3.3.4　42.2A

2.3.3.5　(1) 6.93A，6.93A；(2) 10.4A，10.4A

2.3.3.6　395V

任　务　四

2.3.4.3　$P=201.2kW$，$Q=108.6kvar$，$S=228.6kVA$

2.3.4.4　$I_N=1230.5A$，$Q=15493.6kvar$，$S=29411.8kVA$

2.3.4.5　$P=4343.98W$，$P=12996.0W$

项　目　四

任　务　一

2.4.1.2 　(1)　$u(t)=(127.32\sin314t+42.44\sin3\times314t+25.46\sin5\times314t+\cdots)V$

　　　　(2)　$i(t)=(6.37+4.24\cos628t-0.85\cos2\times628t+0.36\cos3\times628t-\cdots)A$

2.4.1.3 　$i(t)=10+2.24\sqrt{2}\sin(3\omega t-63.43°)A$，$u_L(t)=44.72\sin(3\omega t+26.57°)V$

2.4.1.4 　$I\approx1.63A$，$U_{RL}\approx10.93V$，$P=26.55W$，$i(t)=1.52\sqrt{2}\sin(\omega t+88°)+0.64\sqrt{2}$
$\times\sin3\omega t\,A$

任　务　二

2.4.2.1 　$U_{rect}=100V$，$I_{rect}=6.37A$；$U=100V$，$I=7.07A$

2.4.2.2 　$I\approx3.8A$，$P\approx288.3W$

2.4.2.3 　515.4W

学　习　情　境　三

项　目　一

任　务　一

3.1.1.2 　(1)　$u_C(0_+)=\dfrac{120}{11}V$，$i(0_+)=0A$；(2)　$u_C(\infty)=6V$，$i(\infty)=\dfrac{2}{3}A$

3.1.1.3 　(1)　$i_L(0_+)=5mA$，$u_R(0_+)=20V$；(2)　$i_L(\infty)=10mA$，$u_R(\infty)=20V$

3.1.1.4 　(1)　$u_C(0_+)=16V$，$i_L(0_+)=0A$；(2)　$u_C(\infty)=0V$，$i_L(\infty)=\dfrac{3}{7}A$

3.1.1.5 　(1)　图 3-1-11 (a) $i_L(0_+)=\dfrac{10}{3}A$，$u_R(0_+)=\dfrac{100}{3}V$；

　　　　图 3-1-11 (b) $i_L(0_+)=1A$，$u_L(0_+)=\dfrac{100}{3}V$

　　　　(2)　图 3-1-11 (a) $i_L(\infty)=\dfrac{100}{13}A$，$u_R(\infty)=\dfrac{1000}{13}V$；

　　　　图 3-1-11 (b) $i_L(\infty)=2A$，$u_L(\infty)=0V$

3.1.1.6 　$u_C(t)=126e^{-\frac{t}{\tau}}V$

任　务　二

3.1.2.1 　$u_C(t)=30(1-e^{-0.2t})V$

3.1.2.2 　16V，$-10e^{-4t}V$，$(16-10e^{-4t})V$
　　　　$6e^{-4t}V$，$16(1-e^{-4t})V$，$(16-10e^{-4t})V$

项　目　二

任　务　一

3.2.1.1 　$\tau_1=1\times10^{-4}s$，$\tau_2=4\times10^{-5}s$

3.2.1.2 　$u_L(t)=100e^{-t}V$，$i_L(t)=\dfrac{50}{3}e^{-t}A$

3.2.1.3 　$i_L(t)=(4-4\mathrm{e}^{-\frac{t}{0.3}})\mathrm{A}$

任 务 二

3.2.2.1 　$i_L(t)=(6-4.5\mathrm{e}^{-10t})\mathrm{A}$，$t=0.11\mathrm{s}$

3.2.2.2 　$u_C(t)=(-5+15\mathrm{e}^{-10t})\mathrm{V}$

3.2.2.3 　$u_C(t)=(24-12\mathrm{e}^{-5t})\mathrm{V}$

3.2.2.4 　$u(t)=(20-5\mathrm{e}^{-1000t})\mathrm{V}$，$i(t)=(5+1.5\mathrm{e}^{-1000t})\mathrm{mA}$

3.2.2.5 　(1) $u_C(0_+)=4\mathrm{V}$，$i_2(0_+)=0\mathrm{mA}$，$i_1(0_+)=i_C(0_+)=1\mathrm{mA}$

　　　　　(2) $u_C(t)=(6-2\mathrm{e}^{-100t})\mathrm{V}$

3.2.2.6 　$i=[0.32\sin(1000t-43.3°)-0.27\mathrm{e}^{-300t}]\mathrm{A}$

学 习 情 境 四

4.2.3.2 　63W，1.9A

4.2.3.3 　(1) $Z_0=50\angle66.4°\,\Omega$；(2) $\dot{U}=94.8\angle67.7°\,\mathrm{V}$，$E=U=94.8\mathrm{V}$

　　　　　(3) $\Phi_m=2.1\times10^{-3}\mathrm{Wb}$；(4) $P_{Fe}=72\mathrm{W}$，$I_M=1.85\mathrm{A}$

参 考 文 献

[1] 李传珊. 电工基础 [M]. 北京：电子工业出版社，2009.

[2] 徐红升. 电工基础及实训 [M]. 北京：清华大学出版社，2009.

[3] 童建华. 电工基础与仿真实训 [M]. 北京：人民邮电出版社，2008.

[4] 田淑华. 电工基础 [M] 2 版. 北京：机械工业出版社，2008.

[5] 谢金祥主编. 电路基础（第 1 版）[M]. 北京：理工大学出版社，2008.

[6] 王敬镕等主编. 电路与磁路（第 1 版）[M]. 北京：中国电力出版社，2006.

[7] 蔡元宇. 电路及磁路基础 [M]. 北京：高等教育出版社，2004.

[8] 王慧玲. 电路基础 [M]. 北京：高等教育出版社，2004.

[9] 郭少英. 电路基础 [M]. 大连：大连理工大学出版社，2003.

[10] 孙晓华. 电工技术项目教程 [M]. 北京：电子工业出版社，2007.

[11] 王善斌. 电工测量 [M]. 北京：化学工业出版社，2007.

[12] 张渭贤. 电工测量 [M]. 广州：华南理工大学出版社，2004.

[13] 张宪，郭振武. 电气识图及其新标准解读 [M]. 北京：化学工业出版社，2009.